TRUSTWORTHY
ONLINE CONTROLLED
EXPERIMENTS

A Practical Guide to A/B Testing

可信赖的线上对照实验

罗恩·科哈维（Ron Kohavi）

[美] 黛安·唐（Diane Tang）　　　著

许亚（Ya Xu）

韩　玮　胡鹃娟　段玮韬　胡泽浩

廖一正　王　璐　赵振宇　钟　婧　　译

机械工业出版社
CHINA MACHINE PRESS

图书在版编目（CIP）数据

关键迭代：可信赖的线上对照实验 /（美）罗恩·科哈维（Ron Kohavi），（美）黛安·唐（Diane Tang），（美）许亚（Ya Xu）著；韩玮等译 . -- 北京：机械工业出版社，2021.4（2025.2 重印）
（数据分析与决策技术丛书）
书名原文：Trustworthy Online Controlled Experiments: A Practical Guide to A/B Testing
ISBN 978-7-111-67880-9

I. ① 关… II. ① 罗… ② 黛… ③ 许… ④ 韩… III. ①数据处理 IV. ① TP181

中国版本图书馆 CIP 数据核字（2021）第 055899 号

北京市版权局著作权合同登记　图字：01-2020-7582 号。

关键迭代：可信赖的线上对照实验

出版发行：机械工业出版社（北京市西城区百万庄大街 22 号　邮政编码：100037）

责任编辑：王春华　柯敬贤		责任校对：殷　虹	
印　　刷：北京建宏印刷有限公司		版　　次：2025 年 2 月第 1 版第 5 次印刷	
开　　本：170mm×230mm　1/16		印　　张：18.5	
书　　号：ISBN 978-7-111-67880-9		定　　价：99.00 元	

客服电话：（010）88361066　88379833　68326294

"精益方法的核心是科学的方法：创建假设、运行实验、收集数据、提取洞察以及对假设进行验证或修改。A/B 测试是创建可验证且可重复的实验的黄金标准，而本书正是这方面的权威书籍。"

——Steve Blank，斯坦福大学兼职教授，硅谷创业教父，
The Startup Owner's Manual [⊖] 以及 *The Four Steps to the Epiphany* 的作者

"对于希望通过线上对照实验来优化产品功能和提高项目效率或营收的管理人员、领导者、研究人员或工程师，本书是很好的资源。我十分了解 Kohavi 的工作对微软和必应产生的影响。很高兴看到这些知识现在可以分享给更广泛的读者。"

——沈向洋，微软人工智能研究部门前执行副总裁[⊜]

"一本既严谨又通俗易懂的好书。读者可以学习到如何将革新了互联网产品开发的可信赖的对照实验引入自己的机构。"

——Adam D'Angelo，Quora 联合创始人兼首席执行官，脸书前首席技术官

"本书很好地概述了几家公司如何通过线上实验和 A/B 测试来改善其产品。经验丰富的 Kohavi、Tang 和 Xu 在本书中分享了出色的建议。本书提供了许多现实世界的实用示例，以及作者多年积累的关于大规模应用这些技术的经验和教训。"

——Jeff Dean，谷歌高级院士兼谷歌搜索高级副总裁

⊖ 本书中文版《创业者手册》已由机械工业出版社出版，ISBN 978-7-111-40530-6。——编辑注
⊜ 沈向洋已于 2019 年 11 月 14 日辞去微软公司执行副总裁的职务，2020 年 3 月 5 日受聘为清华大学高等研究院双聘教授。——译者注

"你是否希望你的组织持续做出更好的决策？本书是关于如何在数字时代基于数据做决策的新'圣经'。阅读本书就像身处亚马逊、谷歌、领英或微软的内部会议一样。作者首次披露了世界上最成功的公司如何做决策。除了普通商业书籍的忠告和逸事之外，本书还展示了该做什么以及如何做好。这是数字世界中关于决策的手册，其中有专门针对业务主管、工程师和数据分析师的内容。"

——Scott Cook，Intuit 联合创始人兼执行委员会主席

"线上对照实验是十分强大的工具，理解它的工作原理、优势以及如何优化它，可以使专家和更广泛的读者受益。本书是罕见的技术权威，有机地将良好的阅读体验和重要课题的探讨结合起来。"

——John P. A. Ioannidis，斯坦福大学医学、
健康研究与政策、生物医学数据科学和统计学教授

"哪个线上选项会更好？我们经常需要做出这样的选择。要确定哪种方法更有效，我们需要严格的对照实验，也就是 A/B 测试。微软、谷歌和领英的专家撰写的这本精彩且生动的书介绍了 A/B 测试的理论和最佳实践，是所有从事线上相关业务的人的必读书籍！"

——Gregory Piatetsky-Shapiro 博士，KDnuggets 总裁，
SIGKDD 联合创始人，数据科学与分析领域"领英最强音"得主

" Ron Kohavi、Diane Tang 和 Ya Xu 是线上实验方面的顶级专家。多年来我一直在使用他们的工作成果，很高兴他们现在联手编写了这本终极指南。我向我的所有学生以及所有参与线上产品和服务的人推荐这本书。"

——Erik Brynjolfsson，麻省理工学院教授，*The Second Machine Age* 的合著者

"如果没有线上对照实验，靠软件支撑的现代商业就会缺乏竞争力。本书由该领域最有经验的三位先驱撰写，书中介绍了该领域的基本原理，并通过令人信服的示例对其进行了说明，同时深入探讨并提供了大量实用建议。这是一本必读书籍！"

——Foster Provost，*纽约大学斯特恩商学院教授，*
畅销书 Data Science for Business 的合著者

"在过去的 20 年里，科技行业也逐渐认识到对照实验是理解复杂现象和解决极具挑战性问题的绝佳工具，这一点科学家们早在几个世纪以前就了解了。设计对照实验、大规模运用它们并解释其结果的能力是现代高科技企业经营的基础。本书作者设计并实现了多个世界上最强大的实验平台。阅读本书是从他们的经验中学习如何使用这些工具和技术的绝好机会。"

——Kevin Scott，微软执行副总裁兼首席技术官

"线上实验推动了亚马逊、微软、领英以及其他领先的数字化企业的成功。这本实用的图书为读者了解这些公司数十年的实验经验提供了难得的机会。本书应该放在每个数据科学家、软件工程师和产品经理的书架上。"

——Stefan Thomke，哈佛商学院 William Barcley Harding 教授，

Experimentation Works: The Surprising Power of Business Experiments 的作者

"线上业务成功的秘诀在于实验，这已不再是秘密。三位大师在本书中详解了 A/B 测试的基本组成元素，你可以据此不断改进你的线上服务。"

——Hal Varian，谷歌首席经济学家，

Intermediate Microeconomics: A Modern Approach 的作者

"实验是面向线上产品和服务的最佳工具之一。本书包含了从微软、谷歌和领英的多年成功测试中获得的实践知识。通过真实的示例、陷阱及其特点、解决方案来分享洞察和最佳实践。我强烈推荐这本书！"

——Preston McAfee，微软前首席经济学家兼副总裁

"实验是数字策略的未来，这本书将成为实验领域的'圣经'。Kohavi、Tang 和 Xu 是当今实验领域最著名的三位专家，他们的书提供了数字实验的实用路线图，非常有用。本书将他们数十年来在微软、亚马逊、谷歌和领英进行的案例研究整理成通俗易懂、有深度且清晰的实用方法，任何数字业务的经理都应阅读这本书。"

——Sinan Aral，麻省理工学院 David Austin 管理学教授，*The Hype Machine* 的作者

"对于任何严肃的实验从业者而言，这本书都是必不可少的。它非常实用，同时又很深入，这是我之前从未见过的。阅读它能让你感觉自己拥有了超能力。从统计的细

微差别到评估结果，再到衡量长期影响，这本书全都涵盖了。必读！"

——Peep Laja，顶级转化率专家，CXL 的创始人兼技术负责人

"线上实验对于改变微软的文化至关重要。当 Satya⊖谈论'成长心态'时，实验是尝试新想法并从中学习的最好方法。学习如何快速迭代对照实验增强了必应的盈利能力，并通过 Office、Windows 和 Azure 业务线迅速在微软推广。"

——Eric Boyd，微软人工智能平台企业副总裁

"作为一名企业家、科学家和高管，我艰难地学到：一盎司的数据顶得上一磅的直觉⊖。但是如何获得好的数据？本书将作者在亚马逊、谷歌、领英和微软的数十年经验汇编成易于学习且井井有条的指南。这本书是线上实验的'圣经'。"

——Oren Etzioni，Allen Institute of AI 的首席执行官兼华盛顿大学计算机科学教授

"互联网公司以前所未有的规模、速度和复杂度运行着实验。本书作者在这些发展中发挥了关键作用，能够从他们的经验中学习，读者很幸运。"

——Dean Eckles，麻省理工学院通信与技术专业 KDD 职业发展教授，脸书前科学家

"本书为一个关键但未受到足够重视的领域提供了丰富的参考资源。每章的实例研究展示了成功业务的内在运作和经验。重视开发和优化'综合评估标准'是特别重要的一课。"

——Jeremy Howard，奇点大学，fast.ai 的创始人，Kaggle 的前总裁兼首席科学家

"关于 A/B 测试的指南有很多，但很少有像本书这么正统的。我已经关注 Ronny Kohavi 18 年了，发现他的建议聚焦于实践，经过了经验的'打磨'并在实际环境中进行过检验。Diane Tang 和 Ya Xu 的加入使得理解的广度变得无与伦比。我建议你将这本著作与其他任何书进行比较——当然是以对照方式。"

——Jim Sterne，市场分析峰会创始人，数据分析协会名誉理事

"这是一本关于运行线上实验的极其有用的方法书。书中结合了复杂的分析方法、

⊖ 微软首席执行官。——译者注
⊖ 一盎司约等于 28.35 克，一磅约等于 450 克。这里意指数据的重要性远远高于直觉。——编辑注

简洁的论述以及来之不易的实践经验。"

——Jim Manzi, Foundry.ai 的创始人,

Applied Predictive Techonologies 的创始人和前首席执行官兼董事长,

Uncontrolled: The Surprising Payoff of Trial-and-Error for Business,

Politics, and Society 的作者

"每当实验被设计用于新领域的时候,如农业、化学、医药以及现在的电子商务等,都可以帮助该领域取得进步。本书由三位业内顶尖专家所著,涵盖了丰富的实践建议,以及如何和为何运行线上实验并避开陷阱。实验是有成本的,不懂得哪些方法可行会增加更多的成本。"

——Art Owen, 斯坦福大学统计系教授

"这是一本商业主管和运营经理的必读书。就像运营、金融、审计和战略组成了现今商务的基础一样,在这个人工智能的时代,理解和实践线上对照实验将成为必备的知识点。Kohavi、Tang 和 Xu 在这本书里罗列了这个知识领域切实可行的核心内容。"

——Karim R. Lakhani, 哈佛大学科技创新实验室教授及总监,

Mozilla Corp. 董事会成员

"真正的'数据驱动'型组织深知仅有数据分析是不够的,还必须致力于实验。这本书是影响力极大的实验设计的手册和宣言,简明易懂且出类拔萃。我认为本书的实用主义很值得借鉴。最关键的是,本书阐明了企业文化是与技术实力旗鼓相当的重要成功因素。"

——Michael Schrage, 麻省理工学院数字经济项目科研院士,

The Innovator's Hypothesis: How Cheap Experiments

Are Worth More than Good Ideas 的作者

"这本关于实验的重要图书融汇了三个来自世界顶尖科技公司的优秀领导者的智慧。如果你是试图在你的公司实践数据驱动文化的软件工程师、数据科学家或者产品经理,那么这是为你准备的优秀且实用的书。"

——Daniel Tunkelang, Endeca 首席科学家和领英前数据科学与工程总监

"随着每一个领域的数字化和数据驱动化，执行并利用线上对照实验成了必备技能。Kohavi、Tang 与 Xu 为数据从业者和公司主管提供了一个全面且研究充分的必读指导。"

——Evangelos Simoudis，Synapse Partners 联合创始人与执行总裁
The Big Data Opportunity in Our Driverless Future 的作者

"在这本行业内目前最有战略意义的书中，三位作者提供了他们十余年艰苦奋战的实验经验。"

——Colin McFarland，Netflix 实验平台总监

"这本 A/B 测试的实用指南将实验界三位顶尖专家的经验融合成了通俗易懂并易于实践的模块。每章都带你梳理运行实验时最重要的考虑因素——从实验指标的选择到机构的经验传承的重要性。如果你正在寻找一个可以平衡理论与实践的实验导师，那么这本书绝对适合你。"

——Dylan Lewis，Intuit 实验平台负责人

"唯一比没有实验更糟糕的是具有误导性的实验，因为它会给你带来错误的自信！本书根据一些世界上最大的运行实验的机构的见解，详细介绍了实验的相关技术。不管你以任何身份参与线上实验，请立即阅读本书以避免错误并获得对结果的信心。"

——Chris Goward，*You Should Test That*！的作者，
WiderFunnel 的创始人兼首席执行官

"这是一本现象级的图书。作者汲取了丰富的经验，并提供了既易于阅读又全面详尽的参考资料。强烈建议任何想运行严格的线上实验的人阅读。"

——Pete Koomen，Optimizely 的联合创始人

"作者们是线上实验的先驱。他们建立的实验平台以及在平台上运行的实验对许多互联网大品牌是一种革新。他们的研究和演讲启发了整个行业。这是一本业界期待已久的权威且实用的图书。"

——Adil Aijaz，Split Software 的联合创始人兼首席执行官

"A/B 测试以及数据驱动的决策是互联网与大数据时代基础方法论的重要基石。本书总结了三位互联网行业领导者多年来在实验领域的经验心得，值得每一个想要了解如何用数据驱动决策、加速创新的从业者阅读。"

——连乔，快手副总裁

"互联网时代的产品日新月异，做产品需要有好的增长思维，探索并测试不同的想法来增长用户规模、收入或利润。在线实验是互联网产品测试新想法，并基于数据做科学决策的重要方法。在实践中，我们需要追求大规模、高效率、低成本、低风险、科学做实验的系统能力，但建设这样的实验能力往往需要多管齐下，包括平台、方法论、数据、流程、文化等多方面的建设，其中的挑战和复杂度不容小觑。本书从多个层面，结合近些年的理论研究和硅谷大公司的实战经验，为实验能力的建设和应用提供一些思路和指导，是在线实验领域一本具有标杆意义的参考书。"

——蒋锡茸，腾讯副总经理

"A/B 实验是数据驱动的核心引擎，今天互联网的大部分业务都非常习惯和依赖于 A/B 实验进行产品和运营决策，很多公司每年进行几万次到几十万次的实验，这些决策直接关系到产品和业务的成败。因此，如何做好 A/B 实验是数据科学的重要问题。本书的作者都是实验行业的领导者，译者同样是在头部互联网企业和实验行业有丰富经验和影响力的数据科学家。非常推荐这本书给数据科学的专业从业者作为必读书籍。对于每个希望能够深刻理解 A/B 实验的朋友，本书同样值得一读。"

——郭飞，腾讯 PCG 公共数据科学部负责人

"本书是 A/B 实验领域非常重要的一本书。它的重要性不仅体现在权威的理论叙述，还因为它集 A/B 实验领域三位领军人物的多年最佳实践于一体。真正的数据驱动的标志之一是通过因果推断对增量价值进行衡量。A/B 实验是因果推断的黄金准则，可信的 A/B 实验是可信的因果推断的前提。任何相信数据驱动的精细化运营的人都应该仔细阅读本书。"

——谢辉志，阿里巴巴数据科学总监

"在互联网经济高速发展的今天，Ron Kohavi、Diane Tang 和 Ya Xu 的书非常及时。它是一本业界科学家写给从业者的书，叙述严谨且非常实用。每个需要运行

线上算法实验的团队，不管是算法工程师还是领导者，都应把此书作为自己文献库的必备参考书籍"。

——秦志伟（Tony），滴滴 AI Labs 首席研究员

"由于互联网时代的用户需求和市场环境快速变化，企业必须采用实验迭代和数据驱动的决策体系和创新模式。可信赖的对照实验（A/B 测试）是其中最核心的一步，也是领英、脸书、谷歌、微软等顶尖企业不断创新和增长的秘密和源泉。Ron、Diane 和 Ya 是业界最具影响力的实验领导者，也是出色的教育者。我曾多次听他们分享并与之交流讨论实验迭代，很高兴他们将最前沿的的经验和研究总结成书。他们结合自己在硅谷最顶尖企业设计实验、驱动产品和改进业务的体会，总结出一套方法、工具和实战案例，这值得所有数据科学家、产品经理和管理者学习和借鉴。"

——孙天澍，南加州大学 Robert Dockson 讲席教授

从日常运营、产品开发上线到长期目标决策，线上对照实验贯穿于互联网公司的方方面面。在实践中，最基本的问题是实验的可信赖度：如何科学严谨地设计和运行实验，从而保证结果是准确、可信赖的？尤其在机构开始初步建立实验体系并尝试借助实验来做决策的阶段，由于基础设施、数据、流程、方法的原因，实验的质量可能会出问题。同时，对于如何检测实验的质量和如何运行可信赖的实验，大家往往缺乏知识积累和经验指导。无法保证质量的实验结论会误导决策，也会影响机构对基于实验做决策的方法论的信心。

在实践中，我们会尝试摸索并总结实验的技术细节与方法论，但不易察觉的陷阱仍然常常出现。大家一直在期待一本兼顾系统性的方法论与基于实战的经验法则的书籍。本书填补了这一巨大空白，甚至被实验从业者私下称为线上实验领域的"圣经"。本书的三位作者都是美国一线互联网公司的领军人物，他们领导构建了各自公司的实验平台和实验文化，每个平台每年运行上万个实验，对帮助公司进行数据驱动的决策起到了至关重要的作用。本书基于近些年实验领域的研究成果和实践经验，对实验的方法和应用做了很好的全景式描述，包括业界经典的实验案例、实践中的常见陷阱及规避方案、如何建设实验平台和文化、如何设计指标、实验的经验积累、实验的道德规范、实验背后的统计学知识，以及高阶方法的探讨和应用。本书既有助于对实验感兴趣的读者了解实验的应用场景和业务价值，也是实验从业者可以放在手边的参考书。目前，本书在亚马逊的平均评分是 4.7/5，在 Goodreads 的平均评分是 4.5/5。

本书翻译团队的成员分别来自硅谷和国内的一线互联网公司，多位成员参与或主导了各自公司的实验平台和实验文化的建设、研发及应用，并在日常工作和研究中经常与作者交流。作为本书英文版的第一批读者，能够获得翻译本书的机会，我们很荣幸。在阅读和翻译的过程中，我们有了更多的收获和更深的理解。感谢 Ron、Diane 和 Ya 分享他们在实验领域十多年的经验教训！感谢刘锋编辑对翻译工作的支持！希望这本有价值的书可以在中文读者中传播，并使对实验感兴趣的读者和实验从业者从中受益！

以下是翻译团队各成员的介绍：

韩玮：爱彼迎数据科学资深专家，专注于搜索算法和实验领域，之前在沃尔玛实验室负责相关工作。于宾夕法尼亚大学获得应用数学博士学位和统计学硕士学位，本科毕业于中国科学技术大学数学系。

胡鹃娟：现任爱彼迎数据科学家，拥有四年的 A/B 实验分析经验，此前在领英任资深数据科学家。于加州大学戴维斯分校获得统计学硕士学位、香港中文大学获得金融硕士学位，本科毕业于中国科学技术大学 00 班统计专业。

段玮韬：领英资深应用研究专家，现负责领英实验科学团队。他与许亚一起在实验领域紧密合作长达五年之久，书中的很多材料和结论都提炼自他和许亚的工作经验。

胡泽浩：优步数据科学经理，优步人工智能和增长平台两个数据科学团队的负责人，拥有五年用数据及实验驱动产品开发的经验。于宾夕法尼亚大学获得经济学博士学位，本科毕业于香港大学经济系。

廖一正：爱彼迎资深数据科学家，负责爱彼迎中国区搜索引擎算法开发，领导着实验分析委员会。于斯坦福大学获得土木与环境工程博士学位，研究领域为应用机器学习和统计。

王璐：雪花（Snowflake）计算数据科学家，拥有将近七年的实验设计与分析、统计建模以及产品分析经验。曾任爱彼迎数据科学家以及吉利德科学生物统计师。于加州大学洛杉矶分校获得生物统计博士学位，本科毕业于浙江大学生物信息系。

赵振宇：腾讯数据科学总监。此前先后在雅虎和优步负责实验系统、因果推断、机器学习应用研究和平台建设，以及开源项目研发工作。于美国西北大学获得统计学博士学位，本科毕业于中国科学技术大学。

钟婧：苹果公司 Siri 部门资深数据科学家，此前先后在微软必应部门及脸书公司从事机器学习建模和 A/B 实验、用户和产品数据分析、产品战略分析等方向的研究工作。于密歇根大学获得博士学位，本科毕业于清华大学电子工程系。

前言——如何阅读本书

如果我们有数据，那就看数据。

如果我们只有观点，那就按我的观点来。

——Jim Barksdale，网景前首席执行官

本书旨在分享多年来 Ron 在亚马逊和微软、Diane 在谷歌以及 Ya 在微软和领英大规模运行线上对照实验积累的实践经验。虽然我们不是代表谷歌、领英或微软官方，而是以个人身份写作此书，但书中凝聚了我们工作多年积累的关键经验教训和遇到的常见陷阱，并提供了软件平台的搭建以及公司文化的培养方面的指导：如何利用线上对照实验建立数据驱动文化而不是依赖 HiPPO（Highest Paid Person's Opinion，最高薪者的意见）(R. Kohavi, HiPPO FAQ 2019)。我们相信书中的很多经验适用于各种线上环境，不论是大大小小的公司，还是具体到公司内部的团队或组织。书中强调了评估实验结果可信赖度的必要性。我们相信特威曼定律蕴含的怀疑论：任何看起来有趣或与众不同的数字通常都是错的。我们鼓励读者对实验结果，尤其是有突破性的正面结果做二次检查，以及做验证性测试。获得数据很简单，但获得你能信任的数据很难！

本书第一部分适合所有读者，由四章组成。第 1 章概述运行线上对照实验的好处，并介绍实验相关术语。第 2 章用一个例子剖析运行实验的全过程。第 3 章描述常见的陷阱以及如何建立实验的可信赖度。第 4 章概述如何搭建实验平台并规模化线上实验。

第二部分到第五部分针对一些特定的读者群体，当然也欢迎其他读者按需阅读。第二部分的五章内容介绍实验的基础原理，比如机构指标。我们推荐所有人阅读这一部分，尤其是领导者和高管。第三部分的两章内容介绍线上对照实验的补充技法，可以帮助管理层、数据科学家、工程师、分析师、产品经理等进行资源和时间的投资。第四部分专注于实验平台的搭建，面向工程师群体。最后，第五部分深入讨论进阶的实验分析专题，面向数据科学家。

本书的配套网站为 https://experimentguide.com，它囊括了更多的材料和勘误，并提供了开放性讨论的空间。本书作者的所有收益将捐献给慈善机构。

致谢

我们想感谢这些年来和我们一起并肩作战的同事们。虽然没有办法一一列出名字，但这本书是以和大家共同工作，以及业界和其他领域的同人对线上对照实验的研究和实践为基础的。我们从你们所有人身上学到了很多，感谢你们！

特别感谢编辑 Lauren Cowles 在本书的整个写作过程中与我们紧密协作。Cherie Woodward 提供了逐行编辑和写作风格上的指导，以帮助调和我们三个作者的风格。Stephanie Grey 和我们一起制作了图表，并持续进行改进。Kim Vernon 进行了最终版本的编辑和参考文献的检查。

最重要的是，我们对家人怀有深深的感恩，因为写作本书时错过了很多和他们相处的时间。谢谢 Ron 的家人 Yael、Oren、Ittai 和 Noga；谢谢 Diane 的家人 Ben、Emma 和 Leah；谢谢 Ya 的家人 Thomas、Leray 和 Tavis。没有你们的支持和热情，我们不可能完成本书！

感谢谷歌以下人员：Hal Varian、Dan Russell、Carrie Grimes、Niall Cardin、Deirdre O'Brien、Henning Hohnhold、Mukund Sundararajan、Amir Najmi、Patrick Riley、Eric Tassone、Jen Gennai、Shannon Vallor、Eric Miraglia、David Price、Crystal Dahlen、Tammy Jih Murray、Lanah Donnelly 以及所有在谷歌从事实验工作的伙伴。

感谢领英以下人员：Stephen Lynch、Yav Bojinov、Jiada Liu、Weitao Duan、

Nanyu Chen、Guillaume Saint-Jacques、Elaine Call、Min Liu、Arun Swami、Kiran Prasad、Igor Perisic 以及整个实验平台团队。

感谢微软以下人员：Omar Alonso、Benjamin Arai、Jordan Atlas、Richa Bhayani、Eric Boyd、Johnny Chan、Alex Deng、Andy Drake、Aleksander Fabijan、Brian Frasca、Scott Gude、Somit Gupta、Adam Gustafson、Tommy Guy、Randy Henne、Edward Jezierski、Jing Jin、Dongwoo Kim、Waldo Kuipers、Jonathan Litz、Sophia Liu、Jiannan Lu、Qi Lu、Daniel Miller、Carl Mitchell、Nils Pohlmann、Wen Qin、Thomas Schreiter、Harry Shum、Dan Sommerfield、Garnet Vaz、Toby Walker、Michele Zunker 以及分析和实验平台团队。

特别感谢 Maria Stone 和 Marcus Persson 对整本书的反馈，以及 Michelle N. Meyer 对第 9 章给予的专家意见。

其他对本书提供过意见的包括：Adil Aijaz、Jonas Alves、Alon Amit、Kevin Anderson、Joel Barajas、Houman Bedayat、Beau Bender、Bahador Biglari、Stuart Buck、Jike Chong、Jed Chou、Pavel Dmitriev、Yurong Fan、Georgi Georgiev、Ilias Gerostathopoulos、Matt Gershoff、William Grosso、Aditya Gupta、Rajesh Gupta、Shilpa Gupta、Kris Jack、Jacob Jarnvall、Dave Karow、Slawek Kierner、Pete Koomen、Dylan Lewis、Bryan Liu、David Manheim、Colin McFarland、Tanapol Nearunchron、Dheeraj Ravindranath、Aaditya Ramdas、Andre Richter、Jianhong Shen、Gang Su、Anthony Tang、Lukas Vermeer、Rowel Willems、Yu Yang 和 Yufeng Wang。

感谢很多帮助过我们但没有被提到名字的人们。

目录

第二部分 基础原理

第三部分　补充及替代技法

第四部分　实验平台搭建

第一部分

线上对照实验概览

| 第 1 章 |

概述和写作动机

一个精确的测量胜过一千个专家的意见。

——海军准将格雷斯·霍珀

2012 年，必应（微软的搜索引擎）的一名员工提出了关于改进搜索页广告标题陈列方式的一个想法（Kohavi and Thomke 2017）：将标题下方的第一行文字移至标题同一行，以使标题变长，如图 1.1 所示。

在成百上千的产品建议中，没有人预料到这样一个简单的改动竟然成了必应历史上最成功的实现营收增长的想法！

起初，这个产品建议的优先级很低，被埋没在待办列表中超过半年。直到有一天，一个软件工程师决定试一试这个从编程角度来说非常简单的改动。他实现了该想法，并通过真实的用户反馈来评估它：随机给一部分用户显示新的标题陈列方式，而对另一部分用户依旧显示老版本。用户在网站上的行为，包括广告点击以及产生的营收都被一一记录。这就是一个 A/B 测试的例子：一种简单的用于比较 A 和 B 两组变体的对照实验。A 和 B 也分别称为对照组和实验组。

该测试开始后的几个小时，"营收过高"的警报被触发，提示实验有异常。实验组，也就是新的标题陈列方式，产生了过高的广告营收。这种"好到难以置信"的警报非常有用，它们通常能提示严重的漏洞，如营收被重复上报（双重计费）或者因网页出错而导致只能看到广告。

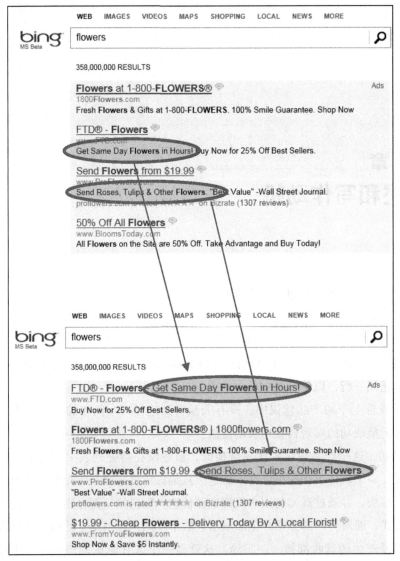

图 1.1　改进必应上广告陈列方式的实验

　　然而就这个实验而言，营收增长是真实有效的。在没有显著损害其他关键用户体验指标的情况下，必应的营收增长高达 12%，这意味着仅在美国，当年的营收增长就将超过 1 亿美金。这一实验在后来很长一段时间里被多次重复验证。

这个例子体现了关于线上对照实验的几个关键主题：

- 一个想法的价值很难被预估。在这个案例中，一个价值超过每年 1 亿美金的简单的产品改动被耽搁了好几个月。
- 小改动可以有大影响。一个工程师几天的工作就能带来每年 1 亿美金的回报。当然这样极端的投资回报率（return-on-investment, ROI）也很罕见。 | 4 |
- 有很大影响的实验是少见的。必应每年运行上万个实验，但这种小改动实现大增长的案例几年才出一个。
- 运行实验的启动成本要低。必应的工程师可以使用微软的实验平台 ExP，来便利地科学评估产品改动。
- 综合评估标准（overall evaluation criterion，OEC，本章将详细描述）必须清晰。在这个案例中，营收是 OEC 的一个关键组成，但仅营收本身不足以成为一个 OEC。以营收为唯一指标可能导致网站满是广告而伤害用户体验。必应使用的 OEC 权衡了营收指标和用户体验指标，包括人均会话数（用户是否放弃使用或者活跃度增加）和其他一些成分。关键宗旨是即使营收大幅增长，用户体验指标也不能显著下降。

接下来的一小节介绍对照实验的术语。

1.1 线上对照实验的术语

对照实验有一段长而有趣的历史，我们的网站有相关分享（Kohavi, Tang and Xu 2019）。对照实验有时也称为 A/B 测试、A/B/n 测试（强调多变体测试）、实地实验、随机对照实验、分拆测试、分桶测试和平行飞行测试。不论实验中有几个变体，我们在本书中都将使用对照实验和 A/B 测试这两个互通的术语。

很多公司广泛使用线上对照实验，例如爱彼迎（Airbnb）、亚马逊（Amazon）、缤客（Booking.com）、易贝（eBay）、脸书（Facebook）、谷歌（Google）、领英（LinkedIn）、来福车（Lyft）、微软（Microsoft）、奈飞（Netflix）、推特（Twitter）、优步（Uber）、Yahoo!/Oath 和 Yandex（Gupta et al. 2019）。这些公司每年运行成千上万个实验，实验有时涉及百万量级的用户，测试内容更是涵盖各个方面，包括用户界面（User Interface, UI）的改动、关联算法（搜索、广告、个性化、推荐等）、延迟 / 性能、内容管理系统、客户支持系统等。实验可运行于多种平台或渠道：网站、桌面应用程序、移动端应用程序和邮件。

最常见的线上对照实验把用户随机分配到各变体，且这种分配遵循一以贯之的原则（一个多次访问的用户始终会被分配至同一变体）。在开篇必应的例子中，对照组是原本的广告标题陈列方式，实验组是长标题陈列方式。用户在必应网站上的互动被以日志的形式记录，即监测和上报。根据上报的数据计算得到的各项指标可以帮助我们评估两个变体之间的区别。

最简单的对照实验有两个变体，如图 1.2 所示：对照组（A）和实验组（B）。

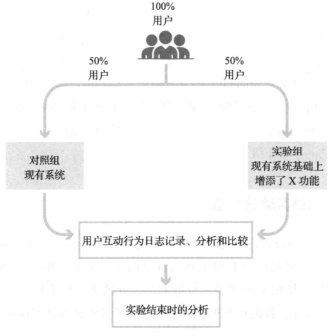

图 1.2　一个简单的对照实验：A/B 测试

以下，我们将遵循 Kohavi 和 Longbottom 等人（Kohavi and Longbottom（2017），Kohavi, Longbottom et al.（2009））使用的术语进行介绍，并提供其他领域的相关术语。更多关于实验和 A/B 测试的资源可以在本章结尾的补充阅读部分中找到。

综合评估标准（Overall Evaluation Criterion, OEC）：实验目标的定量测量。

例如，你的 OEC 可能是人均活跃天数，指示实验期间用户有几天是活跃的（即有访问并有其他行动）。OEC 的增长意味着用户更频繁地访问了网站，这是好的结果。OEC 需要在短期内（实验期间）可测量，同时要对长期战略目标有因果关系的驱动作用（见 1.7 节，以及第 7 章）。在搜索引擎的例子中，OEC 可以是使用量（如人均会话数）、关联（如成功的会话、成功需时）以及广告营收的综合考量（有些搜索引擎不会用到所有这些指标，有些则会用到更多种类的指标）。

在统计学中，OEC 也常称为响应变量或因变量（Mason, Gunst and Hess 1989, Box, Hunter and Hunter 2005）。其他的同义词还有结果、评估和适应度函数（Quarto-vonTivadar 2006）。虽然选择单一指标（可能是一个对多重目标进行加权组合的指标）常常是必须的和高度推荐的（Roy 2001, 50, 405-429），但实验可能有多重目标，且分析也可以采用平衡的分析看板的方法（Kaplan and Norton 1996）。

我们将在第 7 章进一步讨论如何决定一个实验的 OEC。

参数：对照实验中被认为会影响 OEC 或其他我们感兴趣的指标的变量。参数有时也称为因素或变量。参数的赋值也称为因子水平。一个简单的 A/B 测试通常只有一个参数，两个赋值。对于线上实验，单变量多赋值（如 A/B/C/D）的设计非常普遍。多变量测试，也称多元检验，则可用于同时评估多个参数（变量），比如字体颜色和字体大小。多变量测试可以帮助实验者在参数间有交叉影响时找到全局最优值。

变体：被测试的用户体验，一般通过给参数赋值实现。对于简单的 A/B 测试，A 和 B 就是两个变体，通常被称为对照组和实验组。在某些文献中，变体只指代实验组。而我们把对照组也看作一种特殊的变体——用于进行对比的原始版本。比如，实验中出现漏洞时，你需要中止这个实验，并确保所有用户被分配到对照组这个变体。

随机化单元：以伪随机化（如哈希）过程将单元（如用户或页面）映射至不同变体。正确的随机分配过程非常重要，它可以确保不同变体的群体在统计意义上的相似性，从而高概率地确立因果关系。映射时需遵循一以贯之和独立的原则（即如果以用户为随机化单元，那么同一个用户应该自始至终有一致的体验，并且一个用户被分配到某一变体的信息不会透露任何其他用户的分配信息）。运行线上对照实验时，非常普遍且我们也强烈推荐的是以用户为随机化单

元。有些实验设计会选择其他的随机化单元，例如页面、会话或用户日（即同一
用户在由服务器决定的每个 24 小时的窗口内体验不变）。详见第 14 章。

正确的随机分配是至关重要的！如果实验设计为各个变体获得相同比例的
用户，那么每个用户被分配到任何一个变体的概率应该是一样的。千万不要轻
视随机分配。下面的例子解释了正确进行随机分配的挑战和重要性。

- 20 世纪 40 年代，RAND 公司需要为蒙特卡罗方法寻找随机数，为此，
  他们制作了一份由脉冲机器生成的百万乱数表。然后由于硬件偏移，
  原表被发现有严重的偏差，导致需要为新版重新生成随机数（RAND
  1995）。

- 对照实验起初应用于医药领域。美国退伍军人事务部曾做过一个用于结
  核的链霉素的药物试验，由于医师在甄选程序中出现了偏差，这一试验
  最终宣告失败（Mark 1997）。英国有一项类似的试验以盲态程序甄选并
  获得了成功，成为对照试验领域的分水岭时刻（Doll 1998）。

任何因素都不应影响变体的分配。用户（随机化单元）不能被随意地分配
（Weiss 1997）。值得注意的是，随机不代表"随意或无计划，而是一种基于概率
的慎重选择"（Mosteller, Gilbert and Mcpeek 1983）。Senn（2012）探讨了更多关
于随机分配的迷思。

1.2 为什么进行实验? 相关性、因果关系和可信赖度

假设你在一家提供订阅服务的公司（比如奈飞）工作，公司每个月有 $X\%$ 的
用户流失（取消订阅）。你决定引入一个新功能，观察到使用这个新功能的用户
的流失率仅为一半：$X\%/2$。你可能据此推断出因果关系：该新功能使得流失率
减半。由此得出结论：如果我们能让更多的用户发现这一功能并使用它，订阅
数将会激增。错了！根据这个数据，我们无法得出该功能降低或增加用户流失
率的结论，两个方向皆有可能。

同样提供订阅服务的微软 Office 365 有一个例子表明了这种逻辑的谬误。
使用 Office 365 时看到错误信息并遭遇系统崩溃的用户有较低的流失率，但这
并不代表 Office 365 应该显示更多的错误信息或者降低代码质量使得系统频繁
崩溃。这三个事件都有一个共同的因素：使用率。产品的重度用户看到较多的

错误信息，经历较多的系统崩溃，其流失率也较低。相关性并不意味着因果关系，过度依赖观察结果往往导致做出错误的决策。

1995 年，Guyatt et al.（1995）引入了证据可信度等级来为医学文献做出推荐评级，Greenhalgh 在之后关于循证医学的实践讨论中进一步扩展了这个模型（1997, 2014）。图 1.3 展示了一个翻译成我们的术语的基础版证据可信度等级（Bailar 1983, 1）。随机对照实验是确立因果关系的黄金准则。对随机对照实验的系统性检阅（即统合分析）则有更强的实证性和普适性。

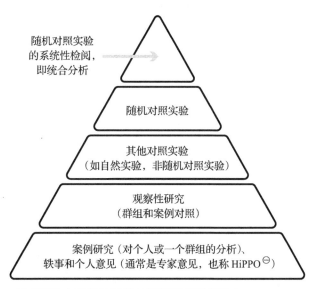

图 1.3 用于评估实验设计质量的证据可信度等级（Greenhalgh 2014）

这一领域还有更多更复杂的模型，比如牛津循证医学中心提出的证据分级（Level of Evidence）（2009）。

谷歌、领英和微软的实验平台每年可以运行成千上万个线上对照实验，并提供可信赖的实验结果。我们相信线上对照实验有以下特性：

- 它是以高概率确立因果关系的最佳科学方法。
- 能够检测其他技术难以检测到的微小变动，比如随时间的变化（灵敏度）。
- 能够检测到意想不到的变动。虽然常被低估，但很多实验发掘了一些对

⊖ HiPPO 是 Highest Paid Person's Opinion 的缩写，可以翻译成"最高薪者的意见"。——译者注

其他指标出乎意料的影响，比如性能的降低、系统崩溃和出错的增加或是对其他模块的点击的吞噬。

本书的一个重点是强调实验中可能出现的陷阱，并给出能让实验结果更可信赖的方法。线上对照实验有其独一无二的线上收集大量可靠数据、随机分配和避免或检测陷阱的能力（见第 11 章）。当线上对照实验不可行的时候，我们才推荐使用其他可信度较低的方法，如观察性研究。

1.3　有效运行对照实验的必要元素

科学严谨的对照实验并不能用于所有的决策。比如，你无法在一个投资并购（M&A）场景中运行对照实验，因为我们无法让投资并购和它的虚拟事实（没有该投资并购）同时发生。接下来我们将梳理有效运行对照实验的必要元素（Kohavi，Crook and Longbotham 2009），并提出机构的宗旨。我们会在第 4 章讨论实验成熟度模型。

1）存在可以互不干扰（或干扰很小）地被分配至不同变体的实验单元，比如实验组的用户不会影响对照组的用户（见第 22 章）。

2）有足够的实验单元（如用户）。为了对照实验的有效性，我们推荐实验应包含上千个实验单元：数目越多，能检测到的效应越小。好消息是，即使是小型的软件初创公司通常也能很快地累积足够的用户，从检测较大的效应开始运行实验。随着业务的增长，检测较小变动的能力会变得越来越重要（例如，大型网站必须有能力检测出用户体验关键指标和营收百分比的微小变动），而实验灵敏度也会随着用户基数的增长而提高。

3）关键指标（最好是 OEC）是经过一致同意的，且可以在实践中被评估。如果目标难以测量，那么应对使用的代理指标达成一致（见第 7 章）。可靠的数据最好能以低成本被广泛地收集到。在软件领域，记录系统事件和用户行为通常比较简单（见第 13 章）。

4）改动容易实现。软件的改动一般比硬件的要简单。然而即使是软件的改动，有些领域也需要一定级别的质量控制。推荐算法的改动很容易实现和评估，但美国飞机的飞行控制系统软件的改动则需经过美国联邦航空管理局一整套不同的批准流程。服务器端软件比客户端软件要容易改动得多（见第 12 章），这就是为什么从客户端软件请求服务越来越普遍，从而使服务的升级和改动可以更快实现并运行对照实验。

大部分复杂的线上服务都有或者可以有这些必要组成部分，来运行基于对照实验的敏捷开发流程。很多"软件 + 服务"的实现也能相对容易地达到要求。Thomke 指出机构可以通过实验与"创新系统"的结合实现利益最大化（Thomke 2003）。敏捷软件开发就是这样的创新系统。

对照实验不可行的时候，也可以用建模或其他的实验技术（见第 10 章）。关键是，如果可以运行对照实验，那么它将提供评估改动的最可靠且最灵敏的机制。

1.4 宗旨

对有意运行线上对照实验的机构来说，有三个关键的宗旨（Kohavi et al. 2013）：

1. 该机构想要进行数据驱动决策，且有正式的 OEC。

2. 该机构愿意为运行对照实验投资基础设施和测试，并确保实验结果是可信赖的。

3. 该机构意识到其无法很好地评估想法的价值。

1.4.1 宗旨 1: 该机构想要进行数据驱动决策，且有正式的 OEC

很少听到一个机构的领导层说他们不追求数据驱动（乔布斯领导的苹果公司是个著名的例外，Ken Segall 宣称："我们不测试任何广告。印刷品、电视、广告牌、网页、零售或者任何形式的广告都不测试。"（Segall 2012, 42））。然而测量新功能给用户带来的额外好处是有成本的，且目标测量通常会显示进展不如预期设想的顺利。很多机构不会将资源用于定义和测量进展。更简单的做法是生成一个计划并实施它，然后宣告成功。关键指标则设立为"计划实施的百分比"，而忽视新功能对关键指标是否有任何正面影响。

要做到数据驱动，机构应当定义一个在较短期间内（例如一、两星期内）能够便利测量的 OEC。大型机构也许有多个 OEC 或者多个关键指标，经细化后为不同领域所共用。难点在于找到这样的指标：短期内可测量、足够灵敏以检测到差别，并且可以以此预测长期目标。例如，"利润"不是一个好的 OEC，一个短期的操作（如提高价格）可以增加短期利润，但可能会降低长期利润。客户终生价值则是战略上很有力的 OEC（Kohavi, Longbottom et al. 2009）。对 OEC 达成一致且以 OEC 来协调整个组织的重要性怎么强调都不过分（见第 6 章）。

有时，人们也用"数据启示"（data-informed）或"数据感知"（data-aware）来避免对仅依赖单一数据来源（如对照实验）"驱动"决策的误解（King, Churchill and Tan 2017, Knapp et al. 2006）。本书将数据驱动和数据启示作为同义词使用。最终，决策的形成应基于多方数据来源，包括对照实验、用户调研、新代码维护成本的预估等。数据驱动或数据启示的机构会收集各种相关的数据来驱动决策，并告知 HiPPO，而不是依靠直觉（Kohavi 2019）。

1.4.2 宗旨 2: 该机构愿意为运行对照实验投资基础设施和测试，并确保实验结果是可信赖的

在通过软件工程师的工作就能满足对照实验运行的必要条件的线上软件领域（网站、移动端、桌面应用和线上服务）：能够可靠地随机分配用户；能够收集数据；能够相对容易地对软件进行改动，比如增加新的功能（见第 4 章）。即便是规模较小的网站也有足够的用户数量以运行必要的统计测试（Kohavi, Crook and Longbotham 2009）。

正如 Eric Ries 在 *The Lean Startup*（Ries 2011）一书中所推崇的，对照实验在与敏捷软件开发（Martin 2008, K. S. Rubin 2012）、客户开发流程（Blank 2005）以及最简可行产品（Minimum Viable Product, MVP）相结合时格外有效。

在某些其他领域，可靠地运行对照实验可能比较困难甚至完全不可行。对照实验所需的某些干预在医药领域可能是不道德的或不合法的。某些硬件设备的生产交付时间可能较长且难以修改，因此极少在新的硬件设备（例如新手机）上运行基于用户的对照实验。在这些情况下，我们可以用其他的技术，比如补充技法（见第 10 章）。

假如可以运行对照实验，那么就要确保实验结果的可信赖性。从实验中获得数据是简单的，但是获得可信赖的数据是困难的。第 3 章将致力于介绍如何获得可信赖的实验结果。

1.4.3 宗旨 3: 该机构意识到其无法很好地评估想法的价值

团队认为一个产品功能有用才会去开发它,然而,很多领域的大部分想法都无法提升关键指标。在微软,被测试过的想法里仅有三分之一能改善目标指标(Kohavi, Crook and Longbotham 2009)。在已经高度优化的产品领域,如必应和谷歌,想要成功就更难了,测试的成功率仅在 10% ~ 20% 之间(Manzi 2012)。

Slack 的产品生命周期总监 Fareed Mosavat 曾发推特称,在 Slack 只有 30% 的商业化实验显示正向结果。"如果在一个实验驱动的团队工作,你得习惯这一点,你的工作至少有 70% 可能会被弃置。要据此建立你的工作流程。"(Mosavat 2019)

Avinash Kaushik 在" Experimentation and Testing primer"(Kaushik 2006)一文中写道:"80% 的时间我们都搞错了客户需要什么。"Mike Moran(Moran 2007, 240)曾称奈飞认为他们尝试过的东西有 90% 是错的。Quicken Loans 的 Regis Hadiaris 称:"在我做实验的五年里,我猜对结果的正确率和联盟棒球手击中球的概率差不多。是的,我做了五年,只能'猜'对 33% 的实验结果!"(Moran 2008)。Etsy 的 Dan McKinley(McKinley 2013)称"几乎所有都是失败的",而对产品功能,他说:"我们谦虚地认识到初次尝试就成功的功能是很少见的。我强烈认为这一经验是普遍的,只是没有被普遍地意识到或承认。"最后,Colin McFarland 在 *Experiment!*(McFarland 2012, 20)一书中写道:"无论你认为多么不费吹灰之力,做了多少研究,或者有多少竞争者正在做,有时候想法就是会失败,并且失败的频率比你预期的更高。"

不是所有领域的数据都是这么差,但是大多数运行对照实验的面向客户的网站和应用程序都认识到这个无法改变的现实:我们不擅长预判想法的价值。

1.5 随时间推移的改进

在实践中,关键指标的改进是由很多 0.1% ~ 2% 的小改动积累而来的。很多实验仅影响一部分用户,所以你需要将一个作用于 10% 用户的 5% 的影响稀释,从而得到一个小很多的影响(如果实验的触发群体和其他用户类似,那么稀释后的影响就是 0.5%），详情见第 3 章。正如阿尔·帕西诺在电影《挑战星期天》里所说："……成功是一寸一寸实现的。"

1.5.1 谷歌广告的例子

在经历超过一年的开发和一系列的实验后，谷歌在 2011 年发布了一套经过改进的广告排序系统（Google 2011）。工程师们在已有的广告排序系统里开发并测试了新改进的模型，以测量广告的质量分数，也开发并测试了对广告竞价系统的改动。他们开展了上百个对照实验和多次迭代，有些实验横跨多个市场，有些则在某一市场长期运行，以深度了解广告商受到的影响。这一大型的后端改动——以及运行对照实验——最终验证了规划和叠加多个改动可以通过提供更高质量的广告改善用户体验，并且高质量广告的更低价格也提升了广告商的体验。

1.5.2 必应关联算法的例子

必应几百人的关联算法团队每年的任务就是将单个 OEC 指标提高 2%。这
[14] 2% 由当年发布给用户的所有对照实验的实验效应（即 OEC 的增量）相加而成（假设可简单相加）。由于该团队每年运行上千个实验，有些实验会因为偶然性出现正向结果（Lee and Shen 2018），2% 的贡献取决于一种重复实验：一旦某个想法的实现在经过多次迭代和优化之后成功了，一个单对照组的认证实验就会开始运行。这个认证实验的实验效应决定了对 2% 这一目标的贡献。最近的研究建议缩减实验效应以提高精确度（Coey and Cunningham 2019）。

1.5.3 必应广告的例子

必应的广告团队每年持续地给营收带来 15% ～ 25% 的增长（eMarketer 2016），但是大部分的提高都是一点一点完成的。每个月会发布一个打包了多项实验结果的"包裹"，如图 1.4 所示。多数都是小的改进，有些甚至因为空间限
[15] 制或法律法规要求而给营收带来负增长。

十二月左右的季节性激增很有信息量。在十二月，随着用户的购物意图显著提高，广告空间也相应增加，搜索带来的营收也随之提高。

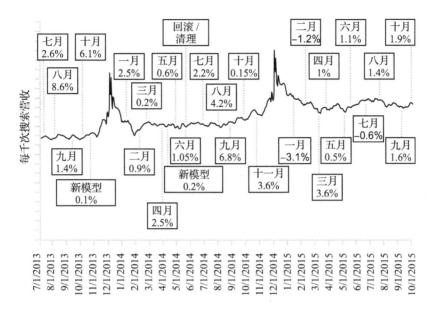

(*) 显然，数字是经过扰动处理的

图 1.4　必应广告营收随时间的变化（y 轴代表每年增长大约 20%），具体数字不重要

1.6　有趣的线上对照实验实例

有趣的实验是指那些预期结果和实际结果相差很远的实验。如果你认为一件事情会发生，然后它真的发生了，那么你不会学到什么。如果你认为一件事情会发生，但没有发生，那么你会学到一些重要的东西。如果你原本认为一件事情不值一提，但它带来了惊人的或突破性的结果，那么你会学到一些非常有价值的东西。

本章开头必应的例子和本小节介绍的其他实例都有不同寻常且出乎预料的正面结果。必应和社交网络（如脸书和推特）相结合的尝试，是一个没有达到预期效果的例子——这一尝试在历经了长达两年的多个结果显示无价值的实验后告弃。

虽然经久的进步来自持续的实验和很多小的改进（如必应广告的例子所示），但这里介绍的几个有惊人效果的例子表明了我们有多不擅长预估想法的价值。

1.6.1 UI 实例：41 阶蓝

谷歌和微软的很多例子都一致显示：小的界面设计决策也可能有重大的影响。谷歌在搜索结果页面上测试过 41 个阶度的蓝色（Holson 2009），这让当时的视觉设计负责人很受挫。然而，谷歌对配色方案的调整给用户活跃度带来了实质性的提高（谷歌没有报告单一改动的结果），并促成了之后设计团队和实验团队的高度协作关系。微软的必应也做过类似的配色改动，帮助用户更成功地完成任务，改善了任务成功需时，将美国市场的年营收提高了超过 1 千万美金（Kohavi et al. 2014, Kohavi and Thomke 2017）。

这些都是微小改动带来巨大影响的很好的例子，但由于配色方案已经被广泛地测试，在更多实验中"玩"配色已不太可能带来更加显著的改进。

1.6.2 在正确的时机显示推广

2004 年，亚马逊在主页上放置了信用卡推广，该推广带来了可观的利润，但是点击率（Click-Through Rate, CTR）很低。团队进而运行了把该推广移至购物车页面的实验，用户把商品加入购物车后，可以看到一个简单的计算，从而对该信用卡带来的优惠额度一目了然，如图 1.5 所示（Kohavi et al. 2014）。

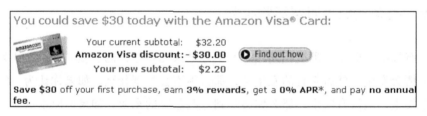

图 1.5　亚马逊购物车的信用卡推广

因为已经在购物车添加了商品的用户有非常明确的购物意图，所以这一推广出现在了正确的时机。对照实验显示这一简单的改动帮助亚马逊增加了数千万美金的年利润。

1.6.3 个性化推荐

亚马逊的 Greg Linden 做过一个产品雏形，根据用户购物车里的商品显示个性化的推荐（Linden 2006, Kohavi, Longbottom et al. 2009）。当你添加一件商品时，会看到一些推荐，再添加另一件商品，会看到新的推荐。Grey Linden 指出，虽然这个产品雏形看起来颇有前景，但一个市场营销高级副总裁极力反对，称它会分散用户注意力而影响结账。Greg Linden 被禁止继续这项工作。尽管如此，他还是运行了一个对照实验，并且这一新功能大幅获胜，放弃它将使亚马逊蒙受可观的损失。带着新的紧迫性，购物车推荐很快被发布了。如今，很多网站都在使用购物车推荐模型。

1.6.4 速度非常关键

2012 年，微软必应的一个工程师对 JavaScript 的生成方式做了改动，大大缩短了 HTML 到达客户端的时间，从而提高了性能。相应的对照实验显示了多项指标令人惊叹的改进。他们接着做了跟进实验来测量对服务器性能的影响。结果显示性能提高的同时也显著提高了关键用户指标，例如成功率和首任务成功需时，且每 10 毫秒的性能提升（眨眼速度的 1/30）足以支付雇佣一个全职工程师一年的成本（Kohavi et al. 2013）。

2015 年，随着必应性能的提高，人们产生了疑问：服务器结果返回时间的 95 百分位数（即 95% 的搜索请求）已经在 1 秒以下，进一步提高性能是否仍有价值。必应的团队开展了跟进研究，发现关键用户指标仍旧得到了显著提高。虽然对营收的相对影响有一定程度的减弱，但由于必应的营收在那几年增长如此之多，以至于性能上每 1 毫秒的提升都比过去更有价值，每 4 毫秒的改进就能雇佣一个工程师一年！我们将在第 5 章深度剖析相关实验以及性能的重要性。

许多公司都做过性能实验，结果都显示性能多么关键。在亚马逊，一个 100 毫秒的减速实验使销售额减少了 1%（Linden 2006b, 10）。必应和谷歌的一个联合讲演（Schurman and Brutlag 2009）展示了性能对关键指标的显著影响，包括去重搜索词条、营收、点击率、用户满意度和首点击需时。

1.6.5 减少恶意软件

广告是一项有利可图的生意，用户安装的"免费软件"经常包含插入广告污染页面的恶意软件。图 1.6 显示了一个含有恶意软件的必应搜索结果页面。注意有多个广告（用方框圈出）被插入这个页面（Kohavi et al. 2014）。

图 1.6 含恶意软件的必应页面显示了多个广告

这些不相关的低质量广告不仅移除了必应自己的广告，从而侵占了微软的营收，也给用户带来了糟糕的体验，用户可能都没有意识到为什么他们会看到这么多广告。

微软对 380 万潜在受影响的用户运行了一个对照实验：修改文档对象模型（Document Object Model, DOM）的基本路径被覆写，只允许少数可靠来源的修改（Kohavi et al. 2014）。结果显示必应所有的关键指标（包括人均会话数）都有所提高，这意味着用户访问的增加或用户流失的减少。除此之外，用户的搜索也更加成功，能更快地点击到有用的链接，必应的年营收也增加了数百万美金。前文讨论过的关键性能指标，比如页面加载需时，在受影响页面上也提升了几百毫秒。

1.6.6　后端改动

后端算法的改动是在运用对照实验时常常被忽视的领域（Kohavi, Longbottom et al. 2009），但它可能带来重大影响。我们在前文中描述过谷歌、领英和微软的团队如何一点点做改动，这里我们讨论一个来自亚马逊的实例。

回到 2004 年，当时亚马逊已经有了基于两个数据集的很好的推荐算法。其标志性功能本来是"买了 X 的用户也买了 Y"，但后来被延伸为"**浏览**了 X 的用户也买了 Y"和"**浏览**了 X 的用户也**浏览**了 Y"。有人提出了一个方案，使用同样的算法推荐"**搜索**了 X 的用户也买了 Y"。这个算法的支持者给出了含义不明的搜索的例子，比如"24"，多数人会联想到 Kiefer Sutherland 主演的电视剧。亚马逊的原算法对"24"返回的结果比较糟糕（图 1.7 左），有会 24 首意大利歌曲的 CD、24 月龄婴儿穿的衣服、24 英寸的毛巾杆等。而新的算法表现比较出色（图 1.7 右），根据用户搜索"24"后实际购买的项，返回了相关电视剧的 DVD

图 1.7　有 BBS 和没有 BBS 时在亚马逊上搜索"24"的结果[⊖]

⊖　BBS 是"基于用户行为的搜索"（Behavior-Based Search）的缩写。在搜索词中加入"-foo"，亚马逊显示的是没有 BBS 的结果。——译者注

和书籍的搜索结果。该算法的一个不足是返回的某些商品并没有包含搜索关键词。亚马逊运行了一个对照实验，即使有上述不足，这一改动也将亚马逊的营收提高了 3%——数百万美金。

1.7　战略、战术及它们和实验的关系

当运行线上对照实验的必要元素都具备时，我们坚信应该用它来启示机构从战略到战术的各个级别的决策。

战略（Porter 1996, 1998）和对照实验有协同作用。David Collis 在 *Lean Strategy* 中写道："与其压制创业型行为，不如用有效的策略鼓励它——通过在确定好的边界范围内鼓励创新和实验。"（Collis 2016）他定义了一套精益战略流程（lean strategy process），通过严谨的规划和不受限的实验来看守边界。

精心运作的实验结合适当的指标可以帮助机构变得更加数据驱动，完备业务战略和产品设计，提高运营效率。通过将战略融入 OEC，对照实验可以为战略提供极佳的反馈回路。经实验评估的产品创意是否充分地改进了 OEC？或者，出乎意料的实验结果可能启示了其他的机会，从而改变战略方向（Ries 2011）。产品设计决策对同调性很重要，尝试多个设计版本可以给设计师提供有用的反馈回路。最后，很多战术的改变能够提高运营效率，如 Porter 所定义，"执行与竞争对手类似的活动，但比他们执行得更好"（Porter 1996）。

我们现在来看两种关键情境。

1.7.1　情境 1：你已有业务战略并且产品有足够的用户用于实验

对于这种情境，实验可以帮助你从现有的战略和产品出发，爬升至局部最优点。

- 实验能帮忙找到高 ROI 的领域：那些相对于成本提升 OEC 最多的领域。在投入大量资源之前，在不同的领域测试 MVP 有助于快速探索广阔领域。
- 实验能在对设计师来说不明显但可能有重要影响的优化方面提供帮助（例如颜色、间距和性能）。
- 实验能帮助网站持续迭代至更好的设计，而不是让团队直接重新设计整个网站。用户的初始效应（用户习惯了旧的功能，即习惯了现在的网站）

常常使网站的重新设计无法成功达到预期目标，甚至无法在关键指标上达到现在网站的水平（Goward 2015, slides 22 ～ 24, Rawat 2018, Wolf 2018, Laja 2019）。

- 实验在优化后端算法（比如推荐和排序算法）和基础设施方面有关键作用。

有既定的业务战略对运行实验非常关键：这个战略决定了 OEC 的选择。一旦确定好，对照实验通过助力团队优化和改进 OEC 来加速创新。我们见过一些因选择了不恰当的 OEC 而误用实验的例子。选择的指标应当具备一些关键特征并且具有不可操纵性（见第 7 章）。 21

在我们的公司里，不仅有团队专注于如何正确地运行实验，也有团队专注于指标：选择指标、验证指标并随时间演化指标。指标的演化既发生在战略随时间变化后，也发生在认识到现有指标的不足之处后，例如 CTR 因可操纵而需要演化。由于实验的运行时间通常很短，负责指标的团队也要确定哪些指标在短期内可测量的同时能驱动长期目标。Hauser and Katz（1998）写道，"公司必须确立这样的指标：短期内可以被影响，并最终影响公司长期目标"（见第 7 章）。

将战略和 OEC 绑定也创造了战略廉正（Strategic Integrity）（Sinofsky and Iansiti 2009）。作者指出："战略廉正不是指制定出杰出的战略或拥有完美的组织，它是关于机构统一地执行正确的战略且清楚如何执行。"OEC 是可以使战略变得明晰且明确什么功能会伴随这个战略上线的完美机制。

没有好的 OEC，你最终会浪费资源。想象一下在一艘正在下沉的邮轮上进行改善食物或照明的实验。乘客的安全应该在这些实验的 OEC 里占极高的权重——实际上，权重高到我们一点都不愿意降级。这一点可以通过 OEC 里的高权重来体现，或者把乘客的安全视为护栏指标（见第 21 章）。类比软件行业，游轮乘客的安全相当于软件的崩溃：如果一个新功能增加了产品的崩溃次数，该功能会被视为非常糟糕的体验，相比之下其他考虑因素都很苍白。

定义实验的护栏指标对于明确机构不愿意改变什么很重要，因为一个战略也"要求你在权衡取舍时——选择不要做什么"（Porter 1996）。1972 年，美国东方航空的 401 航班不幸坠毁的原因是，飞行员的注意力集中在出故障的起落架指示灯上，而没有注意到飞机偶然脱离了自动巡航，飞行高度这一关键的护栏指标逐渐降低，飞机最终坠毁在佛罗里达大沼泽地，导致 101 人遇难（Wikipedia contributors, Eastern Air Lines Flight 401 2019）。

运营效率的提升可以打造长期的差异化优势，如 Porter 在 *Japanese Companies*
[22] *Rarely have Strategies*（1996）和 Varian 在他关于持续改善的文章（2007）中指出的。

1.7.2　情境 2: 你有产品和战略，但结果显示你需要考虑调整

对于情境 1，对照实验是帮助"爬坡"的好工具。想象一个多维度的想法空
间，如果正在被优化的 OEC 是"高度"，那么你也许可以逐步靠近山顶。然而
有时候，基于内部变化率的数据或者外部增长率的数据或是其他一些基准，你
需要考虑做出调整：跳到这个空间里的另一处，也许是一座更高的山峰，或者
改变战略和 OEC（从而改变地势）。

一般来说，我们推荐构建一个想法的组合：大部分想法应该是在当前位置
"附近"尝试局部优化，但应当有一小部分是试图跨越到另一座更高山峰的大胆
想法。我们的经验是多数大跨越的尝试都会失败（如大型网站的重新设计），然
而这里有一个风险/回报的权衡：极少数的成功可能有极大的回报，能够补偿多
数的失败。

测试大胆的想法时，运行和评估实验的方式也有所变化。具体来说，你需
要考虑:

- 实验的运行时长。例如，测试重大的 UI 设计时，短期内测量到的实验
  变化可能被初始效应或改版厌恶所影响。实验组和对照组的直接比较可
  能无法测量真实的长期效应。对于双边市场，除非是非常大的改动，否
  则测试一个改动可能无法在市场上诱发效应。一个类比是低温房间里的
  冰块：房间温度的小幅提升不会引起变化，而一旦达到熔点（如 32 华氏
  度[⊖]），冰块就会开始融化。更长时间或更大规模的实验，或者别样的实
  验设计（比如前文中谷歌广告质量的例子是以国家为单位的实验设计），
  在这样的情境中也许是必需的（见第 23 章）。
- 被测试的创意的数量。你也许需要很多不同的实验，因为每个实验只测
  试一个具体的战术，该战术是总体战略的一个组成部分。个别实验没能
  成功改进 OEC 可能是因为这个特定战术的失败，不代表总体战略有问
[23] 题。实验通过设计来测试特定的假设，然而战略是更宽泛的。即便如此，

　⊖　32 华氏度等于 0 摄氏度。——编辑注

对照实验可以帮助精细化战略，或者彰显其无效性以鼓励战略调整（Ries 2011）。如果经对照实验评估后的很多战术都以失败告终，那么也许是时候想想温斯顿·丘吉尔的话了："无论战略制定得多漂亮，你都应该时不时看看结果。"在大约两年的时间里，必应有一个战略是和社交媒体（特别是脸书和推特）相结合：展开第三个面板显示社交搜索结果。在花费了超过两千五百万美金但仍然没有显著提升关键指标后，这一战略最终被放弃（Kohavi and Thomke 2017）。放弃大的赌注是很难的，但是经济学理论告诉我们，已经失败的赌注是沉没成本，我们应该基于从更多实验中收集的可用数据来做前瞻性的决策。

Eric Ries 用"成功实现的失败"来描述公司成功、忠实并严谨地执行一个计划，结果发现这个计划是极其有缺陷的（Ries 2011）。他建议：

"精益创业方法将初创公司的努力设想为评估战略的实验，看看哪部分是优秀的，哪部分是疯狂的。真正的实验遵循科学的方法。它开始于一个清晰的假设并预测会发生什么。然后经验性地测试这些预测。"

因为用实验来评估战略耗时且有挑战性，如 Sinofsky and Iansiti（2009）写道：

"……产品开发过程充满风险和不确定性。这是两个完全不同的概念…… 我们不能减少不确定性——你不知道的就是不知道。"

我们不同意：运行对照实验能够通过尝试最简可行产品大大降低不确定性（Ries 2011），获得数据并进行迭代。即便如此，不是所有人都有几年的时间来投资测试一个新战略，如果是这种情况，那么你可能需要面对不确定性做决策。

一个值得记住的有用的概念是 Douglas Hubbard（2014）提出的"信息的预期价值"（Expected Value of Information, EVI），它体现了额外的信息如何帮助你做决策。

1.8　补充阅读

与线上实验和 A/B 测试直接相关的书有好几本（Siroker and Koomen 2013, Goward 2012, Schrage 2014, McFarland 2012, King et al. 2017）。它们大多数有好的励志故事，但在统计方面并不准确。Georgi Georgiev 最近的一本书包含了

[24]　全面的统计解释（Georgiev 2019）。

关于对照实验的文献有很多（Mason et al. 1989, Box et al. 2005, Keppel, Saufley and Tokunaga 1992, Rossi, Lipsey and Freeman 2004, Imbens and Rubin 2015, Pearl 2009, Angrist and Pischke 2014, Gerber and Green 2012）。

关于运行线上对照实验的入门书也有一些（Peterson 2004, 76-78, Eisenberg 2005, 283-286, Chatham, Temkin and Amato 2004, Eisenberg 2005, Eisenberg 2004）;（Peterson 2005, 248-253, Tyler and Ledford 2006, 213-219, Sterne 2002, 116-119, Kaushik 2006）。

多臂老虎机是一种随实验进程动态分配流量的实验（Li et al. 2010, Scott 2010）。比如，我们可以每小时查看一次实验进程，观察每个变体的表现，并调整各变体的流量比例。增加表现好的变体的流量，同时减少表现差的变体的流量。

基于多臂老虎机的实验往往比"经典"A/B 实验更有效率，因为它们将流量逐步地分配至表现更好的变体，而不用等到实验结束。虽然这类实验适用于解决一大类问题（Bakshy, Balandal and Kashin 2019），但也有一些重要的限制条件：评估日标需要是单一的 OEC（例如，多个指标的权衡可以简单地公式化为单一指标），并且这个 OEC 在流量重新分配时能够被很好地测量，比如点击率相对于会话。此外，将原本处于"差"变体中的用户按不同比例分配到其他表现较好的多个变体可能会造成潜在的偏差。

2018 年 12 月，本书的三位作者组织了第一届实用线上对照实验峰会。来自包括爱彼迎、亚马逊、缤客、脸书、谷歌、领英、来福车、微软、奈飞、推特、优步、Yandex 和斯坦福大学在内的 13 个机构的 34 个专家在峰会的分组讨论中介绍了实验的概况和挑战（Gupta et al. 2019）。对实验中所面临的挑战感兴[25]　趣的读者可以从该峰会的相关文章中获益。

第 2 章
运行和分析实验——一个全程剖析的案例

事实依据越少，观点就越强。

—— Arnold Glasow

第 1 章回顾了什么是对照实验以及依赖真实数据而不是直觉做决策的重要性。本章将利用一个例子来探索设计、运行和分析实验的基本原则。这些原则适用于各种软件开发环境，包括网页服务器和浏览器、桌面应用程序、移动端应用程序、游戏主机、虚拟个人助理等。为了叙述尽量简单和具体，我们将专注于一个网站优化的例子。第 12 章会强调在胖客户端（thick client），比如桌面应用程序和移动端应用程序，运行实验的区别。

2.1 设立实验

我们用一个虚构的线上销售小部件的电子商务网站作为具体的例子。我们可以测试各类改动：新功能的引入、用户界面的改动、后端的改动等。

在我们的例子里，市场营销部门希望通过发送含打折优惠券的促销邮件提高销量。这涉及潜在业务模型的改变，因为该公司之前没有发过优惠券。然而，公司有员工最近了解到 Dr. Footcare 公司在添加优惠券后大幅流失营收（Kohavi，

Longbottom et al. 2009, 2.1 节）的案例，也通过 GoodUI.org 了解到移除优惠券会产生正面的影响（Linowski 2018）。因为这些外部数据，公司担心在结账页面增加优惠券输入框会降低营收，即使没有优惠券，仅仅因为看到这一栏也会拖慢用户的结账速度，并导致用户开始搜索优惠券甚至放弃结账。

我们希望评估仅添加优惠券输入框带来的影响。这里可以用"伪门法"或"画门法"（Lee 2013）——如同造一个假门或者在墙上画一个门——来看看多少人会试图打开它。在这个例子中，我们实现了一个在结账页面添加优惠券输入框的微小改动。这里我们不是要实现一个真正的优惠券系统，因为并没有优惠券可用。不论用户填写的是什么，系统都会显示："此优惠券不可用。"我们的目的仅是评估添加一个优惠券输入框本身对营收的影响，并确定是否有必要担心它会分散用户结账的注意力。由于这是一个很简单的改动，我们将测试两种 UI 的实现方式。同时测试多个实验组去评估一个想法而不是一个实现是很常见的实验设置。在这个例子里，"想法"是添加优惠券输入框，"实现"是指一个特定的 UI 改动。

这个简单的 A/B 测试是评估这一新业务模型可行性的关键一步。

思考如图 2.1 所示的漏斗形的线上购物过程有助于我们将 UI 改动方案转换成一个假设。客户从网站主页开始，浏览一些小部件，往购物车里添加小部件，开始付款过程，最终完成付款。当然，这个漏斗是简化的模型，客户很少会这样线性化地完成每个步骤，他们会在步骤之间往返，有些重复访问的客户也会跳过某些中间步骤。然而，这个简单模型对我们全面考虑实验设计和实验分析很有帮助，因为实验的目的通常是有针对性地改善这个漏斗中的某个特定步骤（McClure 2007）。

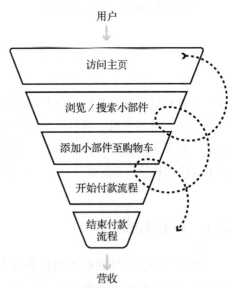

图 2.1　一个用户线上购物漏斗模型。用户不一定会在这个漏斗里线性前进，可以跳过、重复一些步骤或是往返于步骤间

对于这个实验，我们在结账页面添加一个优惠券输入框，测试如图 2.2 所示的两个不同的 UI，并评估它们对营收的影响。我们的假设是："添加优惠券输入框会降低营收。"

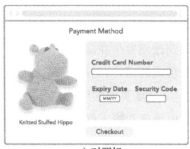
a）对照组

b）实验组 1

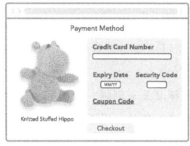
c）实验组 2

图 2.2　a）对照组：旧的结账页面　b）实验组 1：优惠券或礼品券输入框位于信用卡信息下方　c）实验组 2: 优惠券或礼品券弹出框

为了测量这一产品改动带来的影响，我们需要定义目标指标，也称为成功指标。如果只有一个目标指标，那么我们可以直接将其用作综合评估标准（Overall Evaluation Criterion, OEC）（见第 7 章）。对于这个实验，营收可能是个显而易见的选择。请注意，即便想要提高的是营收总和，也不建议将营收总和作为指标，因为它依赖于变体对应的用户数量。即使各变体被等量分配，实际用户数也可能因为偶然性而有所不同。我们推荐按实际样本量归一化的关键指标，因此人均营收才是一个好的 OEC。

下一个关键问题是决定哪些用户被计入人均营收这一指标的分母中：

- **所有访问该网站的用户**。这是可行的，但会带来噪声：未进入结账页面的用户也会被包括进来。由于我们的改动发生在结账页面，这些用户不会受到任何影响。将他们排除在外可以提高 A/B 测试的灵敏度（见第 20 章）。

- **仅包括完成付款的用户**。这是不正确的，因为它假设这个改动只会影响付款额度，而不影响完成付款的用户的比例。如果更多的用户付款，那么即使总营收增加，人均营收也可能会降低。

- **仅包括开始付款流程的用户**。考虑到改动发生在漏斗中的环节，这是最好的选择。我们包括了所有潜在受影响的用户，且排除了不被影响但会稀释实验结果的那部分用户（从未进入结账页面的用户）。

[28]

现在细化后的假设是"在结账页面添加优惠券输入框会降低开始付款流程的用户的人均营收"。

2.2 假设检验：确立统计显著性

设计、运行或分析实验之前，先来复习一些与统计假设检验相关的基础概念。

首先，我们通过理解基准线均值及其标准差来刻画一个指标。标准差表明了指标估值的变动有多大。我们需要知道这一变动，以正确地估计实验所需的样本量，以及在分析时计算统计显著性。对于大多数指标，我们测量它们的均

[29]

值，但是也可以选择其他的概述统计量，比如百分位数。灵敏度，或者说检测到统计上显著差异的能力，会随着标准差的降低而提高。提高灵敏度的典型做法是分配更多的流量进入变体，或者拉长实验的运行时间（通常用户量会随着时间增加）。然而，实验开始的几周后，后面这种方法可能没有前者有效果，因为重复访问的用户使得去重用户量的增长呈次线性，而有些指标本身的方差也会随着时间而增长（Kohavi et al. 2012）。

运行实验时，我们会为多组样本，而非单组样本，刻画一个指标。具体来说，在对照实验中，实验组有一组样本，每个对照组各有一组样本。如果零假设是来自实验组的样本和来自对照组的均值相同，我们会定量测试两组样本的差异的可能性大小。如果可能性非常小，则我们拒绝零假设，并宣称差异是统计显著的。确切地说，有了实验组样本和对照组样本的人均营收的估计值，我们可以计算估计值的差异的 p 值，即在零假设为真的情况下观测到这种差值或

更极端的差值的概率。如果 p 值足够小，则我们拒绝零假设，并得出实验有效应（或者说结果统计上显著）的结论。但是多小是足够小呢?

科学的标准是使用小于 0.05 的 p 值，也就是说，如果事实上是没有效应的，那么 100 次里我们有 95 次能正确地推断出没有效应。另一种检验样本差异是否统计显著的方法是看置信区间有没有包含零值。95% 置信区间是一个可以在 95% 的时间里覆盖真实差异值的区间。对于较大的样本量，这个区间通常以观测到的实验组和对照组差值为中心点，向两边各扩展 1.96 倍于标准差的宽度。图 2.3 展示了 p 值和置信区间这两种方法的等价性。

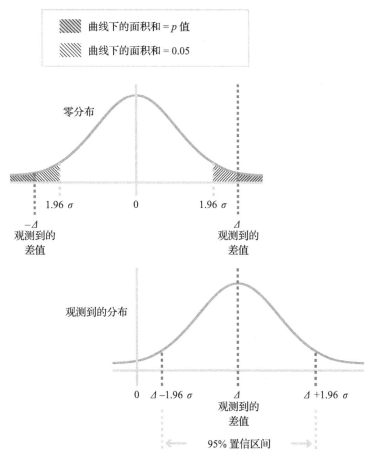

图 2.3　上图：用 p 值评定观测到的差值是否统计显著。如果 p 值小于 0.05，则认为是统计显著的。下图：用 95% 置信区间 $\Delta-1.96\sigma$，$\Delta+1.96\sigma$ 评定统计显著性的等价方法。如果零值落在置信区间之外，则认为是统计显著的

统计功效（statistical power）是如果变体之间有真实差异，检测出有意义的差值的概率（统计上指当真实有差异时拒绝零假设的概率）。从实践的角度来说，你想要实验有足够大的功效，从而能够以高概率得出实验是否导致了比你所在意的变化更大的变化的结论。通常情况下，样本量越大，统计功效就越大。实验设计的惯常做法是选择 80% ~ 90% 的统计功效。第 17 章将进一步讨论这里面的统计细节。

虽然"统计显著性"衡量了当零假设为真时，基于偶然性得到你的观察值或更极端观察值的可能性有多大，但不是所有统计显著的结果都有实际意义。以人均营收为例，多大的差异从业务角度来说是紧要的？换句话说，什么样的变化是实际显著的（practically significant）？构建这一实质性的边界很重要，它可以帮助理解一个差异是否值得花费相应改动所需的成本。如果你的网站像谷歌和必应那样有数十亿美金的营收，那么 0.2% 的变化是实际显著的。作为对比，一个初创公司可能认为 2% 的增长都太小了，因为他们追求的是 10% 或更大的增长。对于我们的例子，从业务角度来看，人均营收提高 1% 及以上是重要的或者说是实际显著的。

2.3 设计实验

现在可以开始设计实验了。我们已经有了一个假设和一个实际显著的边界，并且刻画了指标。我们将接着做以下决定来敲定设计：

1）随机化单元是什么？

2）我们的目标群体是什么？

3）实验需要多大的样本量？

4）实验需要运行多久？

这里我们假设随机化单元是用户。第 14 章将讨论其他的随机化单元，但用户是目前最普遍的选择。

以一个特定群体为目标意味着你只想对具有某一特征的用户运行实验。例如，要测试新的仅限于某几种语言的文本，这时，可以选择界面语言设置为这几种语言的用户。其他常见的目标属性包括地理区域、平台和设备类型。在我们的这个例子里，假设以所有用户为目标。

实验的样本量大小（对我们而言就是用户量）对结果的精确度有直接影响。如果你想要检测出很小的变化或者对结论更有信心，那么就要运行一个有更多用户的实验。这里我们列出一些可能要考虑的调整：

- 如果用购买指示符（即用户买 / 没买，无论买了多少）而不是人均营收作为 OEC，那么标准差会更小，意味着更少的用户就能达到同样的灵敏度。
- 如果提高实际显著水平，比如我们不再关心 1% 的变化，而只关心更大的变化，由于更大变化更容易被检测到，我们就可以缩小样本量。
- 如果想用更小的 p 值阈值，比如 0.01，以使得我们能更确信结果有差异而拒绝零假设，则需要增大样本量。

其他一些决定实验样本量的考虑因素如下：

- 实验的安全性如何？对于一些重大的改动，由于无法确定用户会有什么反应，你可能想要先从一小部分用户开始测试。这个考量不影响实验最终所需样本量，但是会影响放量策略（详细讨论见第 15 章）。
- 这个实验是否需要和其他实验共享流量？如果是，怎么平衡流量需求？概括来说，如果有其他的变动也要测试，可以选择同时运行或者依序运行。如果必须在多个同时运行的测试间分割流量，那么每个测试将只能得到更小的流量。第 4 章将讨论单层或重叠运行多个实验，以及更重要的是，如何搭建适当的基础设施来规模化运行实验。

另一个重要的问题是实验需要运行多久。我们需要考虑如下这些因素：

- **更多的用户**：对于线上实验，用户随着时间流入实验，时间越长，用户数越多。统计功效通常也会随之提高（当测量累积指标时会有例外，比如会话数，其方差也随着增大，统计功效则未必会随用户数增加而提高；更多细节见第 18 章）。考虑到同样的用户会反复访问，用户随时间的累积可能是次线性的：第一天有 N 个用户，两天的总用户数会小于 $2N$，因为部分用户这两天都会来访问。
- **周内效应**：周末访问的用户群体可能和周中访问的不一样。即使同一用户在周中和周末也可能有不一样的表现。确保实验能覆盖一周的周期是很重要的。我们建议实验至少要运行一整周。
- **季节性**：还有一些用户可能有其他不同表现的重要时期需要考虑，比如节假日。如果你的用户遍布全球，美国假期和非美国假期可能会有影响。例如，礼品卡可能在圣诞期间销量很好，但在一年的其他时期则不行。这被称为外部有效性，即实验结果可以被归纳推广到什么程度，这里指被推广到其他时间段。

- **初始和新奇效应**：有些实验在初始阶段有较大或较小的效应，并在之后的一段时间趋于稳定。例如，用户可能会尝试一个新的很亮眼的按钮，然后发现它并不好用，这个按钮的点击量则会随着时间而减少。而有些新功能会有一个被接受的过程，需要一定的时间来建立用户基础。

至此，我们的实验设计如下：

1）随机化单元是用户。

2）我们以全体用户为目标，并分析那些访问结账页面的用户。

3）为了能以 80% 的统计功效检测出至少 1% 的人均营收的变化，我们会通过功效分析来确定样本量。

4）根据所需样本量，实验要按 34%/33%/33% 的比例将流量分配到对照组 / 实验组 1/ 实验组 2，且至少运行 4 天。为了确保了解周内效应，我们将运行实验一整周，如果发现新奇效应或初始效应，则可能需要运行更长时间。

一般来说，实验的统计功效过大是没有问题的，甚至是推荐的，因为有时候我们需要检查细分群（例如，地理区域或平台），且有时候需要保证实验有足够的统计功效来检测多个关键指标的变化。例如，我们可能有足够的统计功效来检测对所有用户的营收的影响，但没有足够的统计功效来观测针对加拿大用户的影响。还有一点值得注意的是，虽然这里的对照组和实验组有近似相同的样本量，但如果实验组数量增加，则可能要考虑让对照组的样本量比实验组多（更多讨论见第 18 章）。

2.4 运行实验并获得数据

现在我们运行实验并收集必要的数据。这里只简单概述一下要点，后续的 4.2.4 节将会提供更多细节。

为了运行实验，我们需要：

- **工具化日志记录**来获得用户和网站互动的日志数据，以及这些互动是属于哪个实验的（见第 13 章）。

- **基础设施**来支持实验的运行，从实验配置到变体分配。第 4 章有更多的细节讨论。

一旦开始运行实验，并且使用工具化日志记录收集了日志数据，就可以开始着手处理数据、计算概述统计量并可视化结果了（见第 4 章和第 16 章）。

2.5 分析结果

实验有数据了！分析实验对人均营收的影响之前，需要先做一些合理性检查来确定实验的运行是正确的。

多种漏洞都会使实验结果无效。为了抓住这些漏洞，我们会关注护栏指标（guardrail metric）或不变量（invariant）。这些指标不应该在对照组和实验组之间存在差异。如果有差异，那么实验中测量到的差异有可能是由其他变动而不是被测试的改动导致的。

不变量指标有两种类型：

1）与可信度相关的护栏指标，比如对照组和实验组的样本量应该和实验构建时的预期一致，或者它们有同样的缓存命中率。

2）机构的护栏指标，比如延迟指标。延迟指标对机构很重要，而且在很多实验中不应该有变化。对于结账页面的实验，如果延迟改变了会令人感到意外。

如果合理性检查失败，那么很有可能背后的实验设计、基础设施或数据处理是有问题的。更多讨论见第 21 章。

完成基于护栏指标的合理性检查之后，我们可以开始看结果（表 2.1）。

表 2.1 结账页面实验的人均营收结果

	人均营收 实验组	人均营收 对照组	差异	p 值	置信区间
实验组 1 相对于对照组	$3.12	$3.21	−$0.09 (−2.8%)	0.0003	[−4.3%, −1.3%]
实验组 2 相对于对照组	$2.96	$3.21	−$0.25 (−7.8%)	1.5e-23	[−9.3%, −6.3%]

由于两个对照组的 p 值都小于 0.05，我们拒绝实验组和对照组有相同均值的零假设。

这意味着什么呢？我们证实了在用户界面添加优惠券输入框会降低营收。如果进一步研究数据，结果表明营收降低是因为完成付款过程的用户更少。因此，任何发送优惠券的营销邮件需要扣除的不仅是实现优惠券添加系统带来的处理和维护成本，还有最开始添加优惠券输入框的负面影响。由于这一市场营销模型被预测可以小幅增加部分目标用户的营收，而 A/B 测试显示它会显著降低所有用户的营收，最终我们决定放弃引入优惠券的想法。画门法的 A/B 测试节省了我们很多精力！

2.6 从结果到决策

运行 A/B 测试的目标是收集数据以驱动决策。很多工作都用来确保实验结果是可重复的且可信赖的，以做出正确的决策。接下来我们对几种可能发生的不同情况梳理决策过程。

对于每一种情况，我们都已经有了实验结果，且目标是将实验结果转化为产品功能发布/不发布的决策。强调决策部分是因为一个决策既需要考虑从测量结果得到的结论，也要考虑更广泛的背景，例如：

- 你是否需要在不同的指标之间权衡取舍？如用户互动度增加，但营收降低，应该发布吗？另一个例子是，如果 CPU 利用率增加，运行服务的成本却可能超过这一变化带来的效益。
- 发布改动的成本是什么？包括：
  - 发布之前完整搭建这个功能的成本。有些功能可能在实验之前就已经完全建好。对于这种情况，从 1% 到 100% 的发布没有额外的成本。也有其他的情况。像我们的例子，实现"画门"是低成本的，但实现完整的优惠券系统则需要付出很高的成本。
  - 发布之后持续维护的工程成本。维护新的代码可能更加昂贵。新代码容易有更多漏洞，且边界情况的测试不完善。如果新代码的复杂度更高，那么在其基础上搭建新的改动会有更多的阻力和成本。

如果成本很高，则必须确保预计的收益高于成本。对于这种情况，需要确保实际显著的边界设立得足够高。反过来，如果成本很低或没有成本，你可以选择发布任何有正面影响的改动，也就是说，实际显著的边界很低。

● 决策错误的代价是什么？不是所有的决策都是等价的，也不是所有的错误都是等价的。发布没有影响的改动可能没有任何坏处，但放弃有影响的改动可能机会成本很高，反过来也是一样。例如，你在网站上测试两个头条推广，且推广只存续几天的时间。由于改动的生命期很短，做出错误决策的代价很低。此时，你可能愿意降低统计显著性和实际显著性水平。

構造统计显著性和实际显著性阈值的时候，需要考虑以上这些背景。从实验结果出发来做决策或采取行动的时候，这些阈值非常关键。假设我们在实验开始之前已经考虑了这些背景并更新了阈值，现在来用图 2.4 中的例子解释如何用这些阈值指导决策。

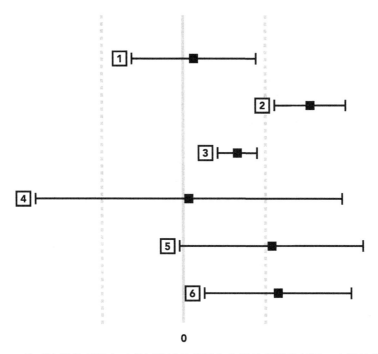

图 2.4　关于决策是否发布时理解统计显著性和实际显著性的例子。实际显著的边界由两条虚线表示。各个示例结果的估计差异值（及置信区间）由黑框表示

1）结果不是统计显著的，显然也不是实际显著的。很容易得出结论：该改动没有什么影响。可以做迭代或者放弃。

2）结果是统计显著的，也是实际显著。同样很容易得出结论：发布！

3）结果是统计显著的，但不是实际显著的。这时候，你对差异值的量级是有把握的，但是这个量级可能不足以胜过其他因素，比如成本。这一改动也许不值得发布。

4）跟例1一样，这是个中性的例子。然而，这里置信区间越过了实际显著的阈值。如果运行一个实验然后发现它可能增加或降低10%的营收，你真的会接受这个实验结果并认为结果是中性的吗？更好的说法是没有足够的统计功效来得到一个有力的结论，也就是说，没有足够的数据来支持发布或不发布的决策。对于这个结果，我们推荐通过运行跟进实验来测试更多的单元，以获得更大的统计功效。

5）结果可能是实际显著的，但不是统计显著的。即便最好的猜测是这个改动有影响，也很有可能实际上完全没有影响。从测量的角度来说，最好的建议是重复这个实验，同时增大统计功效以提高结果的灵敏度。

6）这个结果是统计显著的，并且可能是实际显著的。像例5一样，有可能这个改动并不是实际显著的。因此，跟前面几个例子一样，我们推荐重复实验并增大统计功效。不过从发布/不发布的决策角度来说，选择发布是一个合理的决定。

要记住的关键一点是，有些时候实验结果给不了清晰的答案，但仍然要做出决策。对于这种情况，我们需要明确考虑的因素，尤其是这些因素如何影响实际显著和统计显著的边界设定。这些考虑会为未来的决策提供基础，而非局限于当前的单一决策。

38

3

特威曼定律与实验的可信赖度

特威曼定律，也许是整个数据分析最重要的一条定律……数据越与众不同或越有趣，它们越有可能是某种错误导致的结果。

——凯瑟琳·马什和简·埃利奥特（2009）

特威曼定律："任何看起来有趣或与众不同的数字通常都是错误的。"

——A.S.C. 埃伦伯格（1975）

特威曼定律："任何看起来有趣的统计数据几乎肯定是错误的。"

——保罗·迪克森（1999）

威廉·安东尼·特威曼（William Anthony Twyman）是英国广播和电视收视率测量的资深人士（MR Web 2014）。特威曼定律被公认由他提出，虽然他从未将其以书面形式明确地写出来，而且如上引文所示，该定律存在多种版本。

当看到令人惊讶的正面结果（例如对关键指标的重大改进）时，我们倾向于围绕它构思一个故事，分享并庆祝。当结果出人意料的是负面的时候，我们倾向于找出这项研究的某些局限性或较小的缺陷，并将其忽略掉。

经验告诉我们，许多极端结果更有可能是由工具化记录（例如，日志记录）的错误、数据丢失（或数据重复）或计算错误导致的。

为了增加实验结果的可信赖度，我们建议进行一系列的测试和约束来表明结果可能有问题。数据库领域设立了完整性约束。防御性编程鼓励编写 assert() 来验证约束是否成立。类似于 assert，我们在实验中可以运行测试来检查潜在问题：如果在一定时间内，每个用户都应该只看到对照组变体或实验组变体的一种，那么有很多用户看到了两种变体就是一个危险信号。如果实验设计要求给两个变体分配相同百分比的流量，那么当概率上可能性很低的流量偏差出现时，同样也应引发疑问。接下来，我们会举例分享一些符合特威曼定律的重大发现，然后讨论如何提高对照实验的可信赖度。

3.1 曲解统计结果

我们现在来介绍一些解读对照实验的数据时常见的错误。

3.1.1 统计功效不足

零假设显著性检验（Null Hypothesis Significance Testing, NHST）框架通常假定对照组和实验组之间的指标没有差异（零假设），如果数据能提供有力的反对证据，则拒绝该假设。一个常见的错误是，仅仅由于指标不是统计显著的，就假设没有实验效应。而真实的情况很可能是因为实验的统计功效不足以检测到我们看到的效应量，也就是实验没有足够的用户。例如，对 GoodUI.org 的 115 个 A/B 测试进行的评估表明，大多数实验的统计功效不足（Georgiev 2018）。这就是为什么说重要的是要定义多大的变化是实际显著的（见第 2 章），并确保有足够的功效来检测该大小或更小的变化。

如果实验仅影响总体的一小部分，那么仅分析受影响的子集就很重要。即使对一小部分用户而言是巨大的影响，也可能在分析总体时被稀释并且无法被检测到（见第 20 章和 Lu and Liu（2014））。

3.1.2 曲解 p 值

p 值经常被曲解。最常见的错误解释是基于单个实验中的数据，认为 p 值代表对照组和实验组的指标平均值相同的概率。

p 值是当假定零假设为真时，得到的结果与观测到的结果相同或更极端的概率。零假设的条件至关重要。

以下是 "A Dirty Dozen: Twelve P-Value Misconceptions"（Goodman 2008）$^{\ominus}$中的一些不正确的陈述和解释：

1）如果 p 值 =0.05，则零假设只有 5% 的机会为真。

p 值是基于零假设为真的前提来计算的。

2）不显著的差异（例如，p 值 >0.05）意味着实验组和对照组之间没有差异。

此时观察到的结果与零假设的实验效应为零相符，但同时也和其他数值的实验效应相符。当展示一个典型的对照实验的置信区间时，我们发现该区间包含零。但这并不意味着置信区间中的零比其他值更有可能出现。实验很可能没有足够的统计功效。

3）p 值 =0.05 表示在零假设下，我们观察到的数据仅有 5% 的时间出现。

通过上面的 p 值的定义，我们知道这是不正确的。该 p 值（=0.05）包括了出现跟观察到的值一样以及更极端的情况。

4）p 值 =0.05 表示如果拒绝零假设，则假阳性的可能性仅为 5%。

这和第一个例子很像，但是更不容易看到其错误性。下面这个例子可能会有所帮助：假设你正在尝试通过在铅上施加热和压力并浇注药剂来将铅转化为金。你测量所得混合物的 "黄金" 量，这是一个有很多干扰的测量。由于我们知道化学处理无法将铅的原子序数从 82 变为 79，任何对零假设（也就是不变）的否定都是错误的，因此任何情况下拒绝零假设都是假阳性，而与 p 值无关。要计算假阳率，即在 p 值 <0.05 且零假设为真的情况（请注意，这两个条件是同时发生的，而不是以零假设是真的为前提）下，我们可以使用贝叶斯定理并需要知道先验概率。

即使是前面常见的假定零假设为真的 p 值的定义，也没有明确地阐述其他的假设，比如如何收集数据（例如随机采样）以及统计检验做出什么假设。如果进行了中间层次的分析而影响了选择哪种分析来呈现，或者由于 p 值较小而选择呈现 p 值，那么显然会违反这些假设（Greenland et al. 2016）。

3.1.3 窥探 p 值

运行线上对照实验时，你可以连续监控 p 值。事实上，商业产品 Optimizely
[41] 的早期版本曾鼓励这样做（Johari et al. 2017）。这样的多重假设检验会导致宣称
的统计显著的结果有重大的偏差（5 到 10 倍）。这里有两种选择：

1）按照 Johari et al.（2017）的建议，使用始终有效的 p 值的序贯检验，或
贝叶斯检验框架（Deng, Lu and Chen 2016）。

2）使用预设的实验时长（例如一周）来确定统计显著性。

Optimizely 根据第一种方法实施了一个解决方案，而谷歌、领英和微软的
实验平台则选择使用第二种方法。

3.1.4 多重假设检验

以下故事来自有趣的书 *What is a p-value anyway?*（Vickers 2009）：

统计专家：噢，你已经计算好了 p 值？

外科医生：是的，我用了多类别逻辑回归。

统计专家：真的？你怎么想到的？

外科医生：我在统计软件的下拉菜单中尝试了每种分析，而该分析给出的 p
值最小。

多重比较问题是上述窥探问题的一个概括。当存在多个假设检验且选择了
最低的 p 值时，我们对 p 值和效应大小的估算可能会出现偏差。这体现在以下
几个方面：

1）查看多个指标。

2）查看跨时间的 p 值（如上所述的窥探）。

3）查看受众细分群（例如，国家/地区，浏览器类型，重度/轻度使用，
新/老用户）。

4）查看实验的多次迭代。例如，如果实验确实没有任何影响（A/A 实验），
则运行 20 次可能会出现一个小于 0.05 的 p 值。

错误发现率（Hochberg and Benjamini, 1995）是处理多重检验的关键概念
[42] （另见第 17 章）。

3.2 置信区间

宽泛地说，置信区间可以量化实验效应的不确定程度。置信水平表示置信区间应包含真正的实验效应的频率。p 值和置信区间之间存在对偶性。对于对照实验中常用的零差异零假设，实验效应的 95% 置信区间不包含零意味着 p 值 <0.05。

一个常见的错误是单独查看对照组和实验组的置信区间，并假设如果它们重叠，则实验效应在统计学上没有差异。这是不正确的，如 *Statistical Rules of Thumb*（van Belle 2008, 2.6 节）中所示，它们的置信区间可以重叠多达 29%，但差异是统计显著的。然而，反过来却是对的：如果 95% 的置信区间不重叠，则实验效应是统计显著的，此时的 p 值 <0.05。

关于置信区间的另一个常见曲解是认为所呈现的 95% 置信区间有 95% 的机会包含真正的实验效应。对于特定的置信区间，真正的实验效应要么 100% 在里面，要么 0% 在里面。95% 是指由许多研究计算出的 95% 置信区间有多高频率包含一次真正的实验效应（Greenland et al. 2016）。更多相关的详细信息见第 17 章。

3.3 对内部有效性的威胁

内部有效性是指在没有试图推广到其他人群或时间段情况下的实验结果的正确性。以下是一些常见的针对内部有效性的威胁：

3.3.1 违背了个体处理稳定性假设

分析对照实验时，通常会应用个体处理稳定性假设（Stable Unit Treatment Value Assumption, SUTVA）(Imbens and Rubin 2015)，假设实验单元（例如用户）不会互相干扰。他们的行为受他们自己被分配到的变体影响，但不受其他人的分配信息影响。显然在以下的许多环境下该假设都可能不成立：

- 社交网络，一个功能可能会扩散到一个用户的网络。
- Skype（一种通信工具），端对端的呼叫可能违反个体处理稳定性假设。
- 支持共同创作的文档创作工具（例如微软 Office 和谷歌文档）。
- 双边市场（例如广告拍卖、爱彼迎、易贝、来福车或优步）可以通过"另一方"违背个体处理稳定性假设。例如，在拍卖期间降低实验组的价格

43

会影响对照组。

- 共享资源（例如 CPU、存储和缓存）可能会影响个体处理稳定性假设（Kohavi and Longbotham, 2010）。因为垃圾回收以及可能的磁盘资源交换导致内存泄漏从而进程变慢，所有变体都会受到影响。某些情况下实验组的改动会使机器崩溃，而这些崩溃也影响了对照组的用户，因此两组的关键指标并没有差异——对两组用户有相似的负面影响。

如果想了解此假设不成立的情况下的解决办法，见第 22 章。

3.3.2 幸存者偏差

分析活跃了一段时间（例如两个月）的用户会导致幸存者偏差。关于这个问题及其带来的偏差，有一个来自第二次世界大战的很好的例子。当时军方决定增加轰炸机的装甲，有人记录了飞机遭受最多伤害的地方。军方自然希望在飞机遭受最多伤害的地方增加装甲。亚伯拉罕·瓦尔德指出，这是增加装甲的**最糟糕**的地方。他指出子弹孔几乎是均匀分布的，应该在没有子弹孔的地方增加装甲，因为轰炸机在那些地方遭到了袭击后再也没有飞回来接受检查（Denrell 2005, Dmitriev et al. 2016）。

3.3.3 意向性分析

在某些实验中，变体存在非随机的损耗或减员。例如，在医疗环境中，如果有副作用，实验组的患者则可能会停止服药。关于线上领域，你可以提供帮助所有广告客户优化他们的广告活动的机会，但是只有一些广告客户选择了执行你建议的优化。如果仅分析那些参与者，会导致选择性偏差，而且这时候通常会夸大实验效应。无论最后是否执行，意向性分析（Intention-to-Treat）都应使用初始的分配。因此，我们正在评估的实验效应是基于要约或意向性分析，而不是其是否被实际采用。

在展示型广告和电子邮件营销中，我们没有办法观察到对照组的曝光情况。受意向性分析的启发，学者们也提出了解决这些问题的一些方法（Barajas et al. 2016）。

3.3.4 样本比率不匹配

如果各个变体之间的用户（或任何随机化单元）比例不接近设计的比例，那么该实验会有样本比率不匹配（Sample Ratio Mismatch, SRM）的问题。例如，如果实验设计是一比一的比例（实验组和对照组大小相等），那么实验的实际用户比例出现偏差可能意味着有某个问题需要进一步调试（见第 21 章）。接下来我们分享一些例子。

如果有比较大的样本，设计的样本比率为 1.0 的实验出现了小于 0.99 或大于 1.01 的比例意味着实验有严重的问题。如果样本比率测试的 p 值较低（例如低于 0.001），则实验系统应发出强烈警报并隐藏所有分析看板和报告。

如上所述，p 值是假定当零假设为真时，得到一个等于或比所观察到的更极端的结果的概率。如果实验设计是让两个变体分配到均等的流量，那么根据设计，你应该得到接近 1.0 的样本比率，也就是说零假设应该为真。因此，p 值表示观察到的样本比率或更极端的样本比率与实验系统设计的样本比率保持一致的可能性。这项简单的测试已经找出实验中的许多问题。其中许多问题一开始看起来都很棒或很糟糕，但需要考虑特威曼定律。以下是一些其他例子：

- **浏览器跳转**（Kohavi and Longbotham 2010）。

一种非常常见且实用的实现 A/B 测试的机制是把实验组跳转到另一个页面。像许多想法一样，这种方法看起来简单且优雅，但它是错误的。不同的尝试表明，这通常会导致样本比率不匹配。其中有以下几个原因：

a. **性能差异**。实验组的用户需要忍受额外的跳转。跳转在测试环境可能很快，但是对用户的延迟影响可能会很大。额外的延迟可达数百毫秒，这会对关键指标产生重大影响（见第 5 章）。

b. **机器人**。机器人对跳转的处理方式有所不同：有些机器人可能不会对带有 http-equiv="REFRESH"元标记的页面进行跳转。有些机器人会将其标记为值得深度抓取的新页面，并且会更频繁地对其进行抓取。

c. **跳转是不对称的**。当用户跳转到实验组页面时，他们可以将其添加为书签或将链接发给他们的朋友。在大多数实践中，实验组页面不会检查用户是否真的应该被随机分配到实验组中，因此这会导致污染。

此处的教训是要避免在实验中实施跳转，并且优先考虑使用服务器端的机制。如果无法做到这一点，请确保对照组和实验组都有相同的"惩罚"，也就是说，将对照组和实验组都跳转。

- **有损的工具化日志记录**（Kohavi and Longbotham 2010, Kohavi, Messner

45

et al. 2010, Kohavi et al. 2012, Zhao et al. 2016）。

点击追踪通常使用网络信标（一般是发送给服务器一个 1×1 像素的 GIF 来表示点击）来完成的。我们知道这是有损的（即不能正确记录所有的点击）。这通常不是问题，因为所有变体的丢失率是相似的，但是有时实验会影响丢失率，使得低活跃度的用户（例如，仅点击一次的用户）以不同的速率出现并导致样本比率不匹配。当实验组将网络信标放置在页面的其他区域时，时间上的差异也会让日志记录产生误差。

● **残留或延滞效应。**

新的实验通常会涉及新的代码，这时错误率会比较高。新实验通常会因引起一些意想不到的严重问题而中止或者继续运行并等待快速修复。修复漏洞后，实验继续运行，但是一些用户已经受到影响。对于某些情况，残留效应可能会很严重并持续数月（Kohavi et al. 2012, Lu and Liu 2014）。这就是为什么要在正式实验前运行 A/A 实验（见第 19 章）并主动重新随机化用户的重要原因。在很多情况下，重新随机化会打破用户的连贯性，因为某些用户会从一个变体转到另一个变体。

反之亦然。领英的工程师对新版本的"您可能认识的人"算法进行了评估，结果证明该算法非常有用，可以增加用户访问量。重启实验后，之前的实验产生了明显的延滞效应，足以造成样本比率不匹配并使结果无效（Chen, Liu and Xu 2019）。

浏览器 cookie 包含的残留信息可能会影响实验。例如，一个教育性质的活动要向实验组用户显示一条消息，但是为了避免打扰用户，该消息仅显示三次。它的实现是通过使用浏览器 cookie 对显示消息的次数进行计数。如果重新开始实验，则某些之前实验组用户的 cookie 计数将大于 0，因此会看到较少次数的消息或根本没有看到，从而稀释了实验效应或造成样本比率不匹配（Chen et al. 2019）。

● **随机化时使用了错误的哈希函数**

Zhao et al.（2016）介绍了雅虎使用 Fowler-Noll-Vo 哈希函数，该函数足以进行单层的随机化。但是当将系统被推广到重叠的实验时，Fowler-Noll-Vo 哈希函数无法在多重并行实验中正确分配用户。像 MD5 这样的加密哈希函数虽然表现好（Kohavi et al. 2009），但速度较慢。微软使用了非加密函数 Jenkins SpookyHash (www.burtleburtle.net/bob/hash/spooky.html)。

- **实验影响触发机制**

通常只有一部分用户会被触发进入实验。例如，可能只触发某个国家（例如美国）的用户，然后将这些用户随机分给不同变体。

如果触发是根据随时间变化的属性来决定的，那么你必须确保实验不会影响用于触发的属性。例如，假设你投放了一个电子邮件广告，该广告会触发三个月内不活跃的用户。如果广告有效果，这些用户将变为活跃状态，从而可能使得广告的下一个迭代出现样本比率不匹配。

- **时刻效应**

让我们再次使用电子邮件广告的例子来说明这一点。该广告被设置为一个A/B 测试，并针对每个变体使用不同的电子邮件正文。在真实的案例中，用户被适当地随机分为大小相等的对照组和实验组，但电子邮件的打开率（应该大致相同）出现了样本比率不匹配。

一项长期调查发现，打开邮件的时间聚集在几个不同时间段上，因此我们推测（后来被证实）：由于实施起来更容易，实验先将电子邮件发送给对照组用户，然后再发送给实验组用户——这造成对照组在工作时间收到电子邮件，而实验组在下班后才收到。

- **数据管线会受到实验影响**

MSN 门户（www.msn.com）在页面的信息窗格区域中有多个循环的"幻灯片"，并且每个幻灯片有一个指示点（参见图 3.1 中的箭头）（Kohavi 2016）。

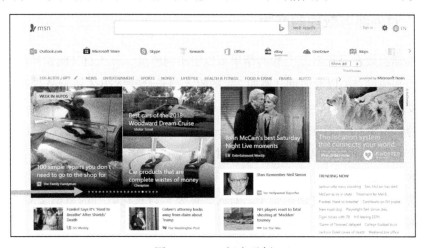

图 3.1　MSN 门户示例

人均点击量是 MSN 的综合评估标准的关键组成部分，它表示用户的参与度。该小组进行了一项实验，其中实验组将信息窗格中的幻灯片数量从 12 个增加到 16 个。

初始结果显示该实验组用户的参与度显著降低，但该实验出现了样本比率不匹配：样本比率为 0.992，而不是 1.0。因为每个变体有超过 800 000 个用户，产生这样分配的 *p* 值为 0.000 000 7。这意味着，如果设计的是等量分配，那么这种分配比率是偶然发生的可能性极小。调查发现，由于实验组用户的参与度增加，一些参与度最高的用户被归类为机器人并从分析中删除。纠正了机器人过滤机制后，结果显示了相反的实验效应：实验组用户的参与度提高了 3.3%！

机器人过滤是一个严重的问题，尤其是对于搜索引擎而言。必应在美国有超过 50% 的流量来自机器人，而在中国和俄罗斯，这一数字高于 90%。

检查是否存在样本比率不匹配至关重要。如之前的例子所示，即使很小的失衡也会导致实验效应的逆转。样本比率不匹配通常是由于缺少用户（或者普遍意义上的实验单元）而造成的，这些用户要么非常好（例如重度用户），要么非常糟糕（没有任何点击的用户）。这表明，即使人数差异看起来很小，结果也可以被显著歪曲。最近发表的一篇关于诊断样本比率不匹配的论文可供参考（Fabijan et al. 2019）。

3.4 对外部有效性的威胁

外部有效性是指对照实验的结果可以沿不同维度，如人群（例如其他国家 / 地区、其他网站）以及时间（例如 2% 的收入增长会持续很久还是减少？）推广的程度。

跨人群的推广通常引来质疑。在一个网站上成功的功能可能无法在另一个网站上有同样效果，但是解决方案通常很简单：重新运行实验。例如，在美国成功的实验通常会在其他市场上重新运行，而不是假设结果会一样。

跨时间的推广就更加困难了。有时，需要运行长达数月的留出实验，以评估长期效应（Hohnhold, O'Brien and Tang 2015）。第 23 章将重点讨论长期效应。基于时间的外部有效性的两个主要威胁是*初始效应*和*新奇效应*。

3.4.1　初始效应

因为旧功能占主导地位，也就是说用户习惯了旧功能的工作方式，引入改动后，用户可能需要一些时间来接受新功能。机器学习算法也可能会学到更好的模型。根据更新的周期，这可能需要一些时间。

3.4.2　新奇效应

新奇效应是无法持续的效应。引入新功能时，尤其是容易被发现的功能，用户最初会被吸引并尝试。如果用户认为该功能无用，则重复使用的次数会变少。一开始实验可能看起来效果不错，但是随着时间的推移，实验效应会迅速下降。

一个我们不推荐的例子来自 *Yes!* : *50 Scientifically proven ways to be Persuasive*（Goldstein, Martin and Cialdini, 2008）。该书作者讨论了 Colleen Szot 是如何制作一档电视节目并打破了家庭购物频道近 20 年的销售记录的。Colleen Szot 改变了标准资讯类广告语中的几个词，使得购买她的产品的人数大幅增加：把用户太过熟悉的"操作员正在等待中，请立即致电"换成了"如果操作员忙线，请再次致电。"作者解释说，这就是社会认同：观众认为"如果电话线繁忙，那么其他像我一样在观看该资讯类广告的人也正在打电话。"

如果用户意识到这些花招经常被使用，那么这些花招的保质期会很短。在分析对照实验时，我们会发现这种效应迅速消失。

另一个例子如图 3.2 所示。MSN 网站的顶部有一个横幅（Dmitriev et al. 2017）。

49

图 3.2　带有 Outlook.com 链接的 MSN 页面

微软改动了 Outlook.com 链接和图标，改动后将直接打开 Outlook Mail 应用程序（图 3.3）。这为用户提供了更丰富且更好的电子邮件体验。

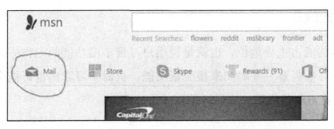

图 3.3　更改到使用 Outlook 应用程序链接的 MSN 页面

如预期的那样，该实验表明，相对于对照组，实验组有更多的用户使用"邮件"应用程序，但是最初并没有预想到点击率会增加。不过，令人惊讶的是，相对于对照组，实验组该链接上的点击次数增加了高达 28%。用户是否更喜欢"邮件"应用并更频繁地使用它？答案是否定的。调查显示，用户以为 Outlook.com 没能正确打开，他们感到困惑因而多次点击了该链接。

最后一个例子是，有一家叫 Kaiwei Ni 的中国运动鞋制造商在 Instagram 发布了一条广告。该广告的图片中放了一根假头发，如图 3.4 所示。用户被诱骗在广告上滑动以去掉头发，其中许多人点击了这则广告。新奇效果在这里会很显著。此外，Instagram 不仅删除了该广告，而且禁用了该账户（Tiffany 2017）。

图 3.4　带有假头发的电话广告，希望你将其滑开并误点击

3.4.3　检测初始效应和新奇效应

对初始效应和新奇效应的一项重要检测是绘制一段时间内用户的使用情况，查看其是增加还是减少。以上面的 MSN 为例，单击"邮件"链接的用户百分比随着时间的推移明显下降，如图 3.5 所示。

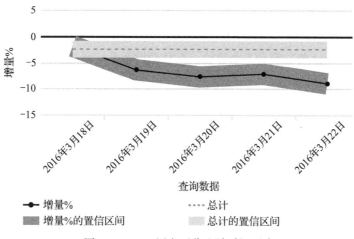

图 3.5　MSN 用户百分比随时间下降

标准的实验分析假设实验效应不随时间变化。如果发现了实验效应有随时间变化的趋势，那么这是一个危险信号，它表明标准的实验分析假设不成立。此类实验需要更长的时间才能确定实验效应何时趋于稳定。在很多情况下，尤其是在这个例子中，我们的洞察足以说明这个改动不好。在大多数情况下，这种方法既简单又有效，但是我们必须提醒你注意一些事项，尤其是长时间运行一个实验的情况（见第 23 章）。

还有一种办法可以突出可能的新奇或初始效应：我们可以拿出前一两天出现的用户（而不是一段时间内的所有用户）并绘制一段时间内对他们的实验效应。　51

3.5　细分群的差异

通过不同的细分群来分析指标可以找到有趣的洞察进而促成重大发现，为此我们有时会应用特威曼定律，发现缺陷或新的洞察并帮助迭代改动。这是高阶实验的一个例子，可以作为实验系统的后期成熟阶段要解决的问题之一。

什么是好的细分群？这里我们举几个例子：

- 市场或国家 / 地区：某些功能在某些国家 / 地区效果更好。有时，新功能的效果不佳是因为转化（即本地化）很差。

- 设备或平台：用户界面是在浏览器、台式机还是手机上？他们正在使用哪个移动平台：苹果 iOS 还是安卓？有时，浏览器版本可以帮助确定 JavaScript 的漏洞和不兼容性。在移动设备上，制造商（例如三星、摩托罗拉）提供的附加组件可能导致功能失效。
- 时刻效应和周内效应：随着时间的推移，绘制实验效应可以展示有趣的模式。周末的用户可能在许多方面有所不同。
- 用户类型：新用户还是老用户，其中新用户是指某天（比如实验开始或实验开始前一个月）之后加入的用户。
- 用户账户特征：奈飞的个人账户或共享账户，或者爱彼迎的单人旅客或家庭旅客。

细分群视图通常有以下两种使用方式：

1）与单个实验无关的，对于某个指标的细分群视图。

2）在某个实验的背景下，对于某个指标的实验效应的细分群视图。在统计学中，这被称为异质性（heterogeneous）处理效应。它表明实验效应在不同细分群之间不是同质的或均匀分布的。

3.5.1 关于一个指标的细分群视图

当按照不同的移动操作系统对必应手机广告点击率进行细分时，我们发现它们的差异很大，如图 3.6 所示。

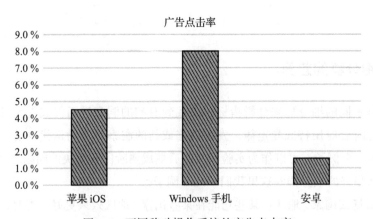

图 3.6 不同移动操作系统的广告点击率

虽然我们最初的倾向是从用户忠诚度不同的角度出发来看待不同用户群的差异，但调查发现这些差异是由于不同操作系统的点击追踪方法不同所致。追踪点击的方式有多种，由于它们的保真度不同（Kohavi, Messner et al. 2010），从而不同操作系统的丢失率不同。苹果 iOS 和 Windows 手机的工程师使用跳转来追踪点击，也就是说，该点击始终转到服务器，被记录然后跳转到目标。此方法保真度较高，但速度较慢。安卓上的点击追踪是使用网络信标来表示点击这一操作，然后将浏览器跳转到目标页面。这种方法对用户来说更快，却是有损的。某些网络信标将会丢失，而且链接也不会被记录。这可以解释苹果 iOS 和安卓之间的点击率（CTR）的差异，但是 Windows 手机上的点击率为何如此之高？调查发现了一个漏洞，跳转用户滑动和跳转都被错误地记录为点击。漏洞总有可能发生。当你发现数据异常时，考虑一下特威曼定律并调查问题。

52

3.5.2　实验效应的细分群视图（异质性处理效应）

在一个实验中，我们改动了用户界面，从而导致不同浏览器之间的差异非常大。在几乎所有浏览器上，实验组的关键指标都有少量的提高，但是对于 Internet Explorer 7，实验组的关键指标却大幅下降。与任何大的影响（正面的或负面的）一样，你应该考虑一下特威曼定律并深入研究原因。一项调查显示，JavaScript 与 Internet Explorer 7 因为不兼容而报错，从而使用户无法在某些情况下单击链接。

53

只有当对细分群进行深层探究成为可能后，我们才能得到这样的洞察。此时我们可以查看不同细分群的实验效应，这在统计中也称为条件平均处理效应（Conditional Average Treatment Effect, CATE）。EGAP（2018）中有关于异质性处理效应比较好的概述。我们可以使用机器学习和统计方法（例如决策树（Athey and Imbens 2016）和随机森林（Wager and Athey 2018））来确定有趣的细分群或搜索交互作用。

如果你可以提醒实验者注意到有意思的细分群，那么你可以帮助发现很多有趣的洞察（但记住，如上所述，请纠正多重假设检验带来的问题）。让机构运行 A/B 测试是很重要的一步。为他们提供远超总体实验效应的信息并能够提供新的洞察，从而加速创新。

3.5.3 按细分群对实验效应的分析可能有误导性

评估两个互为穷尽且互斥的细分群的实验效应时，我们可能会看到 OEC 在两个细分群都增加，但总体 OEC 却下降。和辛普森悖论（下一节会阐述）不同，这是由于用户从一个细分群迁移到另一个细分群所致。

例如，假设你有一个关注的指标，即人均会话数。你正在开发一个很少用户使用的新产品功能 F，因此你重点关注会用 F 的用户及其补集（不使用 F 的用户）。你会在实验中看到，使用 F 的用户的人均会话数增加了。现在，你再看一下 F 的补集，发现他们的人均会话数也增加了。这时你能庆祝吗？答案是不！因为总体的人均会话数可能会减少或保持不变。

例如，使用 F 的人均会话数为 20，而未使用 F 的人均会话数为 10。如果实验导致会话数为 15 的用户停止使用 F，那么使用 F 细分群的人均会话数将上升（因为我们删除了低于人均会话数的用户），而 F 补集的人均会话数也会上升（我们为用户增加了人均会话数），但总体的人均会话数可以朝任何方向移动：向上、向下或保持不变（Dmitriev et al. 2016, 5.8 节）。

当用户从一个细分群迁移到另一细分群时，在细分群级别上解释指标的变化可能会有迷惑性，因此应该使用非细分群的指标（总体）的实验效应。在理想情况下，只应该通过在实验之前就确定的值来进行细分，这样实验不会导致用户对应细分群的更改，但实际上在某些案例下中很难限制这种细分。

[54]

3.6 辛普森悖论

以下内容基于 Crook et al.（2009）。如果一个实验经历了放量（见第 15 章），即两个或两个以上周期中的变体分配到了不同的百分比，那么将结果结合在一起可能会错误地估计实验效应的方向，也就是说，实验组的结果可能会在第一阶段和第二阶段好于对照组，但是把两个阶段合并时，实验组总体比对照组会更差。这种现象之所以被称为"辛普森悖论"，是因为它并不直观（Simpson 1951, Malinas and Bigelow 2004, Wikipedia contributors, Simpson's paradox 2019, Pearl 2009）。

表 3.1 展示了一个简单的示例。其中网站在两天（星期五和星期六）中每天

有 100 万访问者。实验在星期五时以分配给实验组 1% 流量运行。该百分比在星期六时提高到 50%。即使实验组在星期五的转换率更高（2.30% vs. 2.02%），在星期六的转换率也更高（1.20% vs. 1.00%），但是如果将两天的数据简单地合并在一起，那么实验组看起来表现更差了（1.20% vs. 1.68%）。

表 3.1　两天的转换率。每天有 100 万客户，并且实验组（T）每天都比对照组（C）好，但总体却变差

	星期五	星期六	总和
C	C/T 分配：99%/1%	C/T 分配：50%/50%	
T	$\dfrac{20\,000}{990\,000} = 2.02\%$	$\dfrac{5000}{500\,000} = 1.00\%$	$\dfrac{25\,000}{1\,490\,000} = 1.68\%$
	$\dfrac{230}{10\,000} = 2.30\%$	$\dfrac{6000}{500\,000} = 1.20\%$	$\dfrac{6230}{510\,000} = 1.20\%$

上面的数学没有错。在数学上，如果 $\dfrac{a}{b} < \dfrac{A}{B}$ 且 $\dfrac{c}{d} < \dfrac{C}{D}$，完全可能得到 $\dfrac{a+c}{b+d} > \dfrac{A+C}{B+D}$。这似乎不那么直观是因为我们处理的是加权平均值，而转化率较差的星期六对平均实验效应影响更大，因为它拥有更多的实验用户。

以下是一些对照实验中可能会出现辛普森悖论的其他示例：

- 对用户进行了抽样。由于考虑要从所有浏览器类型中获取代表性样本，因此样本的抽样并不均匀，某些浏览器（例如 Opera 或 Firefox）的用户会以较高的抽样率进行抽样。可能的结果是总体上实验组会表现更好，但是一旦将用户划分到浏览器细分群中，实验组表现就会在所有细分群上较差。 [55]

- 实验在多个国家 / 地区的网站上进行，比如美国和加拿大。分配给实验组和对照组的比例因国家 / 地区而异（例如，在美国以 1% 的比例分配给实验组，而在加拿大则先进行了统计功效计算并确定实验组需要分配到 50%）。虽然按国家 / 地区进行了细分分析，对照组也是不如实验组的，但如果将两个国家的结果合并，则实验组可能看起来更好。该示例与我们之前的放量例子非常相似。

- 对于实验组与对照组按照 50/50 比例进行的实验，有人会提出应该密切关注最有价值客户（例如支出的前 1%），并说服了企业应当保持该客户

群的稳定，只让最有价值客户中的 1% 参与该实验。与上面的示例类似，该实验结果可能总体上是正面的，但对最有价值的客户和"价值不高"的客户而言，结果都更糟糕。

- 为数据中心 DC1 的客户的网站升级后，客户满意度提高了。为数据中心 DC2 的客户进行了第二次升级，那里的客户满意度也提高了。可能发生的是：审核人员查看升级后的合并数据后，发现总体的客户满意度下降了。

尽管辛普森悖论的发生并不直观，但也不少见。我们已经在实际实验中多次看到它们发生（Xu, Chen and Fernandez et al. 2015, Kohavi and Longbotham 2010）。合并以不同百分比收集的数据时，一定要小心。

辛普森悖论中的逆转似乎暗示，从数学上讲，药物有可能增加在总人口中治愈的可能性，但降低每个细分群（比如男性和女性）的治愈可能性（因此是有害的）。这似乎意味着如果性别未知，则应该服用该药物，而如果性别确定，则应避免使用该药物。这显然是荒谬的。Pearl（2009）表明，仅凭观察性数据并不能帮助我们解决这一悖论，因为因果模型会确定要使用的数据（总群体还是细分群）。确凿性原则定理（6.1.1）⊖指出，如果一项行为增加了每个细分群中事件 E 的可能性，那么它也必然增加整个群体中 E 的可能性。

3.7 鼓励健康的怀疑态度

> SumAll⊜开始齐心协力运行 A/B 测试六个月了，但得出的结论却令人不安：我们的大多数的正面的实验结果并未转化为用户获取的改善。如果说有任何作用的话，我们甚至变差了……
>
> —— 彼得·博登（2014）

对于机构而言，有时很难投资可信赖的实验，因为它涉及对未知进行投资，即建立可能失败然后结果无效的实验。优秀的数据科学家应保持怀疑的心态：他们研究异常的现象，对结果提出质疑，并在结果看起来过于出色时援引特威曼定律。

⊖（6.1.1）的编号来自 Pearl（2009）。——译者注

⊜ 一家公司。——译者注

4

第 4 章

实验平台和文化

如果你必须亲吻很多青蛙才能找到王子，那么请寻找更多的青蛙并更快地亲吻它们。

—— 迈克·莫兰, *Do It Wrong Quickly*（2007）

如第 1 章所述，运行可信赖的对照实验是评估许多（但不是全部）想法并做出数据启示决策的科学黄金标准。可能很多人还不太清楚的是，如上面莫兰的引言所示，把对照实验变得更容易运行可以降低尝试新想法的成本从而加速创新，并通过反馈回路从中学习。本章重点介绍搭建健全的可信赖的实验平台所需采取的措施。我们首先介绍实验成熟度模型，该模型展示了一个机构开始运行实验时通常经历的各个阶段。然后我们深入研究搭建实验平台的技术细节。

重要的机构层面的考虑因素包括领导层、流程、培训、工作是在内部完成还是外包以及最终如何使用实验结果。技术类工具将支持实验设计、部署、扩展和分析，以加快发现真知灼见。

4.1 实验成熟度模型

实验成熟度模型（Fabijan, Dmitriev and Olsson et al. 2017, Fabijan, Dmitriev and McFarland et al. 2018, Optimizely 2018c, Wider Funnel 2018, Brooks Bell 2015）包含了机构在通过 A/B 测试评估所有改动并最终达成数据驱动的路上可能会经历的阶段。

根据 Fabijan et al.（2017）的研究，我们采用以下四个实验成熟度阶段。

1）**爬行**：此阶段的目标是建立基本的先决条件，特别是日志记录和基本的数据科学功能。这样可以计算假设检验所需的概述统计量，以便设计、运行和分析一些实验。拥有一些成功的实验（其中成功是指实验结果有意义地指导了发展方向）对于凝聚动力到达下一个阶段至关重要。

2）**步行**：此阶段的目标从先决条件和运行一些实验转变到着重于定义标准指标并让机构运行更多实验。此阶段可以通过验证日志记录、运行 A/A 测试以及测试样本比率不匹配（Sample Ratio Mismatch, SRM）来提高可信赖度（见第 21 章）。

3）**跑步**：此阶段的目标转变为规模化实验。指标将是全面的，并且此时的目标是统一指标或制定一个综合评估标准以获得多个指标之间的权衡标准。处于此阶段的机构通过实验来评估大多数的新功能和改动。

4）**飞行**：此阶段的机构将 A/B 测试作为每次改动的标准。功能研发团队应该擅长分析大多数实验，尤其是简单的实验，而无须数据科学家的帮助。此阶段的重点转移到支持这一规模的自动化，以及建立机构的经验传承。机构的经验传承包含了所做的改动以及所有相关的实验，从而帮助我们从过去的实验中学习（见第 17 章），并分享令人惊讶的结果和最佳实践，以达到改进实验文化的目的。

粗略的经验法则是，爬行阶段的机构每月大约运行一个实验（约 10 次 / 年），之后每个阶段的实验次数增加 4 到 5 倍：步行阶段每周大约运行一个实验（约 50 次 / 年），跑步阶段每天一个实验（约 250 次 / 年），飞行阶段每年数千个实验。

随着机构逐步完成这些阶段，技术的焦点、OEC 甚至团队组成将发生变化。在深入研究步行、跑步和飞行阶段构建实验平台的技术环节之前，让我们重点介绍机构在各个阶段都需要关注的几个领域，包括领导层和流程。

4.1.1 领导层

领导层的支持对于建立牢固的围绕实验的文化并将 A/B 测试嵌入到产品开发过程至关重要。我们的经验是，机构和文化也会经历学习实验的各个阶段（Kohavi 2010）。运行任何实验之前的第一阶段是自大的，由于对最高薪酬者的意见（Highest Paid Person's Opinion, HiPPO）充满信心，因此无须测量和运行实验。接下来是测量和控制，机构开始测量关键指标并控制无法解释的差异。正如 Thomas Kuhn 所指出的那样，模式的转变"仅在正常的研究首次出现问题时才发生"（Kuhn 1996）。然而，根据塞麦尔维斯反射（Wikipedia contributors, Semmelweis reflex 2019），机构可能会拒绝对立的新认知，因此仍然可能会强烈依赖 HiPPO 和根深蒂固的规范、信念和模式。只有通过持续的测量、实验和知识积累，机构才能达成基本的认知，此时原因才被真正理解，模型才真正起作用。

根据我们的经验，为了达到最后一个阶段，不同级别的高管和经理的支持是必不可少的，这包括：

- 参与确立共同目标并就高阶目标指标和护栏指标达成共识（见第 18 章），在理想情况下参与制定权衡方案以最终建立 OEC（见第 7 章）。

- 根据指标的改善来设定目标，而不是根据功能 X 和 Y 的交付。当从"在不损害关键指标的情况下交付功能"转变为"除非它改进了关键指标否则不交付功能"时，团队就有了根本转变。向数据启示的文化转变时，用实验作为护栏是一项艰巨的文化变革，尤其是对于大型的成熟团队而言。

- 赋能团队在组织的护栏指标内创新并提升关键指标（见第 21 章）。期望对想法进行评估，预设许多想法会失败，并在这些想法无法移动旨在改进的指标时表现得谦逊一点。建立快速失败的文化。

- 期望正确的工具化日志记录和高质量的数据。

- 审核实验结果，知道如何解释它们，执行诠释标准（例如，尽可能减少对 p 值的操纵（Wikipedia contributors, Data dredging 2019）），并透明化这些结果如何影响决策。

- 如第 1 章所述，可以最有效地通过实验的帮助做出的决定很多都是优化类的决定。一个长系列的实验也可以为整体战略提供参考。例如，必应集成社交网络（如脸书和推特）的尝试在长达两年的实验中显示没有价值之后被放弃了。再举一个例子，评估一个想法，例如检验在促销电子邮件中包含视频是否会提高转化率时，需要测试多种实现方案。

- 确保项目组合里相对于更多增量收益项目要有一些高风险 / 高回报的项目，要理解其中一些将成功，但许多（甚至大多数）将失败。从失败中学习对持续创新很重要。

60

- 支持从实验中的长期学习，例如运行只为收集数据或确立收益回报率的实验。实验不仅对是否交付特定改动的决定有用，而且在衡量影响和评估各项企划的投资回报率方面也起着重要作用。例如，请参阅第 5 章和长期实验（Hohnhold, O'Brien and Tang 2015）。
- 通过较短的发布周期提高敏捷性，以创建健康且快速的实验反馈回路，并要求设立灵敏的代理指标（见第 7 章）。

领导者不能仅仅为机构提供实验平台和工具。他们必须为机构提供正确的激励机制、流程和授权，使其能够做出数据驱动的决策。领导层的参与对于爬行和步行阶段的机构尤其重要，他们可以使机构的目标保持一致。

4.1.2 流程

当机构经历实验成熟阶段时，必须建立培训流程和文化规范以确保获得可信赖的结果。教育确保每个人都有基本的认知，能很好地设计和执行可信赖的实验并正确诠释结果。文化规范有助于树立对创新的期望，庆祝令人惊讶的失败，并使每个人一直渴望学习。请注意，这是一个持续的挑战，就像在 2019 年 13 家线上公司共同参与的实验峰会上分享的一样，建立鼓励实验和创新的文化和流程仍然是一个挑战（Gupta, Kohavi et al. 2019）。

对于教育而言，在设计和分析实验过程中建立准时化流程可以真正提升机构的水平。让我们考虑一个来自谷歌的示例：当从事搜索工作的实验者想要运行实验时，他们必须填写一份经过专家审查的清单。该清单包括一些基本问题，例如"你的假设是什么？"和"你关心的变化有多大？"直到功效分析的问题。试图教所有人进行正确的功效分析是不现实的，所以清单也通过链接到功效计算器工具来确保实验具有足够的功效。一旦机构的实验成熟度有了充分的提升，搜索部门就不再需要这样一个明确的清单流程。

通常，只需要在前几次实验中对实验者进行手把手的指导即可。他们在以后的每个实验中会变得更快更独立。实验者越有经验，他们就越能清晰地为其他组员解释概念，并随着时间的推移成为专业审查者。虽说如此，即使是经验丰富的实验者，通常仍然在运行有独特设计或新指标需求的实验时需要帮助。

领英和微软（谷歌也是，虽然不定期）都通过开设课程来帮助员工了解实验的相关概念（Kohavi, Crook and Longbotham, 2009）。随着文化的发展和时间的推移，人们越来越接受实验，这些课程也因此变得越来越受欢迎。

类似于实验设计的清单，定期召开实验结果的审查会议提供了类似的准时化教育收益。专家们会在这些会议中检查结果，首先是为了保证可信赖性（通常能发现记录和测量的问题，尤其是对于初次尝试的实验者）。然后再进行有益的讨论，从而给出发布与否的建议，让实验者可以向其领导提出最终的建议。这些讨论拓宽了对目标、护栏、质量和调试指标的理解（见第 6 章），从而帮助开发人员在开发生命周期中更有可能预期到这些问题。这些讨论还建立了指标的权衡，可以用于 OEC 的制定和考量（见第 7 章）。这些实验审查会议也讨论失败的实验并从中学习：许多高风险 / 高回报的想法在第一次迭代时不会成功，从失败中学习到的经验教训对于改进这些想法直至成功，或决定何时放弃至关重要（见第 1 章）。

随着时间的推移，专家们会看到改动的规律，例如查看实验的影响与先前类似的实验之间的关系，以及如何通过统合分析（见第 8 章）进一步检查这种变化，从而改善用户体验并更新关键指标的定义。我们在实验分析审查会议上注意到的另一个意外但积极的结果是，它将不同的团队召集在同一个会议中以便彼此学习。需要指出的是，我们注意到，参会团队需要做相同的产品并共用相同的指标和 OEC，以便有足够的共同背景来互相学习。如果团队过于多样化，［62］或者工具的成熟度不足，那么会议可能会很低效。我们判断这种类型的审查会议在步行阶段的后期或跑步阶段才开始有效。

通过平台或流程，我们可以广泛地分享实验的学习成果，无论是来自专家对多个实验的统合观察还是从单个实验中获得的学习。这可以通过定期的新闻简讯、推特的信息流、精选的主页、与实验平台相连的"社交网络"来鼓励讨论（缤客就是这么做的）或其他渠道来实现。在飞行阶段，机构的经验传承（见第 8 章）变得越来越有用。

为了使实验成功并扩大规模，还必须有一种围绕坚持真理的文化——学习最重要，而不是结果或我们是否交付改动。从这个角度来看，实验影响的完全透明是至关重要的。我们找到了实现此目标的一些方法：

- 计算许多指标，确保重要指标（如 OEC、护栏指标和其他相关指标）在实验分析看板上高度可见，从而方便团队分享全面的结果，而无法选择性地只分享对自己有利的结果。
- 发送新闻简讯或电子邮件，来分享令人惊讶的实验结果（失败和成功）、对许多先前的实验进行的统合分析（以建立直觉），以及团队如何整合实验等（见第 8 章）。这里的目的是强调学习和所需的文化支持。

- 如果实验改动对重要指标产生负面影响，那么应当使实验者发布实验改动变得困难。可以是给实验者发警报，或者给关心那些指标的人发通知，甚至可能阻止发布（最后一个极端选项可能适得其反，最好建立一种可以查看指标并公开讨论有争议的决定的文化）。
- 欣然接受从失败想法中学习到的经验教训。大多数想法会失败，所以关键是要从失败中吸取教训，以改进后续实验。

4.1.3 搭建与购买

图 4.1 显示了谷歌、领英和微软在过去几年中如何规模化实验，其中第一年把实验规模扩展到每天一个（超过每年 365 个）。该图显示了必应、谷歌和领英之后四年增长的数量级。在早期，实验平台自身功能限制了增长速度。在微软 Office 的例子中，实验平台并不是限制因素，因为该平台先前已在必应使用。Office 从 2017 年开始使用对照实验作为逐步发布的安全部署机制，2018 年的实验增长了超过 600%。当机构达成"测试一切"的文化时，增长放慢，而限制因素变成将想法转换为可在对照实验中部署的代码的能力。

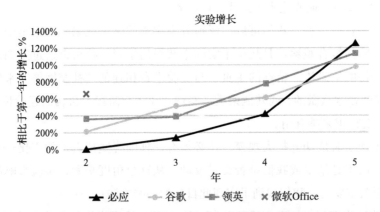

图 4.1　必应、谷歌、领英和微软 Office 多年以来的实验增长。今天，尽管计数方法有所不同（例如，从 1% 的用户增加到 5% 甚至 10% 的可以算作一到三个实验，由对照组和两组实验组构成的实验可以算作一个或两个实验），但谷歌、领英和微软每年运行超过 20 000 个对照实验

尽管我们都在各自公司中积极参与搭建内部实验平台的工作，但我们并不建议每个公司都搭建自己的实验平台。特别是在步行阶段，搭建或购买是一个基于投资回报率的决定（Fabijian et al.（2018）中提供了搭建与购买的统计数据）。做决定时需要考虑以下几个问题。

4.1.4　外部平台可以提供你需要的功能吗

- 考虑你要运行的实验类型，例如前端的还是后端的、服务器的还是客户端的，或移动设备的还是网页的。许多第三方解决方案的通用性不足以涵盖所有类型。例如，基于 JavaScript 的解决方案不适用于后端的实验或无法很好地扩展应用于许多并行实验。一些供应商在一个渠道上很强，但在其他渠道上却不强（例如，有出色的用于移动设备的软件开发套件（SDK），但处理网页的能力较弱，或有强大的用于网页的"所见即所得"（WYSIWYG）编辑器，但移动 SDK 经常崩溃）。

64

- 考虑网站速度。一些解决方案需要额外的 JavaScript，这会减慢页面加载的速度（Optimizely 2018, Kingston 2015, Neumann 2017, Kesar 2018, Abrahamse 2016）。如第 5 章所示，额外增加的延迟会影响用户的参与度。

- 考虑你可能要使用的维度和指标。例如，某些外部平台对可以计算哪些实验指标有所限制。外部解决方案无法计算需要会话化的复杂指标。即使是普遍用于测量延迟（尾数比均值更敏感）的百分位数之类的指标也经常得不到很好的支持。广泛的业务汇报可能需要分开进行，因此很难统一维度和指标的使用。如果你选择购买，那么确保汇报的一致性可能会更困难。

- 考虑你要使用的随机化单元以及可容许的数据共享（例如，确保尊重用户隐私）。可以将哪些信息（尤其是用户的信息，见第 9 章）传递给外部通常是有限制的，这可能会导致局限性或产生额外的费用。

- 使用外部平台记录到外部数据库的数据是否容易访问？客户端是否需要重复记录日志（双重日志记录）？概述统计量发生偏差时会怎样？有调和的工具吗？这些复杂性通常被低估，但它们会降低可信赖度，并引出有关不同系统的可靠性的合理问题。

- 你可以整合其他数据源吗？你是否要整合购买数据、退货记录、人口统计信息？某些外部系统不允许你连接此类外部数据。

- 你需要近实时的结果吗？这通常对快速检测和停止不良实验很有用。
- 你是否运行了足够多的实验并想要建立自己机构的经验传承？许多第三方实验系统没有总结机构的经验传承的功能。
- 你能够以最终版本实现功能吗？许多 WYSIWYG 系统要求在实验完成后重新实现功能。在大规模推广时，这可能是有局限性的，因为会出现所有需要重新实现的功能要排队的情况。

4.1.5　搭建自己的平台的成本是多少

搭建可规模化的系统既困难又昂贵，正如你将在本章稍后的技术平台问题讨论中看到的那样。

4.1.6　你的实验需求的轨迹是什么

这种类型的基础设施投资与预期有关，也就是说，如果你的机构真正接受了实验，那么它未来将运行多少个实验，而不是当前运行多少个实验。如果动力和需求存在，并且数量可能会超出外部解决方案可及的范围，则搭建。搭建内部解决方案需要花费更长的时间，但是集成外部解决方案也需要付出努力，特别是如果需要随着公司规模的变化切换到其他解决方案。

4.1.7　需要集成到你的系统配置和部署方法吗

实验可以是连续部署过程的一个组成部分。实验与工程系统在如何处理配置和部署之间有很多协同作用（见第 15 章）。如果需要集成，例如对于更复杂的调试情况，则使用第三方解决方案可能会更困难。

你的机构可能尚未准备好投资和承诺搭建自己的平台，因此在决定是否搭建以及何时搭建自己的实验平台前，可以利用外部解决方案来更多地证明实验的影响。

4.2　基础设施和工具

第 3 章展示了实验在很多方面可能出错。创建实验平台不仅要通过实验来加速创新，确保决策结果的可信赖度也至关重要。规模化公司的实验不仅涉及搭建实验基础架构平台，也涉及建设工具和流程，以将实验深入地融入于公司文化、发展和决策流程。实验平台的目标是普及实验使其成为自助式服务，并尽可能减少运行可信赖的实验的边际成本。

实验平台必须涵盖从设计和部署到分析实验的整个过程的每个步骤（Gupta et al. 2018）。必应（Kohavi, Longbotham et al. 2009）、领英（Xu et al. 2015）和谷歌（Tang et al. 2010）的实验平台都主要由以下四个组件构成： 66

- 通过用户界面（UI）或应用程序接口（API）定义、设置和管理实验，并存储在实验系统配置中。
- 服务器端和客户端的实验部署，涵盖变体分配和参数化。
- 实验相关的工具化日志记录。
- 实验分析，包括指标的定义和计算，以及统计检验，如 p 值。

图 4.2 中展示了这些组件是如何组合在一起的。本小节将深入探讨这些组件。

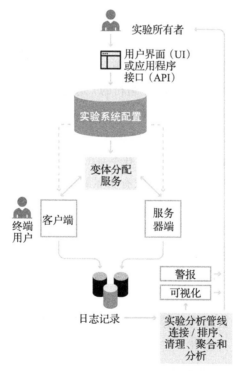

图 4.2　可能的实验平台架构。客户端和 / 或服务器端可以调用变体分配服务。变体分配服务可以是单独的服务器，也可以是嵌入客户端和 / 或服务器的库（在这种情况下，配置将直接推送到客户端和 / 或服务器）。有关不同架构选项的讨论，请参见本章稍后的论述

4.2.1 定义、设置和管理实验

为了运行大量的实验，实验者需要一种容易定义、设置和管理实验生命周期的方法。为了定义或具体指定一个实验，我们需要所有者、名称、描述、开始和结束日期以及其他几个方面（见第 12 章）。出于以下原因，该平台还需要允许实验进行多次迭代：

- 要根据实验结果改进功能，这可能还涉及修复实验期间发现的漏洞。
- 逐步将实验放量给更广泛的受众。这可以通过预定义的环（例如团队中的开发人员，公司中的所有员工）或更大比例的外部人群来实现（Xia et al. 2019）。

所有迭代都应在同一实验下进行管理。通常，尽管不同的平台可能需要不同的迭代，但每个实验都应只有一个处于激活状态的迭代。

实验平台需要一些界面和 / 或工具来轻松地管理许多实验及其多次迭代。功能应包括：

- 撰写、编辑和保存实验的详尽规范。
- 将实验的迭代草稿与当前（正运行的）迭代进行比较。
- 查看实验的历史记录或时间表（即使实验已不再运行）。
- 自动分配生成的实验 ID、变体和迭代，并将其添加到实验的详尽规范。实验的日志记录需要这些 ID（在本章的后面讨论）。
- 验证实验的详尽规范中是否没有明显的错误，例如配置冲突、无效的目标受众等。
- 检查实验状态以及开始 / 停止实验。为了防止人为错误，通常只有实验所有者或具有特殊权限的个人才能启动实验。但是，由于伤害用户造成的影响更大，任何人都可以停止实验，虽然会生成警报以确保通知到实验所有者。

另外，由于实验会影响真实的用户，因此需要其他工具或工作流程在实验变体发布之前对其进行检查。这包括了在部署之前必须测试代码或设置一个实验必须获得可信赖的专家的批准的权限来控制系统。

除了这些基本检查，尤其是大规模运行实验的飞行阶段，该平台还需要支持：

- 自动化发布和放量的方式（更多详细信息见第 15 章）

- 近实时的监视和警报，从而及早发现不良实验。

- 自动检测和停止不良实验。

实验平台的这些功能增加了实验的安全性。

4.2.2 实验部署

创建实验的详尽规范后，需要部署该详尽规范以影响用户的体验。部署通常涉及两个组件：

1）提供实验定义、变体分配和其他信息的实验基础架构。

2）根据实验分配实现变体行为的产品代码更改。

实验基础架构必须提供：

- **变体分配**：给定用户请求及其属性（例如国家 / 地区、语言、操作系统、平台），该请求分配给哪个实验和变体的组合？这一分配基于实验的详尽规范和 ID 的伪随机哈希运算，即 f(ID)。对于大多数情况，为确保分配与用户的一致性，我们选择用户 ID。变体分配也必须是独立的：知道一个用户的变体分配不应该告诉我们任何关于其他用户的变体分配的信息。我们将在第 14 章中对此进行更深入的讨论。在本章中，我们假设用户是随机化单元。

- **产品代码、系统参数和值**：现在有了变体分配和定义，如何确保用户获得应有的体验：如何管理不同的产品代码以及哪些系统参数应更改为什么值？

此接口（一个或多个）是图 4.2 中的变体分配服务，并且出于性能的考虑，可以仅返回变体分配或带有参数值的完整配置。在这两种情况下，变体分配服务都不必是单独的服务器。而是可以通过共享库将其直接合并到客户端或服务器。无论使用哪种接口，单一的实现对于防止意外的差异和漏洞都是至关重要的。

实施基础架构时，尤其大规模运行实验时，需要考虑一些重要的细节。例如，是否需要原子性？如果需要，用什么颗粒度？原子性表示是否所有服务器都同时切换到下一个实验迭代。原子性很重要的一个例子是在网页服务中，单个请求可能会调用数百台服务器，这时分配不一致会导致不统一的用户体验（例如，假设一个搜索查询需要多个服务器，每个服务器都处理搜索索引的不同部分。如果排名算法已更改，则所有服务器必须使用相同的算法）。为了解决此示例中的问题，父服务可以执行变体分配，并将其传递给子服务。基于客户端的实验和基于服务器端的实验之间的实验部署也有所不同，我们将在第 12 章中进一步讨论。

另一个考虑因素是变体分配发生在流程中的什么位置（即何时调用变体分配接口）。如 Kohavi, Longbottom et al.（2009）所述，变体分配可能会发生在多个地方：完全在产品代码之外使用流量分割（例如，流量前门）、客户端（例如，移动应用程序）或服务器端。为了做出此决定时更好地了解情况，请考虑以下关键问题：

- **在流程中的什么节点，你获得了进行变体分配所需的全部信息？** 例如，如果你只有一个用户请求，则可能获得诸如用户 ID、语言和设备之类的信息。要使用其他信息，例如账户的使用时长、上次访问时间或访问频率，你可能需要先进行查询，然后才能使用该条件进行变体分配。这样可能将变体分配推后到流程的较晚阶段。

- **你允许实验分配仅在流程中的一个点还是多个点？** 如果你正处于搭建实验平台的早期阶段（步行或跑步阶段的早期），那么我们建议实验分配只发生在一个点以简化系统。如果你有多个分配点，则需要保证正交性（例如重叠实验，如本章稍后的 4.2.6 节中所述），以确保较早发生的实验分配不会引起流程中较晚发生的实验分配的偏差。

现在，你已经分配了变体，接下来需要确保系统为用户提供相应的改动。主要有三种架构可供选择。

- 第一种架构基于变体分配创建代码分支：

```
variant = getVariant(userId)
If (variant == Treatment) then
   buttonColor = red
Else
   buttonColor = blue
```

- 第二种架构使用参数化系统，在该系统中，实验测试的任何改动都必须由实验参数控制。你可以选择继续使用代码分支：

```
variant = getVariant(userId)
If (variant == Treatment) then
   buttonColor = variant.getParam("buttonColor")
Else
   buttonColor = blue
```

或者使用：

```
variant = getVariant(userId)
...
buttonColor = variant.getParam("buttonColor")
```

- 第三种架构甚至删除了 `getVariant()` 的调用。取而代之的是，在流程的早期，完成了变体的分配，并将带有变体以及该变体和该用户的所有参数值的配置向下传递到之后的流程。

```
buttonColor = config.getParam("buttonColor")
```

每个系统参数都有一个默认值（例如，默认的 `buttonColor` 为蓝色），对 [71] 于实验组，你只需要指定要更改的系统参数以及它的值即可。传递的 `config` 包含了所有参数以及对应的值。

每种架构都有优点和缺点。第一种架构的主要优点是变体分配发生在实际代码改动的附近，因此处理触发更容易。第一种架构中的对照组和实验组都只包含受影响的用户（见第 20 章）。但是，它的缺点是技术负债会不断增加，因为管理分叉的代码路径可能变得非常具有挑战性。第二种架构，尤其是第二种选择，在减少代码负担的同时保持了更容易处理触发的优势。第三种架构尽早进行了变体分配，因此处理触发更有难度。但是，它的性能也可以更好：随着系统发展至拥有成百上千个参数，即使实验可能只影响几个参数，从性能的角度来看，优化参数处理（可能使用缓存）也变得至关重要。

由于性能、技术负债以及合并为单一路径（以使之后的更改更容易）时的代码路径调和的挑战，谷歌从第一种架构转换为第三种架构。必应也使用第三种架构。微软 Office 使用第二种架构中的第一个选项，但是实现了一个警报系统，在该系统中，一个漏洞 ID 被作为实验的参数，在实验三个月后触发警报，提醒工程师删除实验代码路径。

无论选择哪种架构，必须衡量运行实验的成本和影响。实验平台也可能会影响性能，因此在实验平台之外的流量上运行的实验本身就是一个测量平台影响的实验，可以衡量站点速度延迟、CPU 利用率和机器成本，或其他因素。

4.2.3 实验的工具化日志记录

假设你已经记录了基本的日志，例如用户行为和系统性能（记录和测量的内容见第 13 章）。特别是在测试新功能时，你必须更新你的基本日志记录以反映这些新功能，因为这些改动可以帮助你执行正确的分析。爬行阶段的重点是有这样级别的日志记录，领导层必须确保不断检查和改进日志的质量。

对于实验，你还应该记录每个用户请求和交互以及与之对应的变体和迭代。记录迭代特别重要，尤其在实验开始或放量时，因为并非所有服务器或客户端都会同时改动用户的变体（第 12 章）。

在许多情况下，尤其是进入跑步或飞行阶段时，我们希望记录虚拟事实，即如果没有改动的话本来要发生的事情。例如，对于实验组用户，我们可能希望记录如果他们在对照组将会返回的搜索结果。在上述的系统参数化架构中，变体分配是较早发生的，你可能会发现虚拟事实的日志记录颇具挑战性，但却是必要的（见第 20 章）。从性能的角度来看，虚拟事实的日志记录可能会很昂贵，在这种情况下，你可能需要建立关于何时需要虚拟事实的日志记录的指导方针。如果你的产品可以让用户输入反馈，则必须记录该反馈和对应的变体 ID。当反馈是针对某个变体的时候，这将很有帮助。

4.2.4 规模化实验：深入研究变体分配

随着公司从步行向跑步阶段转变，因为要为实验提供足够的统计功效，所以必须为每种变体分配足够比例的用户。如果需要最大功效，那么实验将以 50%/50% 的比例运行，并且包括所有用户。为了扩大实验数量，用户必须处于多个实验中。这是如何运作的？

4.2.5 单层方法

变体分配是将用户前后一致地分配给一个特定的实验变体的过程。步行阶段时，因为实验个数通常很少，所以经常会分配所有流量，使每个实验变体接收一个总流量的给定比例。可能一个实验的一个对照组和两个实验组变体占用了 60% 的流量，而另一个实验的一个对照组和一个实验组占用了另外 40% 的流量（图 4.3）。通常我们使用哈希函数将用户一以贯之地分配到分桶，从而完成此分配。此例中，我们使用 1000 个不相交的分段，并指定哪个变体分配到哪些分桶。具有 200 个分桶的变体则分配到 20% 的流量。

传入请求中有用户 UID

$f(\text{UID}) \% 1000 = m_i$

对照组 黄色 $m_1 - m_{200}$	实验组 1 蓝色 $m_{201} - m_{400}$	实验组 2 绿色 $m_{401} - m_{600}$	对照组 建议开启 $m_{601} - m_{800}$	实验组 建议关闭 $m_{801} - m_{1000}$

$\longleftarrow \qquad\qquad\qquad m \qquad\qquad\qquad \longrightarrow$

图 4.3　单层方法中的对照组 – 实验组分配示例

用户分配到哪个分段必须是随机的,但也是具有确定性的。如果比较任意两个运行中的相同实验组的分桶,它们被假定在统计上是相似的(见第 19 章)。

- 每个分桶的用户量应大致相同(见第 3 章)。如果按关键维度(例如国家 / 地区、平台或语言)进行细分,则各个分桶中的细分群也大致相同。
- 你的关键指标(目标、护栏和质量指标)的数值应大致相同(在正常可变范围内)。

监控分配很关键!谷歌、微软和许多其他公司通过监视分桶的特征发现了随机代码中的错误。另一个常见的问题是残留效应(见第 23 章),以前的实验可能会污染当前实验的结果。常见的解决方案是每次实验都重新随机化或置换分桶,以使其不再连续(Kohavi et al. 2012)。

单层(也称为数字线)方法很简单,它允许多个实验同时运行(但每个用户只在一个实验中)。在早期实验成熟度阶段,实验很少同时运行,因此这是一个合理的选择。但是,其主要缺点是对并行实验数量的限制,因为你必须确保每个实验都有足够的流量以提供足够功效。从操作上讲,在单层系统中管理实验流量可能会遇到挑战,因为即使在此初期阶段,实验也是同时运行的——只是不在单个用户上。为了管理并行实验,领英、必应和谷歌都从手动方法开始(在领英,团队使用电子邮件协商流量"范围";在必应,这由项目经理管理,他们的办公室通常挤满了人恳求获得实验流量;在谷歌,首先是通过电子邮件和即时消息来传递协商的,然后才移交给项目经理)。但是,手动方法无法规模化,因此,随着时间的推移,这三个公司都转向了程序化分配。

4.2.6　并行实验

为了将实验拓展到单层方法无法实现的规模,你必须转向某种并行(也称为重叠)实验系统,其中每个用户可以同时在多个实验中。实现此目的的一种 74

方法是拥有多个实验层，其中每个层都类似于单层方法的操作。为了确保跨层之间实验的正交性，在用户分配分桶时添加层 ID。如上面讨论的实验规范所述，这也是你要添加层 ID（或其他指定约束的方式）的地方。

当收到一个请求时，每层将进行一次变体分配（有关两层的示例，请参见图 4.4）。这意味着产品代码和工具必须处理一个变体 ID 的向量。并行实验系统的主要问题是如何确定层，这里有几种选择。

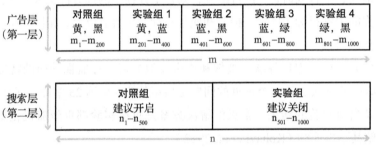

传入请求中有用户 UID
$f(UID, 层_1) \% 1000 = m_i$
$f(UID, 层_2) \% 1000 = n_i$

图 4.4　重叠方法的·个对照组 – 实验组分配例子

一种可能性是将全因子实验设计拓展为全因子平台设计。对于全因子实验设计，每种可能的因子组合都作为变体被测试。如果将其拓展到平台，则用户将同时在所有实验中：对于每个运行的实验将用户分配到一个变体（对照组或其中一个实验组）。每个实验都与唯一的层 ID 相关联，因此所有实验都相互正交。同一实验的迭代通常共享相同的哈希 ID，以确保用户的体验一致。这种简单的并行实验结构使你能够以去中心化的方式轻松拓展实验数量。

该平台设计的主要缺点是无法避免的潜在冲突：两个实验的某些实验组变体共同存在时，可能会带来糟糕的用户体验。例如，实验 1 可能测试蓝色文本，实验 2 可能测试蓝色背景。对于任何碰巧同时在两个实验中且都在实验组的用户而言，这将是一次可怕的体验。用统计术语说，这两个实验彼此"交互"。对两个实验之间交互作用的欠考虑，不仅带来糟糕的用户体验，也可能错误测量了每个实验单独测量的结果。请注意，并非所有的交互作用都是对立的，有时同时在两个实验组中的整体效应比两组总和更好。

尽管如此，如果分配流量时统计功效的降低超过了交互的潜在隐患，那么全因子平台设计可能是首选。此外，如果我们独立设置这些实验，那么我们可以进行分析以查看哪些实验彼此交互，以及如果没有交互作用，他们的效应将是多少。当然，如果没有重大的交互作用，则可以单独分析每个实验，并且每个实验都可以享有可利用的全部流量以获得最大功效。微软的实验平台拥有一个强大的系统，可以自动检测交互作用（Kohavi et al. 2013）。

为了避免糟糕的用户体验，我们可以使用嵌套式的平台设计（Tang et al. 2010）或基于约束的平台设计（Kohavi et al. 2013）。为了规模化实验，谷歌、领英、微软和脸书使用了这些设计的某些变体（Xu 2015, Bakshy, Eckles and Bernstein 2014）。

嵌套设计的系统参数被划分为多个层，以便让组合在一起可能产生较差用户体验的实验必须位于同一层，并通过设计防止针对同一用户运行实验。例如，可能第一层用于公用 UI 元素（例如，页面的标题和标题中的所有信息），第二层用于主体，第三层用于后端系统，第四层用于对排序参数，等等。

基于约束的设计让实验者指定约束，并且系统使用图形着色算法来确保两个有共同顾虑的实验没有同时曝光给用户。用于检测交互的自动化系统（Kohavi et al. 2013）可以是有用的扩展。

4.2.7　实验分析

进入实验成熟度的后期阶段，我们还需要自动化实验分析。这是至关重要的。它既可以避免团队进行费时的临时分析，还能确保实验报告背后的分析方法扎实、一致且有科学依据。我们假设选择目标、护栏和质量指标的工作已经完成，并且所有需要的权衡都被汇入 OEC。

自动化分析首先需要处理数据，以使数据达到可用的状态来计算和可视化实验结果。由于有关用户请求的记录和测量可能会发生在多个系统，因此数据处理通常涉及对不同的日志进行分类和连接，并对它们进行清理，会话化和扩展。此过程有时称为烹饪数据（cooking the data）。

处理完数据后，此时的目标是总结并突出关键指标，以帮助指导决策者做出发布 / 不发布的决策。这需要计算细分群（例如国家、语言、设备 / 平台）的指标（例如 OEC、护栏指标、质量指标），并计算 p 值 / 置信区间以及进行可信度检查（例如 SRM 检查）。它还可以包括自动找到最有趣的细分群的分析（见第 3 章）。请注意，尽管数据计算可以在一个步骤中计算所有这些数据，但当你实际查看实验数据时，必须在检查 OEC 和进行任何细分前查看可信度检查。另外，查看实验数据之前，还必须彻底测试和检查所有数据处理和计算，以确保这些处理是可信赖的。

通过计算，我们最终可以创建数据可视化，以一种易于理解的方式突显关键及有趣的指标和细分群。这种可视化可以像一个类似 Excel 的电子表格一样简单。指标以相对变化的形式表示，并清楚显示结果是否在统计上有意义，通常使用颜色编码来突出显著的变化。为了培养一种坚持真理的文化，请确保结果使用了可跟踪和访问的通用定义，并应该经常对其进行审查、商榷和更新。

机构进入跑步与飞行阶段时，可能会有很多甚至上千的指标！这时需要按等级（公司范围、特定产品、特定功能（Xu et al. 2015, Dmitriev and Wu 2016））或功能（OEC、目标、护栏、质量、调试，见第 7 章）对指标进行分组。随着指标数量增加，多重检验变得越来越重要，我们发现实验者提出的一个常见问题是：为什么该指标似乎不相关，但它有显著的移动？

虽然教育可以帮助解答问题，但一个有效的方法是在工具中提供使用小于标准的 0.05 的 p 值阈值的选项。较低的阈值使实验者可以快速过滤而得到最显著的指标（Xu et al. 2015）。

使用可视化工具生成所有实验结果的单一指标视图。这可以帮助利益相关者密切监视关键指标的全局状况，并查看哪些实验对该指标最有影响力。这种
[77] 透明化鼓励实验所有者与指标所有者进行对话，从而增加机构的整体实验知识。

可视化工具是访问机构的经验传承的绝佳门户，以此来记录实验内容、做出决策的原因以及成功与失败，并最终促成发现和学习知识。例如，通过挖掘历史实验，你可以进行统合分析，以分析哪种类型的实验倾向于移动某些指标，哪些指标倾向于一起移动（超出其自然相关性）。第 8 章将详细讨论相关内容。新员工加入公司时，可视化图形可以帮助他们迅速形成直观感知，了解公司目标以及假设过程。随着生态系统的发展，拥有历史结果和完善的参数可以帮助
[78] 你重新运行失败的实验。

第二部分

基础原理

第二部分针对五个专题进行细节展开，这些专题与每位参与线上实验的人员相关，尤其是领导层和管理人员。

我们以速度很重要：一个全程案例剖析来开始该部分，这章的案例通过认真细致的实验设计和分析建立起延迟和网站速度的重要性，并将其作为用户参与度和营收的灵敏的代理指标。这也是一个结果很可能会普适于不同网站和领域的优良案例。

接下来，由于指标对于每个公司的基于数据启示的决策都有极其重要的作用，我们给管理者介绍了机构指标。无论是否运行实验，他们都需要理解、讨论和在机构内建立这些指标。我们讨论了对这些指标的需求，以及如何建立、验证和迭代它们。

当一个机构开始进行线上实验时，领导者尤其需要讨论——并且最好能同意——实验指标和综合评估标准（OEC）。OEC 是达到实验所需特定标准的一个或多个机构指标的组合。这个组合用于反映这些指标之间的取舍关系，从而简化了线上对照实验和规模化创新。

作为一个将大规模线上实验发展到跑步和飞行阶段（见第 4 章）的机构，建立起机构的经验传承和统合分析变得更为重要。机构的经验传承可以抓取过去的实验和变化并驱动创新，来帮助鼓励一种数据支撑的决策文化，以及促进持续的学习。

最后，线上对照实验是在真实用户身上运行的，所以对照实验中的伦理和最终用户注意事项是非常重要的。我们将鼓励伦理在线上对照实验中的重要性，总结关键性的注意事项，并给出该领域内的其他参考资料。

第 5 章

速度很重要：一个全程案例剖析

网站载速过慢带来的后果：用户失望放弃、品牌声誉下跌、运营成本增加，以及营收相应减少。

—— Steve Souders（2009）

如果一个工程师可以将服务器提速 10 毫秒（眨眼时间的 1/30），那么他 / 她的贡献就已经高于自身年薪了。每一毫秒都是有用的。

—— Kohavi, Deng, Frasca, Walker, Xu and Pohlmann（2013）

高速是我最爱的功能。

—— 谷歌文化衫题字 2009

为何你需要重视：我们以剖析一个从设计（带有明确的假设）、执行到解读为止的全套实验开始本部分，该实验旨在证明产品速度的重要性。以往很多案例分析都选用前端用户界面的实验，这是因为这类实验更容易做解释说明，但其实后端也有很多意义重大的实验，正如多个公司都发现的：速度是很重要的！当然，产品速度是越快越好，但提高十分之一秒的性能到底能有多重要？你是否应该安排一个员工，甚至五个员工的团队去全力改进性能？性能上的投资回报率可以用一个简单的减速实验量化。对 2017 年的必应而言，每提高十分之一秒的速度可以带来一千八百万美元的年度营收的增长，这足以维持一个不小的项目组了。基于这些结果，以及这些年以来在多个公司的数次重复验证，我们推荐使用延迟作为线上实验的护栏指标。

产品性能到底有多重要？在产品的何处减少延迟更为重要？对照实验里有一种简单但有效的技术可以给出很明确的答案，即减速实验。通过减慢产品速度，我们可估算出延迟增加对关键指标的影响，包括营收和用户满意度的下降。那么在可接受的假设之下，我们可以说，改善性能也就是减少延迟会对这些指标产生相反的影响，即可以提高营收和用户满意度。

在亚马逊，一个100毫秒的减速实验降低了1%的销售量（Linden 2006, 10）。而一个罕见的来自必应和谷歌的联合讲演（Schurman and Brutlag 2009）则展示了性能对于关键指标的重大影响，包括去重搜索量、营收、点击量、满意度和点击需时。2012年的一个针对必应的细致研究（Kohavi et al. 2013）显示，每100毫秒的速度提升可以带来0.6%的营收增长。在2015年，当必应的性能已大大改进、服务器返回搜索结果速度的95百分位数在1秒之内时，有声音开始质疑继续提升性能是否仍有价值。一个跟踪研究表明，尽管性能对于营收的影响在一定程度上有所减少，但因为必应的营收本身已增加了如此之多，以至于每毫秒的改进比以前更值钱：4毫秒的改进就足以雇得起一个工程师长达一年之久！

"Why Performance Matters"（Wagner 2019）一文分享了多个关于性能的结果，证实了性能对于转化和用户互动的改善，尽管其中很多结果并非来自对照实验，因而有其他混杂因素。

你有可能会面对这样的决策：是否使用第三方产品来进行个性化或优化。一些产品要求你把一段JavaScript代码放在HTML网页代码的顶端，这些代码片段会严重拖慢整个网页，因为它们需要把通常大至几十个千字节的JavaScript与代码提供者传一整个来回（Schrijvers 2017, Optimizely 2018b）。但如果把这些代码片段放在低一些的位置，又会导致整个网页开始闪烁。而基于延迟实验的结果，任何目标指标的增长都有可能被延迟的增长所抵消。因此，我们建议尽可能使用服务器端来进行个性化和优化，也就是让服务器来决定变体分配（见第12章），并生成该变体所对应的HTML代码。

本章的目标是展示如何衡量性能对关键指标的影响，而非改善性能的方法。关于后者，有一些其他的优秀资料可供参考（Sullivan 2008, Souders 2007, 2009）。

这类实验的另一个益处是，你可以生成一张性能差值对关键指标差值的影响对照表，用来回答诸如以下的问题：

- 性能改进对于营收的直接影响是什么？
- 性能改进是否可以带来长期的收益（如减少用户流失）？ 82
- 它对于指标 X 的影响是什么？通常一个新功能的初始设置都不会是最优的，而如果 A/B 实验证实了指标 X 有所退化，那么加速该功能是否能够改善这个状况？新功能常会略微降低网页或应用的速度，所以对于类似需要考虑权衡取舍的决定来说，这张对照表就显得相当有用了。
- 在何处改进性能更为关键？例如，在用户必须下拉才能看到的元素上，延迟的增长可能没有那么重要。同理，右侧面板里的元素也被证明没有太大影响。

运行对照实验时，你需要把延迟隔离出来成为唯一的变量。但性能是非常难以改进的，否则工程师们早就实现了，所以我们改用一种简单的技巧：降低网页或产品的速度。通过降低实验组相对于对照组的速度，就可以很简单地衡量速度对于任意指标的影响，但这里需要做一定的假设。

5.1　关键假设：局部线性近似

减速实验的关键性假设就是，该指标（如营收）对性能的变化图线，在当前值附近可以很好地被线性拟合。这就是一阶泰勒展开的近似，或者说是线性近似。

图 5.1 展示的是一个常见的时间（性能）和感兴趣的指标（如点击率或人均营收）之间的关系曲线。通常，一个网站越快，这个指标就会越好（在本例中是越高）。

我们给实验组做减速，就是在将跟图线相交的垂线往右侧移动，同时测量指标的变化。这里所做的假设是，如果向左侧移动该垂线（即改进性能），那么左侧的垂直差是可以用我们在右侧测量到的垂直差来近似的。

这个假设是否现实？有两点原因让它成了一个合理的假设：

1）从我们自己作为用户的经验来看，搜索速度是越快越好的。很难想象到什么原因会使得该图线变得不连续或产生断层，尤其是在当前性能的数值点附

近。如果延迟的时间是 3 秒，那么我们可以预见断崖式的指标下降，但仅仅增
减十分之一秒似乎不太可能造成这样的影响。

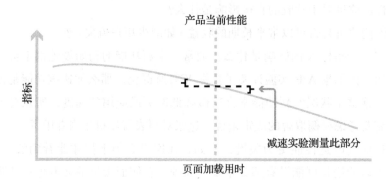

图 5.1　性能（时间）和兴趣指标之间的典型关系

2）我们可以在两处对这个图线进行抽样，以验证线性近似是否成立。具体
而言，必应曾做过一个 100 毫秒和一个 250 毫秒的减速实验，而 250 毫秒实验
中数个关键指标的差值，刚好大约是 100 毫秒实验的 2.5 倍左右（已考虑置信区
间），这就佐证了线性关系的假设。

5.2　如何测量网站的性能

网站性能的测量并非简单直接的。本小节将叙述其中牵扯到的复杂性和所
做的一些假设，这些重要的细节将会影响你的实验设计。我们会展开讲解很多
细节，以便展示现实中会遇到的一些看似简单的情况背后的复杂问题。你可以
根据情况浏览或跳过本小节。

为了可靠地测量延迟，服务器之间必须是同步的，一个请求通常会被多个
不同的服务器响应处理，而不同服务器上的时钟偏差会带来数据质量的问题（如
负的使用时长）。因此经常同步服务器的时钟是非常重要的。我们在例子中会把
客户端和服务器时间区分开来，因为它们可能处在不同的时区（见第 13 章），且
客户端的时间较为不可信，有时甚至可能会有数年的偏差（如电池没电了）。

图 5.2 展示了向一个已经高度优化的网站（比如搜索引擎）发出请求的过
程。该请求经历如下步骤：

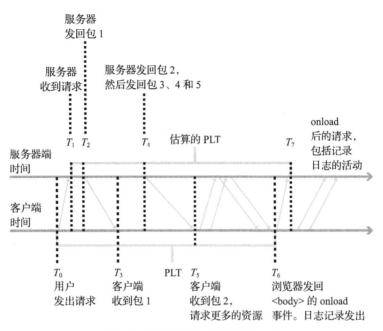

图 5.2　测量页面加载用时（PLT）

1）用户在时间点 T_0 发出了一个请求，例如在浏览器地址栏里或搜索框键入了搜索词条，然后回车或点击了放大镜标志。

2）这个请求经过一些时间后抵达了服务器，标记为 T_1。T_1-T_0 看上去非常难以估计，但其实有一个巧妙的方式可以做到这点，我们将会在下文解释。

3）服务器接受请求之后，通常会发回第一段 HTML 给客户端，此时刻标记为 T_2。

这第一段数据（包 1）跟请求本身（如搜索词或 URL 参数）是无关的，所以该响应可以非常迅速。这段代码通常包含基本页面元素，如标题、导航元素，以及 JavaScript 函数。当接受请求时立刻就给用户提供可见的反馈是有好处的：用户的当前页面通常会被清空，而网页头部和一些页面修饰（有时被称为页面框架）可以显示。由于服务器通常会花一些时间（直到 T_4）计算跟 URL 相关的网页内容（如搜索词或 URL 参数），在客户端和网络等待的空闲时间里，若能传输过去越多的代码，则页面将加载得越快。

4）在时间点 T_4，服务器开始发出剩余页面，其中可能牵扯到对更多其他元素（如图片）的来回请求和传输。

5）在时间点 T_6，浏览器发回 Onload 事件信号，表明网页加载已就绪。它此时将发出一个日志记录请求，通常是一个简单的 1×1 信标或类似的请求。这个请求在时间点 T_7 抵达服务器。在这个事件之后可能还会有其他的活动，并产生更多的记录（如用户滚屏、浮动鼠标和点击的行为）。

用户感受到的网页加载需时（Page Load Time, PLT）是 T_6-T_0，而我们测量时将用 T_7-T_1 来近似。这是因为初始请求抵达服务器的所需的时间，与 Onload 事件信号抵达服务器所需的时间很可能非常接近（两者都是小型请求），这两者之间的差别应该会非常小，以至于我们可以用 T_7-T_1 近似估计用户感受到的时间。

在新型的支持 W3C（World Wide Web Consortium）标准的浏览器里，Navigation Timing 的呼叫可以提供数个与 PLT 相关的信息（见 http://www.w3.org/TR/navigation-timing/）。而上述的测量方法更为普适，并且其数据可以和 W3C 的 Navigation Timing 完美契合。

5.3 减速实验的设计

这个初看上去很简单的实验，实际上是相当复杂的。一个问题就是应该在哪里引入减速？必应一开始尝试了放缓发回包 1（图 5.2），但这样产生的影响过大，并因为以下原因被认为是不合理的：

1. 包 1 可以被服务器迅速发回，是因为它不包括需要计算的内容，因此我们也无法改进该段的延迟。

2. 包 1 通过渲染页面框架，可以让用户得知请求已被接收了。拖延这段时间会产生很多负面影响，且这些影响与网站整体性能本身无关。

引入延时的正确位置应该是服务器结束了计算包 2，也就是与 URL 相关的 HTML 之时。我们在此处延迟发回 HTML 内容的时间，就如同服务器花了更长的时间来生成与关键词相关的内容一样。

引入的延时该有多长？这里有几个相关因素需要考虑：
- 我们所计算的每个指标都有一个置信区间。我们希望实验效应可以大到足够用来准确地估计"斜度"。图 5.3 显示了在延迟轴上观测延时为 100 毫秒和 250 毫秒时，两个可能的指标读数。如果这两个读数的置信区间

大小相似，那么在延时 250 毫秒处的观测可以提供更为严格的斜度估值
边界。这个考虑因素会倾向于较大的延时。

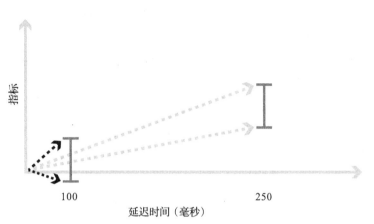

图 5.3　不同延迟时间附近的置信区间

- 延时会让一阶泰勒展开近似变得不那么准确。这个考虑因素会倾向于较短的延时。
- 长延时会给用户带来更多的负面影响，正如我们坚信越快越好一样，更慢会带来更大的损害。这个考虑因素也倾向于较短的延时。

另一个问题是，引入的延时应该是一个固定值，还是一个固定比例以考虑网络的地域性差别（如必应在南非的用户的页面加载需时非常长，所以 250 毫秒的延时可能根本感受不到）。考虑到实验是要模拟后台服务器端的延迟，一个固定值的延时是好的选择。但如果我们想要模拟网络差异所带来的效果，那么实验就可以基于如传输负载的大小，而不是延迟。

最后一个问题是，加速是对于第一页更重要，还是对于后续页面更重要。有一些加速技术（如 JavaScript 的预缓存）可以做到改善后续页面的性能。

考虑到如上的因素之后，必应决定将减速 100 毫秒和 250 毫秒作为两个合理的实验选项。

5.4　对不同页面元素的影响是不同的

页面的不同区域的性能是不同的。搜索算法结果的显示速度对于必应来说

至关重要，减速会给关键指标，如营收和关键用户指标，带来实质性的影响。

[87] 那么页面上其他的区域又如何呢？事实证明它们没有那么重要。必应的某些右侧面板里的元素是后续加载的（技术上，是在 window.onload 事件之后）。即使在一个多达 2000 万用户的减速对照实验里，如上所述，当右侧面板元素显示增加了 250 毫秒延时之后，也没有检测到关键指标存在统计意义上的显著影响。

PLT 通常是用 window.onload 事件标记有效浏览活动的结尾的，而非如上所述的过程。但是，这个测量方法在新一代网页上有严重缺陷。如 Steve Souders（2013）所指出的，一个亚马逊页面可以用 2 秒就渲染出可见的首屏（Wikipedia contributors, Above the Fold 2014），但 window.onload 事件是第 5.2 秒发出的。Schurman and Brutlag（2009）指出循序渐进渲染让网页头部更早地显示出来有助于网页加载。而反例出现在 Gmail 上：window.onload 在 3.3 秒发出，但此时其实只有进度条可见，整个首屏内容要到第 4.8 秒时才完全显示出来。

"感知性能"一词通常用来表示一个直观的概念，即当页面加载了足够多的内容时，用户就已经开始对它进行阅读阐释了。这个概念解释起来比实际测量起来要简单得多，毕竟不会有任何浏览器返回（perception.ready()）（Souders 2013）。于是人们发展出了多个测量感知性能的建议，包括：

- **首结果用时**（time to first result）。当需要显示的是一个列表时（如推特），到第一个推特出现所需要的时间就是个可行的指标。
- **首屏渲染用时**（Above the Fold Time, AFT）。你可以测量截止到首屏最后一个像素加载完毕所需的时间（Brutlag, Abrams and Meenan 2011）。这在实现时需要探索性地处理视频、动图、轮播图片，以及其他会改变首屏内容的动态元素。你也可以通过给已显示的像素比例设置一个阈值，以避免那些细碎而影响甚小的元素来拖长观测到的时间。
- **速度指数**。这是对首屏渲染用时 AFT 的推广（Meenan 2012），其对页面上可见元素的加载时间取平均值。它不会被细碎元素的延迟所影响，但还是会被首屏内的信息流所影响。
- **页面阶段加载用时**（Page Phase Time）**和用户就绪用时**（User Ready Time）。页面阶段加载用时需要指明渲染到哪一个阶段就可以达到感知性能，而这些阶段是用像素变化的速度来定义的。用户就绪用时则是去衡量到页面上不同内容各自所含的最关键元素全都准备就绪为止所需的时间（Meenan, Feng and Petrovich 2013）。

有一个避免定义感知性能的方法，就是去测量到用户第一个动作（如点击） [88]所用的时间。当我们期待用户会有某个动作时，这个技术就是有效的。点击用时（time-to-click）的一个更精细的变体是成功点击用时（time-to-success-click）。这里的"成功"可以定义为一个没有在 30 秒之内返回的点击，用以避免对"钓鱼"链接的点击。这类指标不像其他很多性能指标一样需要主观的探索尝试，也因此可以对很多变化都保持足够稳健。但它们的主要问题是只在预期用户会有某动作时有效。如果用户在搜索"巴黎现在时间"时得到了一个好用的即时答案的话，那么就不需要点击了。

5.5　极端结果

虽然速度很关键，但我们也见过一些过分夸大的结果。玛丽莎·梅耶尔在 Web 2.0 以及随后谷歌的一个演讲中，叙述了谷歌的一个实验，该实验将搜索引擎结果页面（Search Engine Result Page, SERP）中显示的搜索结果从 10 条增加到了 30 条（Linden 2006）。她宣称实验组的搜索量和营收都下降了 20%。她的解释呢？这个页面需要多花半秒时间来生成。性能确实是一个关键因素，但实际上多个因素都改变了，我们怀疑性能变化只贡献这些损失中很小的一部分。Kohavi et al.（2014）中有更多的细节。

与此相反，当时还在 Etsy 的 Dan McKinley（2012）则宣称 200 毫秒的延时无关紧要。可能对于 Etsy 用户来说，性能确实并不重要，但我们认为一个更有可能的解释是，该实验没有足够大的统计功效来检测出这个差别。告诉一个企业说性能不重要，就会使得这个网站迅速变慢，最终让它被用户抛弃。

最后，在一些罕见情况中，过快的速度反而会让用户怀疑结果是否可靠，因此一些产品引入虚拟的进度条（Bodlewski 2017）。

分析实验结果时，记得自问所需要的可信度等级是什么，并记得即使一个想法在某个网站上有用，它也未必在另一个网站上同样有效。一件你可做的事就是通报先例实验的重复性结果（无论它成功与否）。这是可以帮助科学发挥最 [89]大效用的方式。

第6章

机 构 指 标

你若不能测量一个事物，也就无法改进它。

—— 彼得·德鲁克，现代管理学之父（更长的版本来自开尔文男爵）

[西瓜指标：]……团队认为自己在达到西瓜的绿色部分的目标上做得很好，但其实他们客户的视角颇为不同，只看见了西瓜的红色部分。

—— Barclay Rae（2014）

优化用户转化时，我们发现客户常常试图去改进引擎的扭矩，却对一个漏气的轮胎熟视无睹。

—— Bryan Eisenberg and John Quarto-vonTivadar（2008）

为何你需要重视？ 机构如果希望能衡量自身的进步和实行问责制，就需要好的指标。例如，常见的机构运行的一个方式，是使用目标与关键结果（Objectives and Key Results, OKR）系统，其中目标是一个长期的目的，而关键结果则是短期的、可测量的，并趋向于目标的结果（Doerr 2018）。使用 OKR 系统时，好的指标是追踪目标进度的关键。理解机构指标的不同类型、指标需要符合的重要标准、如何建立和评估这些指标，以及指标随时间推移而演变的重要性，都有助于形成做出有数据支撑的决策所需的洞察力，无论你是否也运行线上实验。

6.1　指标的分类

在一个数据驱动的机构里，指标和与其相关的数据分析可以运用在各个层面上，从最高目标的设定到逐级下行的团队问责制皆可适用。关于一个机构或团队该用什么指标的讨论，对统一目标来说是有用的，继而可以在执行目标的过程中提供透明度和问责制（Doerr 2018）。本章会侧重于全局概述机构指标，第 7 章将讨论针对线上实验的指标，第 21 章将讨论护栏指标在给实验发出警报上的作用。

讨论机构指标时，常用的分类方法是目标指标、驱动指标和护栏指标。无论我们所谈论的机构是整个公司，还是大型机构里的某个特定团队，这个分类法都是有意义的。

目标指标，也被称为成功指标或北极星指标，它体现了机构终极关心的是什么。尝试建立这样的指标时，我们建议首先把自己想要的用语言清楚表述出来。你的产品为什么存在？你的机构的成功是什么样的？机构的领导者必须积极参与回答这样的问题，并且这些答案通常会跟使命宣言紧密相连。例如，如果微软的使命是赋能全球每一个人和每一个组织，使其达到更高的成就，而谷歌的使命是整合全球信息，那么它们的目标通常都会直接跟这些使命挂钩。

能用语言把你的目标清楚表达出来是重要的，因为从目标到指标的转化通常都不完美，你的目标指标也许只是你真正关心事物的一个近似，并且需要随着时间推移而迭代改进。让人们能理解这个局限性，以及指标与目标陈述之间的区别，对于把握公司的正确方向是至关重要的。

目标指标通常是一个指标或者极少数个指标的集合，它们可以最好地捕捉到你所追求的最终成功。这些指标在短期内可能不易改变，因为每个改进对它的作用可能都非常小，或是因为这些作用需要很长一段时间才会体现出来。

驱动指标，也被称为路标指标、代理指标、间接或预测指标，一般比目标指标更短期，变化更快也更灵敏。驱动指标反映了一个思维上的因果模型，它是关于如何做可以让机构更成功，也就是对成功的驱动力的假设，而非关于成功本身是什么样的。

很多有用的指标框架可以帮助我们考量驱动成功的元素：HEART 框架

（Happiness 幸福、Engagement 参与、Adoption 采纳、Retention 留存和 Task Success 任务成功）（Rodden, Hutchinson and Fu 2010），Dave McClure 的 PIRATE 框架（AARRR! Acquisition 获取、Activation 激活、Retention 留存、Referral 传播以及 Revenue 营收）（McClure 2007），或常用的用户漏斗方法。这些框架可以帮助分解通往成功的步骤。例如，在最终获得营收之前，一个典型的公司必须获取用户，并保证产品足够吸引人，以留住这些用户。

91

一个好的驱动指标可以指明我们正走在通往改进目标指标的正确方向上。

护栏指标保护我们不会违背假设，并有两种类型：保护业务的指标，以及评估实验结果可信赖度和内部有效性的指标。我们在这里专注于介绍第一类的机构护栏，可信赖度护栏指标将在第 21 章中讨论。

我们通常会着眼于目标指标和驱动指标，而护栏指标的重要性在于可以保证我们在通往成功的路上有正确的权衡取舍，不会违背重要的限制。例如，我们的目标可能是获得尽可能多的用户注册，但我们不希望人均参与度大幅下降。另一个例子是密码管理公司。它可能需要在安全性（没有被入侵或信息泄露）、易用性和可用度（如用户是否经常被拒绝登录）之间做权衡取舍。这里安全性可以作为目标指标，而易用性和可用度可以作为护栏指标。最后，页面加载用时大概不能作为一个目标指标，但我们仍然需要确认新功能没有使页面加载用时变差（见第 5 章）。护栏指标通常比目标指标或驱动指标更灵敏。更多护栏指标的例子见第 21 章。

我们认为按目标指标、驱动指标和护栏指标的分类可以提供恰到好处的颗粒度和完整度，与此同时还有一些其他的业务指标分类方法：

- **存量和参与度指标**：存量指标衡量静态的储量，如脸书的总用户（账户）数量或总关系连接数。参与度指标则衡量用户从自身或其他用户的动作中得到的价值，如一个会话或一个页面浏览。

- **业务和运营指标**：业务指标，如人均营收或日活用户数，追踪业务的健康程度。而运营指标，如每秒搜索量，则衡量运营是否出现了问题。

第 7 章将深入讨论线上实验的指标，此处想指出的是，其他类型的指标也被广泛地运用在实验中。**数据质量指标**保证实验所需的内部有效性和实验的可信赖度（见第 3 章和第 21 章）。在目标指标、驱动指标或护栏指标出现问题，需要深究的情况下，**诊断或调试指标**会很有用。它们可以提供额外的颗粒度，或是一些日常追踪会显得太过细节、但针对特定情境研究时就很有用的其他信息。

[92] 例如，如果点击率是个关键指标，那么你可能会有 20 个指标来反映网页不同位置的点击率。又或者，如果营收是个关键指标，那么你可能会把它分解成两个指标：一个布尔值的（0/1）营收指数，用来表明用户究竟是否进行了购买；以及一个条件营收指标，当用户有购买行动时取营收值，否则取空值（求平均值时，只有购买过的用户的营收会被计入平均值）。平均总营收是这两个指标的乘积，而它们是营收的不同方面。营收的增长 / 减少，是因为更多 / 更少的人购买了，还是因为平均售价改变了？

　　无论使用什么样的指标分类方法，讨论指标都是有益处的，因为对指标达成一致需要清晰明确的目标表述和统一。这些指标可以应用于公司层面、团队层面、功能层面或个人层面，并可以被应用于从管理层汇报到工程系统监控的各个地方。随着时间的推移，指标也应该被迭代改进，这一方面是因为机构本身在发展和变化，另一方面是人们对指标的理解也在发展和变化。

　　我们经常需要同时在公司层面和团队层面衡量目标指标、驱动指标和护栏指标。每个团队可能对于公司的总体成功有不同的贡献。有些团队可能侧重于采纳度，其他团队更多侧重于幸福度，另外一些则侧重于留存、性能或延迟。每个团队都必须明确叙述自己的目标，以及关于该指标是如何与公司总体指标挂钩的假设。同样的指标在不同团队里可能有不同的作用。有些团队可能会把延迟或其他性能指标作为护栏指标，而一些基础框架团队则可能会把同样的延迟或性能指标作为目标指标，并把其他业务指标作为护栏指标。

　　例如，假设你的产品的总体目标是长期营收，业务层面的驱动指标是用户参与度和留存。现在你有了一个团队去做该产品的支持网站。这个团队试图把"网站停留时长"作为关键指标去改进，但花更多的时间在该网站上究竟是好事还是坏事？这一类的讨论对于公司的每个层面能达到理解和统一都是有用的。

　　Parmenter 在 *Key Performance Indicators*（2015）里用图 6.1 强调了统一目标指标和驱动指标对于整体业务战略的重要性。

　　基于机构的不同大小和目的，机构可能会有很多团队，每一个团队都有自己的目标指标、驱动指标和护栏指标，它们都必须与机构整体的目标指标、驱动指标和护栏指标统一。

[93]

团队方向

战略方向

战略方向

图 6.1 把每个团队的指标与总体目标和战略方向统一是非常重要的

6.2 指标的制定：原则和技术

现在你已把何为成功以及可能的驱动因素都用语言叙述出来了，那么就让我们开始制定指标。这里我们要把定性的概念转化为一个实际的可量化的定义。在一些案例中，如营收，其答案可能是很明显的。但也可能有公司把成功定义为长期营收，这比当下的营收更难测量。另一些难以测量的成功概念包括用户幸福度和用户信任度。

制定目标和驱动指标时的关键原则有：

1）确保你的目标指标是：

- **简单的**：易理解和可以被利益相关者广泛接受。
- **稳定的**：不需要每次都为了一个新功能而更新目标指标。

2）确保驱动指标是：

- **与目标统一的**：重要的是，要验证驱动指标确实可以驱动成功。一个常用的验证技术是专门为该目的设计线上实验。我们会在之后继续讨论这点。
- **可行动的和相关的**：团队必须能感觉到他们有途径（如通过产品功能）去改变这些指标。
- **灵敏的**：驱动指标是目标指标的先导指数。你需要确保它们足够灵敏，能够衡量出大部分改动的效果。
- **不容易被操纵的**：因为驱动指标和目标指标是用来衡量成功的，别让它们很容易就被骗过。通盘考虑一下动机、指标可能会驱动的行为，以及它可能会如何被操纵。见 6.7 节。

熟悉记忆这些原则后，以下是一些制定指标时有用的技巧和考量：

- 通过小规模方法得到的假设去形成想法，然后用大型数据分析来验证这些想法，从而做出精确的定义（见第 10 章）。例如，用户幸福度或用户任务成功度也许只能通过用户调研来直接衡量，这并非一个可以规模化的方法。但我们可以通过做调研或用户体验调研（User Experience Research, UER，见第 10 章）来观察哪些行为跟成功和幸福感相关联。你可以用线上日志做大型数据分析来探索这些行动的模式，以决定这些指标是否可以作为高阶指标。一个实际的例子是跳出率，也就是那些只在网站上停留很短时间的用户比例。我们可能注意到，短时间的停留与不满意有所关联。把这个观测跟数据分析结合起来，就可以帮助确定精确定义一个指标所需的阈值（阈值应该是 1 个页面浏览？ 20 秒？）（Dmitriev and Wu 2016, Huang, White and Dumais 2012）。

- 在定义目标指标或驱动指标时，需要考虑质量。如果用户点击了一个搜索结果后立刻又点了返回按钮，那么这就是一个"坏"的点击；如果一个新注册的用户保持活跃的网站参与度，那么这就是一个"好"的注册；如果一个领英个人主页包含了足够多的信息来展示该用户，包括教育背景或过去和现在的工作经历，那么它就是一个"好"的主页。把质量的概念纳入你的目标指标和驱动指标中，比如结合人工评估（见第 10 章），会使这些指标的变动有更切实际的解释，并用以作为决策的基础。

- 把统计模型纳入指标定义时，让模型一直保持可解释性和可验证性是非常必要的。比如若要测量一个订阅的长期营收，通常会基于预测的生存概率计算一个终生价值（LifeTime Value, LTV）。但如果生存函数太过复杂，那么它可能就很难被利益相关者所采纳，尤其在指标有突发的降低需要被深入调查时。另一个例子是奈飞的驱动指标之一是被分桶的观看小时数，因为它们是可解释的，并可以反映长期的用户留存（Xie and Aurisset 2016）。

- 有时候精确测量你不想要的事物反而比测量你想要的更简单，如用户的不满意度或不幸福度。例如，用户需要在一个网站上待多久才可以被认为是"满意"的了？对于有任务的网站如搜索引擎而言，比起在搜索结果所指向的网站上的长时间访问，通常短暂的访问被认为与不满意更相关。话虽如此，一个长时间访问既可能表示一个用户找到了所需要的东西，也可能实际上是因为他们很努力地寻找了，却被挫败。如此可见，负面指标和护栏指标或调试指标一样是有用的。

- 永远记住，指标本身只是一个近似；每个指标都有它自己的失败案例合集。例如，一个搜索引擎可能会使用点击率 CTR 来测量用户参与度，但仅驱动 CTR 会导致钓鱼点击的增加。对于这种情况，你需要建立更多的指标来衡量边缘案例。在这个例子中，一个可能性是使用人工评估（见第 10 章）作为指标来测量关联性，以及制衡那种鼓励钓鱼点击的倾向。

95

6.3　指标的评估

我们概述了一些制定指标时需要遵循的原则。大部分指标的评估和验证都发生在制定阶段，但还是有些工作需要随着时间的推移而持续进行。例如，在添加新的指标之前，需要测评它是否能在你现有指标的基础上带来额外信息。终生价值指标必须不时被评估，以确保预测误差保持在一个很低的水平。用于线上实验的重要指标必须定期地被评估，以确定它们是否在鼓励指标操纵（如一个指标定义里的阈值是否会造成不恰当地把注意力放在让用户超越该阈值的努力上）。

一个最常见而具有挑战性的评估就是，建立从驱动指标到机构目标指标之间的因果关系，也就是说，该驱动指标是否真的可以驱使目标指标。关于盈利性机构，Kaplan 和 Norton（Kaplan and Norton 1996）写道："最终，所有在指标板上测量的指标都应该引导归结到财务目标。"Hauser 和 Katz（Hauser and Katz 1998）写道："公司必须选出团队现在就可以影响的指标，但最终，这些指标需要影响到公司的长期目标。"Spitzer（Spitzer 2007）写道："测量框架最初是由对关键指标以及它们的因果假设（假定）所构成的。这些假设之后会被真实数据检测，并可以被验证、推翻或修改。"这个特性是最难被满足的，因为我们通常并不知道所隐含的因果模型，而只有一个假设的思维上的因果模型而已。

以下是一些解决因果检验的提纲挈领的方法，你也可以用于其他类型的指标评估：

- 使用其他数据源，例如调研、焦点小组或用户体验调研来检查它们是否都指向同一个方向。
- 分析观测所得数据。从观测数据中建立因果关系是很难的（见第 11 章），但一个仔细进行的观测研究有助于否定错误的假设。

- 检查其他公司是否做过类似的验证。例如，数个公司曾经分享过研究，展示了网站速度会影响营收和用户参与度（见第 5 章）。另一个例子是，有研究显示应用程序的大小会影响到应用程序的下载量（Reinhardt 2016, Tolomei 2017）。

- 以评估指标为主要目的运行线上实验。例如，为了确定一个用户忠诚计划是否增加了用户留存，并因此增加了用户 LTV，可以做一个缓慢推出这个用户忠诚计划的线上实验，并且测量留存和用户 LTV。我们需要指出的是，这类实验通常只能测试一个相对狭隘的假设，所以仍旧需要一些工作来推广其结果。

- 用历史实验集合作为"黄金"样例来评估新的指标。非常重要的一点是，这些实验必须是被深入理解并且可信赖的。我们可以用这些历史实验来检查灵敏度和因果统一性（Dmitriev and Wu 2016）。

注意对于护栏指标来说，这些从驱动指标关联到目标指标的困难是同样存在的。第 5 章举例说明了如何通过实验来测量延迟这一护栏指标对目标指标的影响。

6.4 指标的演变

指标的定义会随时间而演变。即使概念本身没有变化，具体的定义仍然可能有所改变。这些改变会发生是因为：

- 业务有所变化：公司可能成长了，并且有了新的业务线。这可能使得公司的重点发生转移，如从采纳度转移到参与度和留存度。一种需要指出的特定变化是用户群的迁移。请注意当计算指标或运行实验时，所有的数据都来自现有的用户群。尤其是对早期产品和初创企业来说，早期用户可能无法代表业务长期发展所希望获取的用户群。（Forte 2019）

- 环境有所变化：竞争格局可能发生了变化，如更多用户开始担忧隐私问题，或政府的新政策开始生效了。所有这样的变化都可以让业务的侧重点或远景发生变化，并因此改变你的指标所衡量的事物。

- 对指标的理解有所变化：即使是在制定阶段曾认真评估过的指标，在现实中观测到它的表现之后（如可操纵性），你还是会发现可以改进的方 [97] 面，比如更多的颗粒度或不同的指标方案。Hubbard (Hubbard 2014) 讨论了信息期望值（Expected Value of Information, EVI），这个概念反映了额外的信息如何帮助你做出决策。花时间和精力去研究指标和修改现有指标有着较高的 EVI。仅仅有敏捷的行动和测量还不够，你必须确保指标引导你朝着正确方向前进。

一些指标可能比其他指标演化得更快。例如，驱动指标、护栏指标或数据质量指标可能会比目标指标演化得快，因为它们通常会被方法的改进所驱动，而并非被根本的业务或环境的变化所驱动。

正因为指标会随时间演化，你更需要在机构成长时结构化地处理指标的变化。具体来说，你需要基础框架来支撑对新指标的评估、对数据表结构的变动，以及对所需数据的回填等。

6.5 更多的资源

有不少关于指标、测量和性能指数的好书（Spitzer 2007, Parmenter 2015, McChesney, Covey and Huling 2012）。Spitzer 指出，"测量可以如此有力，是因为它有策动行动的能力——提供给人们可以在正确的时间做正确的事的机会。"在对照实验的语境下，因为实验改动是造成各个指标变化的原因（越是统计显著的效果越有可能），制定关键指标就是对创新想法在某些感兴趣的维度上的价值评估。

6.6 补充材料：护栏指标

护栏指标有两类：与可信赖度相关的护栏指标，以及机构的护栏指标。第 21 章将更详细的讨论与可信赖度相关的护栏指标，因为它们对于确保实验结果的可信赖度来说是必需的。这里我们将讨论机构的护栏指标。

正如我们在第 5 章中讨论的，哪怕只有几个毫秒的延迟增加也会导致营收的损失和用户满意度的降低。因此，延迟通常被用作护栏指标，因为它 [98]

如此灵敏，尤其是相对营收和用户满意度指标而言。很多团队在开发新功能以改进目标指标或驱动指标的同时，通常也会检查延迟，并试图确保新功能不会增加延迟。否则就会触发关于权衡取舍的讨论，如新功能的作用是否值得延时的增长，是否有其他的方式可以缓解延时增长，或者是否有其他功能可以改进（降低）延时，以抵消对该功能的影响。

很多机构护栏指标也跟延迟和灵敏指标类似，是测量已知会影响目标指标或驱动指标的现象的，但大部分团队不应该会影响它们。这类指标的例子包括：

1）平均页面返回 HTML 大小。在网站上，服务器回应大小是一个即将发回大量代码（如 JavaScript）的早期指数。对这样的变化发出警报，是一个找到可优化的低质量代码的好方式。

2）平均页面 JavaScript 错误数。页面平均错误数变差（即增加），是阻碍功能发布的。对该 JavaScript 问题按浏览器分类，则可以帮助确定错误是否跟浏览器相关。

3）人均营收。一个负责部分产品的团队，如负责关联模型的团队，可能不会意识到他们有损营收。人均营收通常有很大的统计方差，所以它不像护栏指标那样灵敏。于是更灵敏的变异版本可以作为更好的替代，如用户营收指示符（用户是否有营收：是 / 否）、添加阈值的人均营收（如果阈值是 X，则高于 X 美元的都会被限定成 X 美元）和平均页面营收（页面的数量更多，尽管计算方差时必须小心，见第 22 章）。

4）人均页面浏览量。因为很多指标是按页面测量的（如 CTR），人均页面浏览量的改变意味着很多指标的改变。分析时偏重分子是很自然的，但如果人均页面浏览量的变化是因为分母改变了，这就需要一些思考了。如果这个变化不是预期中的，其原因就值得深究（Dmitriev et al. 2017）。注意人均页面浏览量不一定在所有情况下都可以作为护栏指标，例如，测试无限滚动功能时，人均页面浏览量几乎肯定会改变。

5）客户端崩溃。对客户端的软件（例如 Office Word/PowerPoint/Excel，Adobe Reader）或手机应用程序（如脸书、领英、我的世界（Minecraft）、奈飞）而言，崩溃率是一个重要的护栏指标。作为对计数类指标（人均崩溃数）

的补充，指数类指标是常用的（用户有没有在实验过程中经历崩溃），并对所
有用户取平均值，指示符（indicator）的方差通常较低，因而可以更早地检测到统计显著性。

不同的团队可能会互换目标指标、驱动指标和护栏指标。例如，当大部分团队都使用通用的目标指标、驱动指标和护栏指标时，一个基础设施团队可能在用性能或机构护栏指标作为目标指标（并把产品组的目标指标和驱动指标作为护栏指标）。就像驱动指标一样，建立起护栏指标和目标指标的直接因果关系是很重要的，正如我们在第 5 章中所做的那样。

6.7 补充材料：可操纵性

你的目标指标和驱动指标需要是难以被操纵的：人们一旦被分配了一个数字化的目标指标，就可能变得投机取巧，尤其是测量结果与奖励挂钩时。历史上曾有过无数的先例：

- Vasili Alexeyev，一位著名俄罗斯超重量级举重选手，曾有人在他每次打破世界纪录时提供奖励以示嘉奖。结果，他保持每次以一两克的差别打破世界纪录，来最大化奖励的收益（Spitzer 2007）。

- 一个快餐店的经理拼尽全力获得了完美百分百的"炸鸡效率"奖（卖出的炸鸡对扔掉数量的比例）。他的方法是等到有人点餐了才开始制作。他得到了这个奖，却让餐厅由于等候时间过长而倒闭（Spitzer 2007）。

- 一个公司给中央仓库的备用零件管理者颁发奖金，以奖励保持低库存量。但其结果是，仓库里没有必要的备用零件，公司不得不停止运营以等待零件下单后到货（Spitzer 2007）。

- 英国一家医院的经理们对在事故和急诊中接待病人所需的时间甚是关注。他们决定测量从患者挂号开始到见到在院医生之间的用时。于是护士开始要求护理人员将患者留在救护车内，直到一位在院医生可以见他们为止，以改进"接待病人所需的平均时间"（Parmenter 2015）。

[100]
- 在法国殖民法令管制下的河内市，一个方案试图通过给上交的每条老鼠尾巴付赏金来消灭老鼠。事与愿违的是，它导致了老鼠豢养（Vann 2003）。一个类似的例子（尽管很可能只是趣闻轶事）是关于眼镜蛇的，据推测英国政府给德里的每条死眼镜蛇付赏金，使得人们开始通过养眼镜蛇牟利（Wikipedia contributors, Cobra Effect 2019）。
- 在 1945 年到 1960 年之间，加拿大政府付给孤儿院每天每个孤儿 0.7 加元，而精神病医院每天可以获得每个病人 2.25 加元。据称，有两万多名孤儿被错误地鉴定为精神病患者，以便天主教教堂可以因每个病人获得 2.25 加元（Wikipedia contributors, Data dredging 2019）。
- 按照火警数量给救火队拨款，本意是想奖励那些工作量更大的救火队。但这可能会让救火队不愿意去做减少火灾数量的火灾预防工作（Wikipedia contributors, Perverse Incentive 2019）。

这些例子展示了谨慎挑选指标的重要性，那么线上领域又是如何发生的呢？一个常见的情境是把短期营收作为关键指标。然而，你可以通过提价或让网站充斥广告来提高短期收益，任意一种方法都很可能会让用户放弃网站，从而造成客户 LTV 的下降。客户 LTV 是在考虑指标时一个有用的指导性原则。更一般地说，很多不受限制的指标都是可被操纵的。一个受限于页面空间或质量测量的广告营收指标，是一个可保障高质量用户体验的更好指标。没有质量控制的无结果返回的搜索数量也是一个可以操纵的指标，因为你永远可以给用户返回一些很差的搜索结果。

通常，我们推荐使用测量用户价值和行为的指标。你应该避免对于通常被用户所忽略的网站行为计数的浮华指标（vanity metric）（条幅广告数就是一个浮华指标，因为对广告的点击才表示了潜在的用户兴趣）。在脸书，制造用户"点赞"就是这样一个例子，这个界面功能既可以抓取用户行为，又是用户体验的根本的一部分。

[101]

|第 7 章|
实验指标和综合评估标准

你怎么测量我，我就怎么表现。

——伊利雅胡·M. 高德拉特（1990）

第一准则是：任何测量都好过没有测量。但是一个真正有效的测量指标可以显示一个工作个体的产出，而不仅仅是该个体做了什么。这就像销售代表的业绩是由他完成的订单数量来衡量的，而不是他打了多少电话。

——安德鲁·S. 格鲁夫，*High Output Management*（1995）

为何你需要重视：为了设计和运行一个好的线上对照实验，测量指标需要具备一些特定性质。它们需要在短期（实验运行期间）内可测量可计算，并且足够灵敏和及时。如果你用多个指标来测量一个实验，理想状态下它们最好被组合成一个综合评估标准（Overall Evaluation Criterion, OEC）。你需要确信这个OEC与你的长期目标有因果关系。通常你需要多次迭代来调整和改进OEC，但是正如前面引用中伊利雅胡所指出的，OEC提供了一个明确的机制来统一协调机构的各部门。

7.1 从业务指标到适用于实验的指标

第6章讨论了数据驱动的机构通常使用目标、驱动和护栏这三类指标来协调和执行业务目标，以及实现透明化与问责制。但是，业务指标可能不适合直接用于线上实验，因为实验用的指标需要满足：

- 可测量：即使是在互联网的世界里，也不是所有的效应都容易被测量。例如，售后满意度就很难测量。

- 可归因：出于实验目的来计算指标时，你需要将指标归因于某个实验变体。例如，要分析实验组是不是比对照组导致了更高的程序崩溃率，你需要将程序的崩溃明确归因于某个实验变体。有时，当指标是由其他数据供应者如第三方所提供时，可能无法实现这种归因。

- 灵敏和及时：实验用的指标需要足够灵敏并能及时检测到差异。灵敏度取决于指标的统计方差、效应量（实验组和对照组在实验中表现出的差异），以及样本量大小（例如被随机化的用户的数量）。一个不灵敏的指标的极端例子是，你可以运行一个对照实验，并把这个公司的股价作为指标。由于日常产品改动在实验期间对公司股价的影响微乎其微，那么这样的指标就是极其不灵敏的。另一个极端例子是，你可以把新功能的存在性作为实验的指标，这样的指标是很灵敏，但它没有任何关于用户的有用信息。在这两个极端之间，产品新版本的点击是一个灵敏的指标，但是有局部性：点击指标无法捕捉到实验改动对页面其他部分的影响以及对其他功能的侵蚀。全页面点击指标（特别是如果加上了对快速回退用户的惩罚）、"成功"（例如下单）的衡量指标，以及到达成功所需时间这三种指标通常是实验的好的关键指标，并且是足够灵敏的。参见Dmitriev and Wu（2016）对这一问题的深入讨论。接下来有几个更普遍的例子：

  - 对于广告营收来说，常见的现象是少数几个离群值对整体营收有不成比例的大的影响，比如说一部分点击有很高的点击计费。这些昂贵的点击带来的营收需要和其他营收一样被包括在业绩汇报里，但是在实验中它们会有较大的方差，进而使得探测实验效应变得困难。出于这样的原因，你可以考虑采用添加阈值的营收（选择一个阈值，如果营

收数据超过这个阈值就将其用该阈值替代）作为一个更灵敏的实验的
指标（见第 22 章）。

- 一些订阅服务以年为单位续订。除非你愿意运行一个长达一年的实验，否则很难测量对续订率的影响。对于这种情况，我们不能用续订率作为实验指标，而是需要寻找代理指标，比如服务的使用量，这类指标往往可以提早显示用户对服务的满意度，并最终影响续订率。

基于这些考量，我们会发现，不是所有用于业务汇报的指标都适用于实验。我们同意安德鲁·格鲁夫的论述：有疑虑就多做些测量，但更重要的是，仔细想想到底要优化什么。单纯优化网站逗留时间这个指标而忽略质量指标（如好的 /成功的会话（session））会导致网站充斥各种插播网页而变得缓慢。这在短期内可以提高在线时长，但从长期来看会导致用户放弃访问该网站。

通常在实验中，我们会选择一部分业务指标、驱动指标以及公司层面上的护栏指标作为实验指标来追踪。这些指标要具有这些性质：可测量、可计算、准确和及时。接下来你还需要考虑在实验指标中加入这些成员：

- 针对业务目标指标和驱动指标补充的代理指标。
- 更多的细分指标，在产品功能层面上来帮助理解某些特定功能带来的变化。比如，页面点击率可以分解为页面的各个功能区的点击率。
- 额外的关于可信度和数据质量的护栏指标（见第 21 章）。
- 诊断和调试指标：这样的指标因为太细分，不会作为日常监测的对象，但是当其他重要指标出了问题时，你需要这些指标来帮助诊断。

基于指标的各种不同的分类和实用案例，典型的实验分析看板会包括一些关键指标和成百上千的其他指标，每个指标都可以根据维度（例如浏览器或市场）进一步细分。

7.2　将关键指标组合成一个 OEC

一种常见的状况是：你有多个目标和驱动指标，这种情况下该怎么做决策呢？是只选一个指标，还是用多个指标？还是将它们组合成一个新的指标？

有些书倡导只用一个指标。*Lean Analytics*（Croll and Yoskovitz 2013）建议用"一个最关键的指标"。*The 4 Disciplines of Execution*（McChesney, Covey and Huling 2012）则建议把注意力集中在"重要的不得了"的指标上。我们觉得，这些倡议诚然鼓舞人心，但实有复杂问题简单化的嫌疑。除却少数不太重要的场景，通常没有一个单独的指标能够完全捕捉到一个业务的优化目标。Kaplan and Norton（1996）举了个很好的例子：想象在一架现代化的喷气式飞机里，你能只给飞行员的仪表盘上放一个指标吗？是放飞行速度或高度，还是剩余油量？你知道飞行员需要所有这些甚至更多的指标。运营线上业务时，你要关心好几个关键指标和驱动指标，典型的像用户参与度指标（如活跃天数、人均会话数、人均点击量），以及跟钱有关的指标（如人均营收）。通常不存在只优化某一个单独的指标的情况。

在实践中，许多组织会考察多个关键指标，并且做好一些取舍模型来应对可能的指标组合。例如，他们很清楚愿意流失多少用户来增加留存用户的参与度和因此带来的营收，而另一些专注增长的组织则不会接受类似的取舍。

通常，当存在这样的思维模式时，设计一个单独的、由组织的各项目标的加权组合构成的 OEC 是一个不错的解决方案（Roy 2001, 50, 405-429）。像其他所有指标一样，保证这样的指标不容易被钻空子是很重要的（参见第 6 章的补充工具栏：可操纵性）。比方说，篮球比赛的计分板并不单独记录每个二分球或者三分球，而是记录每个球队的总得分。这个总得分就是他们的 OEC。FICO 信用分将许多指标统合整理成一个单独的指标，这个指标是一个 300 分到 800 分之间的分数。能够设计出一个单独的综合评估指标对于体育和商业都十分重要。这样一个单独的指标使得成功的定义变得十分清晰，并且帮助整个组织在取舍问题上很好地协调起来。更重要的是，通过讨论和明确取舍模型，整个决策过程更加一致，参与者们更好地理解了这种综合评估指标的局限性以便日后改进。这种方法能够赋能团队，使他们在做决策时不必向上级请示汇报，从而让整个过程更加自动化。

如果你有多个指标，Roy（2001）提出一种做法，是将每个指标相对一个指定范围（例如 0 到 1 之间）进行标准化，并且给每个指标赋予一个权重值。这样 OEC 就是这些标准化指标的权重和。

在一开始的时候提出一个权重组合有可能是困难的，但是你可以从将决策模式分为四类来入手：

1）如果关键指标有的是平的（统计不显著的）而有的是正向的（统计显著

的），且至少有一个指标是正向的，那么这个新产品改动就可以发布。

2）如果关键指标有的是平的（统计不显著的）而有的是负向的（统计显著的），且至少有一个指标是负向的，那么这个新产品改动就不可以发布。

3）如果关键指标全都是平的（统计不显著的），那么这个新产品改动就暂时不能发布，需要考虑增加样本量、放弃或者改变产品方向。

4）如果关键指标有的是正向的而有的是负向的，那么决策应基于取舍模型。当你累积了足够多的类似的决策经验后，就可以开始制定权重了。

如果你无法将关键指标整合成一个 OEC，那么可以试着尽可能减少关键指标的数量。Pfeffer and Sutton（1999）提出了对 "Otis Redding" 问题的警告：这个问题源于一首著名的歌曲：Sitting by the Dock of the Bay 里面有一句歌词是 "十个人叫我做这做那我做不到，那我干脆保持原地不动"。设置太多指标会导致认知过载、过度复杂，还有可能导致组织忽略了关键指标。减少指标的数量还有助于缓解统计中的多重比较问题。

经验法则推荐使用五个左右的关键指标。当采用 0.05 作为显著性标准时，这一标准有可能被滥用或者被钻空子（Wikipedia contributors, Multiple Comparisons problem 2019），但我们仍然可以用统计概念理解这个法则。从统计的角度讲，如果原假设是真（没有差异），那么一个指标的 p 值小于 0.05 的概率是 5%。当你有 K 个这样的独立指标时，至少有一个指标的 p 值小于 0.05 的概率是 $1-(1-0.05)^K$。假设 K 等于 5，那么你就有 23% 的可能性发现至少有一个指标是统计显著的。如果 K 等于 10，那么这个概率上升到了 40%。你的指标越多，发现统计显著的指标的可能性就越大，从而带来潜在的冲突和疑问。

使用 OEC 的最后一个好处是，你可以自动发布新产品改动（简单的实验设计和参数搜寻）。

7.3　案例：亚马逊电子邮件的 OEC

亚马逊搭建了一套电子邮件系统，该系统可以根据计划好的促销活动和目标客户发送邮件，例如（Kohavi and Longbotham 2010）：

- 之前购买了的书籍的作者发布了新作品：邮件系统就会给顾客发邮件通知。

- 消费历史：根据亚马逊的推荐算法，发送这样的邮件——"根据您的过往购买记录或您已经拥有的产品，亚马逊有这些新的推荐。"

106

- 交叉授粉式促销：许多程序是人工定制的，根据顾客从某些特定的产品组合中购买的产品，来发邮件推荐产品。

那么问题来了：应该用何种 OEC 衡量这些程序呢？最初采用的 OEC，在亚马逊也叫"适用性函数"，根据每种推荐策略带来的点击所创造的营收打分。

但是，这样的指标随着邮件数量增加而单调递增，更多的促销和更多的邮件就一定会增加营收，这导致了垃圾邮件骚扰用户的状况。注意，即使我们比较的是实验组（收到促销邮件）和对照组（不会收到促销邮件），增加邮件数量就能增加营收这一现象也是成立的。

当用户开始抱怨收到太多邮件时，警报就此浮现。亚马逊最初的解决方案是增加一条限制：一个用户每 X 天最多只能收到一封邮件。他们建立了一个邮件警报机制，但这样一来，问题就变成了一个优化问题：如果有多封邮件锁定了同一个用户，哪封邮件应该被发出呢？如何确定哪些用户也许愿意接收多封邮件，如果他们确实觉得这些邮件有用呢？

亚马逊的关键洞察是，点击带来的营收作为 OEC，是针对短期营收而不是用户的终生价值来优化的。被烦扰到的用户会退订邮件，亚马逊就失去了将来针对这些客户的机会。亚马逊构建了一个简单的模型，来定义当用户退订邮件时用户终生价值机会损失的下限。他们的 OEC 是这样的：

$$OEC = \left(\sum_i Rev_i {}^{\ominus} - s * unsubscribe\_lifetime\_loss \right) \Big/ n$$

- i 的范围是邮件的所有接收者
- s 是实验或对照组中退订邮件用户的数量
- $unsubscribe\_lifetime\_loss$ 是假设终生无法给用户发邮件，所带来的估计的营收损失。
- n 是实验组中用户的数量。

当亚马逊将这一 OEC 运用于实践时，他们定义的终生价值损失值只有几美元，然而多半的促销活动的推荐策略都显示了负的 OEC。

更有趣的是，意识到邮件退订会带来这么大的损失，亚马逊把退订页面从

⊖ "Rev 是营收（Revenue）的意思。——译者注

"退订所有亚马逊邮件"改成了"只退订促销类别"。这一改变大幅度的减轻了　107
退订带来的损失。

7.4　案例：必应搜索引擎的 OEC

必应使用两个组织层面的关键指标来评估进展：搜索份额和营收。具体细节在"Trustworthy online controlled experiments: Five puzzling outcomes explained"（Kohavi et al.2012）一文中有展开。文章中的案例显示了短期和长期目标会带来严重分歧。这一问题也在 *Data Science Interviews Exposed* 一书中有所涵盖（Huang et al. 2015）。

当必应有一个排序漏洞时，它导致实验组的用户看到了一些很差的搜索结果，然而两个组织层面的关键指标却显著改善了：每个用户的去重查询的数量增加了 10%，人均营收上升了超过 30%。搜索引擎的 OEC 应该是怎样的呢？显然，搜索引擎的长期目标与这两个关键指标在实验中是不统一的。不然的话，搜索引擎就应该故意降低搜索质量来提高查询份额和营收。

糟糕的搜索结果（主要是前十条结果）强迫用户进行更多查询（增加了单个用户的查询量）并点击更多广告（增加营收）。要理解这一问题，让我们来解构一下查询份额：

当月查询份额的定义是，一个月内去重查询的个数除以当月所有搜索引擎的去重查询个数。当月的去重查询可以按公式 7.1 分解为下面三项的乘积：

$$n* \text{当月的用户数} \times \text{人均会话数} \times \text{会话平均的去重查询个数} \qquad (7.1)$$

第二项跟第三项是按月计算的，一个会话的开始被定义为用户开始第一个查询，结束则是用户在 30 分钟内在搜索引擎上没有活动。

如果一个搜索引擎的目标是让用户找到他们的答案或者快速完成任务，那么减少每个任务所需的去重查询数量就是一个清晰的目标，这一目标与增加搜索份额的目标是冲突的。这个指标与每个会话的去重查询的数量（比每任务的去重查询的数量更容易测量）高度相关，去重查询的数量本身不应该被用作搜索相关实验的 OEC。

根据公式 7.1 对去重查询的分解，让我们来看一下下面三项：　108

1）当月用户数。在一个对照实验中，去重用户的数量是由设计决定的。例如，对于五五开的 A/B 实验，每个实验变体的用户数大约相同，所以无法用这一项来作为对照实验的 OEC。

2）每个任务的平均去重查询的数量应该减少，然而很难测量这个指标。你可以用每个会话的去重查询数量来作为代理指标，但这个指标有些不易察觉的问题：虽然它的增加代表着用户不得不使用更多查询来完成一个任务，但是减少也可能是由于用户放弃了。所以，你可以将减小这个指标作为目标，只要同时检查任务是不是成功完成了（即放弃没有增多）。

3）人均会话数是对照实验的关键指标，需要被优化（增加）。满意的用户会更经常地访问站点。

类似地，在搜索和广告的对照实验中，人均营收也不应该在没有其他限制的情况下被用作 OEC。查看营收指标时，我们希望增加营收同时不对用户参与度造成负面影响。一种常见的限制是限制每个广告可以使用的像素点的平均数。增加每次搜索的营收在这一限制条件下就变成了一个约束最优化问题。

7.5 Goodhart 法则、Campbell 法则以及 Lucas 批判

OEC 在短期内（实验期间）必须可以测量，并且我们相信它跟长期的战略目标存在因果关系。Goodhart 法则、Campbell 法则和 Lucas 批判都着重指出相关性不代表因果关系。很多情况下，组织在选择 OEC 时都被相关性迷惑了。

Charles Goodhart 是一位英国经济学家。他首次阐述了这样的法则："一旦被施加了作为对照目的的压力，任何可以被观察到的统计规律都最终趋于崩塌。"（Goodhart 1975, Chrystal and Mizen 2001）今天，这一法则更常见地被引用为："当一个测量变成目标时，它就不再是一个好的测量。"（Goodhart's Law 2018, Strathern 1997）

Campbell 法则，得名于 Donald Campbell，阐述了"任何定量的社会学指标用于社会性决策的次数越多，它就会越屈服于腐败的压力而变得主观，一旦如此，它就会曲解和腐化那些本来要监控的社会进程"（Campbell's Law 2018, Campbell 1979）。

[109] Lucas 批判（Lucas critique 2018, Lucas 1976）观察到在历史观测数据中的关系是无法被考虑为结构性的或者因果关系的。政策上的决定会改变经济模型

的结构，这样一来历史上的关联性就不再成立了。例如，飞利浦曲线显示了历史上通货膨胀同失业率是负相关的。1861 至 1957 年间英国的一项研究表明，当通货膨胀率高时，失业率反而低，反之亦然（Phillips 1958）。通过提高通货膨胀来降低失业率的希望是建立在一个错误的因果关系的假设上的。事实上，1973 至 1975 年的美国经济衰退期间，通货膨胀率和失业率都上升了。从一个更长的时间跨度来看，现在的观点是通货膨胀率和失业率没有因果关系（Hoover 2008）。

Tim Harford 通过这样的例子阐述了使用历史数据时的谬误（Harford 2014, 147）："Fort Knox[⊖]从来都没有被抢劫，所以我们应该解雇保卫以省点钱。"你不能只看历史数据，需要想想它背后的逻辑。显然，这样的政策变化会导致抢劫者重新估算他们的成功率。

在历史数据中寻找相关性不意味着你可以在相关性曲线上选取一个点，通过改变一个变量的值来期待其他变量会相应改变。为了达到那样的效果，它们的关系需要是因果的，这使得选择 OEC 变得很有挑战。　|110|

　　⊖　一处军事基地。

第 8 章

机构的经验传承与统合分析

个体会原谅，但机构和社会从不原谅。

—— 查斯特菲尔德勋爵（1694—1773）

为何你需要重视：当机构的实验成熟度进入到"飞行"阶段时，包含着过去所有实验和改动的机构的经验传承就变得越来越重要。这些经验可以用于确认跨实验相通的模式、培育实验文化、改进未来的创新工作等。

8.1 什么是机构的经验传承

在完全接受对照实验成为创新过程的默认步骤后，你的机构可以有效地保留一份电子日志，这个日志记录了所有实验测试过的产品改动，包括它们的描述、页面设计的截屏以及主要结果。在过去运行的成百上千个实验中，每个实验都是这份日志中的一页，这样的一页日志承载了宝贵而丰富的关于每个产品改动（不管最终是否发布）的数据。这样的电子日志就是机构的经验传承。本节描述了如何通过统合分析利用机构的经验传承，以及从过去的实验中挖掘数据。

毋庸赘述，收集和整理数据是机构的经验传承的一部分。一个中心化的可以测试所有改动的实验平台让事情变得简单。我们非常推荐在每个实验中收集关于实验的基本数据：例如，实验的所有者、实验开始的时间、运行的时长、实验简介以及产品改动的截屏（如果是页面设计的改动）。你还需要总结实验的
[111] 结果，例如这个产品改动给各种指标带来了多大影响，包含一张明确的分析看板来显示触发的和整体的影响（见第 20 章）。最后，你还应该记录实验所基于的假设、做出的决定以及决定的原因。

8.2 为什么机构的经验传承有用

从实验中进行数据挖掘对你来说有什么用呢？这就是我们说的统合分析。我们将实用案例分为五类：

1）**实验文化**。过去实验的总结性视角可以突出实验的重要性，并帮助巩固实验文化。以下是几个关于统合分析的具体的例子：

- **实验对整体机构的目标作出了怎样的贡献？** 例如，如果机构的目标是改进人均会话数，那么过去一年中的改进有多少是归功于经过实验发布的产品改动呢？这可能是许多小量的成功积累出来的。必应广告曾经分享过一张很有说服力的图，显示了 2013 到 2015 年间他们的营收增长是如何归功于几百个实验带来的增量改进的（见第 1 章）。

- **哪些实验带来了巨大的或者出乎意料的影响？** 数字诚然对帮助机构获取大规模的洞察很有帮助，人们也会很需要切实的例子。我们发现经常分享大获成功的或者结果出乎意料的实验是很有帮助的（见第 1 章）。正如我们在第 4 章中所提到的，我们会定期分享一份涵盖那些对重要指标产生很大影响的实验的报告。

- **有多少实验正面或者负面地影响了指标？** 在一些已经充分优化的领域，例如必应和谷歌，评估显示实验成功的概率大约是 10% ～ 20%（Manzi 2012）(Kohavi et al. 2012)。微软分享过他们大概有三分之一的实验对关键指标有正面影响，三分之一有负面影响，还有三分之一没有显著影响（Kohavi, Longbotham et al. 2009）。领英观察到了类似的结果。一直以来我们都谦卑地认识到，没有实验这样的客观评价手段，我们有可能既推出了正面的产品改动也推出了负面的产品改动，那么两者就相互抵消了。

- **有百分之多少的产品改动是通过实验推出的？** 哪些团队运行的实验最

多？ 年度同比和季度同比的增长是多少？哪个团队在改进 OEC 上最有效？哪些服务被迫中断是由未经实验检验的改动造成的？事故报告需要回答这些问题，文化的改变则是当人们意识到实验确实可以提供这样的安全网时。对于比较大的机构来说，很多团队参与运行实验，实验文化有助于团队归功以及鼓励问责制。

2）**运行实验的最佳实践**。不是每一个实验者都一定遵守最优方法，尤其是当越来越多的人开始运行实验的时候。例如，实验有没有经过推荐的内部试运行阶段？实验的统计功效是不是足以探测到关键指标的动向？一旦有了足够多的实验，你就可以进行统合分析来给团队和领导层汇报概述统计量，并显示可以做出哪些改进。你可以把统计量分解到每个团队头上来增强问责制。这些洞察帮你决定是否要投入精力到自动化流程来解决那些最大的问题。例如，通过检查实验的放量计划，领英意识到许多实验花了太多时间在早期放量阶段，而另一些实验则根本没有内部试运行阶段（见第 15 章）。为了解决这个问题，领英建立了自动化放量流程来帮助实验者遵循实验的最优方法（Xu, Duan and Huang 2018）。

3）**未来的创新**。对于机构或团队的新人来说，拥有一份记录了过去的成功和失败经验的列表是非常宝贵的。这帮助他们避免重复错误，并启发有效的创新。过去的失败尝试或许是由大环境造成的，值得再尝试一遍。对很多实验进行统合分析后，你可以总结出一些规律来帮助得到更好的创意。例如，什么样的实验对推动关键指标是最有效的？什么样的用户交互界面最有可能吸引用户来使用？GoodUI.org 这个网站总结了许多屡次在实验中胜出的 UI 样式（Linowski 2018）。

运行了许多优化某一个页面的实验后，例如搜索引擎的结果界面（Search Engine Results Page, SERP），你甚至可以预测到那些涉及间隔、字体加粗、行长度、网页小图等的改变会带来怎样的影响。因此，在 SERP 上添加新的元素时，你可以缩小实验对象的范围。另一个例子是，考察实验在不同国家的结果的异质性时（见第 3 章），你可以发现隐藏的洞察，这些洞察揭示了不同国家是如何对不同的产品改动做出反应的，从而帮助你更好地为客户定制体验。

4）**指标**。指标跟实验是分不开的（见第 7 章）。你可以查看不同实验来发现不同的指标是如何表现的，从而建立起对如何撬动这些指标的更深刻的认识。这里有一些关于指标的统合分析的例子。

- **指标灵敏度**。构建指标的时候，一个重要的标准是这些指标能否在实验中得到有意义的测量。如果一个指标无法被任何实验统计显著改变，那么它就不是一个好的指标（见第 7 章）。方差是一个影响灵敏度的重要因素，外生因素的影响也是个重要的考量。例如，日活用户（DAU）对于短期实验来说是很难被移动的。通过研究现有指标在过去实验中的表现可以帮助你鉴别出潜在的长期和短期指标（Azevedo et al. 2019）。你也可以构建一个可信赖的实验集，用来评估新指标以及不同的指标定义方法（Dmitriev and Wu 2016）。

- **关联指标**。你可以通过指标在实验中的动向来判断它们是如何关联的。请注意，这种关联性不同于统计上的指标间的相关性。例如，频繁访问领英的用户常常倾向于发送更多的站内信。但是会话数和站内信的数量不一定会在实验中一同移动。一个关联性指标的例子是早期指示性指标。这样的指标倾向于比其他指标更早地显示出实验结果的信号。当移动缓慢的指标是做决策的关键指标时，拥有这样的早期指标就尤为重要（见第 7 章）。通过研究大量实验，你可以发掘出这样的关系。参见 Chen, Liu and Xu（2019）发掘这样的洞察并用于领英的实验。

- **贝叶斯方法中的先验概率**。随着从贝叶斯的角度来评估实验结果变得愈发流行，同时产生了一种担忧，那就是能不能构建合理的先验概率。对于成熟的产品来说，假设在过去实验中的指标移动可以提供合理的先验概率是合理的。参见 Deng（2015）。对于正在快速蜕变的产品来说，这种过去指示未来的做法就不一定那么合理了。

5）**经验性研究**。大量的实验数据常常为研究者提供经验性的数据来用统合分析评估和研究他们的假说。例如，Azevedo et al.（2019）研究了一个机构是如何最好地利用实验来改进创新的生产力。他们基于微软的实验平台上运行的上千个实验提出了一套优化的实验实施策略。实验的随机化也可以是很好的工具化变量。

通过研究领英在 2014 到 2016 年间针对"您可能认识的人"（People You May Know）而运行的 700 个推荐算法相关的实验，Saint-Jacques et al.（2018）发现的因果关系证据表明，并不是最强的社交联系帮助人们找到工作，而是那些兼具了强度和广度的社交联系做到了这一点。Lee and Shen（2018）研究了如何从多个已发布的实验中总结影响。运行一组多个实验后，通常那些结果显著的实验性产品会被发布。他们发现在这个过程中有统计上的选择性偏差，于是提出了一套基于爱彼迎实验平台上的实验的纠偏方法。

第 9 章

对照实验中的伦理

科学的进展超前于人类的伦理规范。

—— 查理·卓别林（1964）

……有些测试的程序代码（CODE）的改动造成了对用户的误导（DECEPTION）……我们称这种测试为 C/D 实验，从而与 A/B 测试区别开来。

—— Raquel Benbunan-Fich（2017）

为何你需要重视：理解实验中的伦理问题对每个人来说都很关键，无论是领导层，还是工程师、产品经理以及数据科学家，各个部门都应该被告知并且记住伦理方面的考量。在科技、人类学、心理学、社会学以及医学领域，对照实验都是在真人身上进行的。当我们需要决定是否就实验伦理问题咨询专家意见时，下面是一些相关的问题和顾虑。

9.1 背景

伦理的广义定义是一系列支配我们该做什么不该做什么的规则和道德规范。当伦理被应用于研究时，它管理着行为准则以确保结果的诚信度，也确保合作性工作、公共责任以及道德和社会价值的核心价值观，包括确保公共安全和对参试者的保护（Resnick 2015）。在研究工作中，伦理的实践会随着时间而改变，

以反映变化的世界和文化，以及人们对意料之外的研究结果的反应的变化。正
如查理·卓别林在上文的引用中所说，规章制度对伦理规范的约束是不断发展
的，但常落后于科学发展。

这个主题太深了，无法在这里全面展开，因此我们仅就对照实验的伦理进
行概述。如果希望更深入研究，建议参考一些文献（Loukides, Mason and Patil
2018, FAT/ML 2019, ACM 2018, King, Churchill and Tan 2017, Benbunan-Fich
2017, Meyer 2015, 2018），其中介绍了关键原理、清单和实用指南。尽管实验者
通常不是伦理方面的专家，但我们应该问自己一些问题，认真审查我们的做法，
并考虑用户和企业的最佳长期利益。请注意，我们是以个人身份而非代表谷歌、
领英或微软撰写本章的。

来自技术界的两个最新示例说明了这些问题的必要性。

1）脸书和康奈尔大学的研究人员研究了社交媒体带来的情绪传染（Kramer,
Guillory and Hancock 2014），他们想确定如果随机选择的参与者暴露于更多的
负面消息，一周后他们会不会发布更多的负面内容。反之，将其他随机选择的
参与者暴露于更多的积极消息，一周后他们会不会发布更多的积极内容。

2）OKCupid 进行了一项实验，他们招募了成对的算法匹配度为 30%、60%
和 90% 的客户，对于这三个组中的每一组，告诉三分之一的客户他们的匹配度
为 30%，告诉另外三分之一的客户他们的匹配度是 60%，告诉剩下三分之一的
客户他们的匹配度是 90%（The Guardian 2014, Meyer 2018）。

对于这些以及许多其他示例，我们如何评估要运行哪些 A/B 实验呢？

首先，我们可以参考 1979 年发布的《贝尔蒙特报告》（Belmont Report）
（The National Commission for the Protection of Human Subjects of Biomedical and
Behav- ioral Research 1979），该报告确立了生物医学和行为研究的原理。我们也
可以参考《通用规则》（Common Rule）（Office for Human Research Protections
1991），该规则建立了基于这些原则的可行审查标准（Meyer 2012）。这些标准是
在几个事例发生之后建立的。这些事例包括 20 世纪 30 年代的 Tuskegee Syphilis
研究（CDC 2015）和 20 世纪 60 年代医学领域的 Milgram 实验（Milgram 2009）。
在这些领域，遭受实质性伤害的风险通常远高于线上实验。根据这些指导原则，
我们现在可以质询相关该临床试验是否合理（Hemkens, Contopoulos-Ioannidis and
Ioannidis 2016），以及在某些情况下进行随机对照实验（randomized controlled

trial, RCT）是否是不切实际的或不道德的（Djulbegovic and Hozo 2002）。

《贝尔蒙特报告》和《通用规则》在生物医学和行为人类受试者研究的背景下提供了三个关键原则： 117

- **尊重人**：尊重他们，也就是说将他们视为有自主行为能力的个体，并在他们丧失这种能力时保护他们。这一原则的重点是透明、真实和自愿（选择和同意）。
- **有益性**：保护人们免受伤害。虽然《贝尔蒙特报告》指出，有益性意味着最小化风险并最大化参与者的利益，但《通用规则》认识到这样做的挑战，而着重于正确评估风险和收益，并在审查拟议研究时适当平衡风险和收益。
- **正义性**：确保不剥削参与者，并公平分配风险和收益。

由于其复杂性，《通用规则》提出的规定不仅要求实验者平衡研究本身的收益和风险，而且要求实验者告知研究参与者透明、真实和自愿的必要性，包括豁免声明。

尽管这些问题搭建了医学学科（在该学科中重大伤害时有发生）的有用框架，但对于线上实验，很少有明确的正确或错误答案。因此，针对特定的线上A/B实验评估这些原理需要判断力、思考、谨慎和经验。接下来是一些要纳入考量的关键领域。

9.1.1 风险

在你的研究中，参与者面临怎样的**风险**？风险是否超过了由《通用规则》定义的最小风险，即"在研究中预期的伤害或不适的可能性和严重性，其本身并不比日常生活中或例行的身体活动或心理检查测试中所遇到的那些危险和严重程度更大"？伤害可能是身体上、心理上、情感上、社会上或经济上的。

一个有用的概念是均衡（equipoise）(Freedman 1987)：关于实验组和对照组孰优孰劣，相关的专家群体的意见是否处于均衡状态（真实的不确定性）。

评估线上对照实验时，一项有用的决定性测试是按照机构的标准，是否可以在不运行线上实验的情况下将新功能发布给所有用户。如果你可以在不运行实验的情况下对算法或产品的外观进行改动，那么你应该能够运行实验并科学地评估改动；也许你会发现意想不到的效果。实际上，发布代码本身也是一个

118 实验。它可能不是对照实验，而是效率低下的连续测试，你可以依时间顺序来检查。如果关键指标（例如营收，用户反馈）是负面的，则该功能会回撤。

当对于所有人来说对照组或实验组的体验都可以接受时，对线上对照实验的抵制被称为 "A/B 幻觉"（A/B illusion）（Meyer 2015, Meyer et al. 2019）。当你决定发布某些新的产品改动时，你假设将会产生怎样的效果，并且该假设可能成立也可能不会成立。如果你愿意将产品发布给 100% 的用户，那么存着发布到 100% 的意图将其发布到 50% 作为一个实验也应该没问题。Meyer（Meyer 2015）举例说明：

> ……一家公司的负责人担心她的一些雇员没有足够的储蓄来退休……她决定从现在开始，当她发送 401(k)⊖ 邮件时，她将包括一份显示有多少与该员工年龄相差不到 5 岁的其他员工自动注册了 401(k) 储蓄的报告。她假设，未注册的少数员工可能会因了解多数员工的相反行为而受到影响。

虽然公司负责人的意图很好，并且研究表明了同伴效应的好处，但是运行对照实验导致了对立反应且员工的储蓄减少了（Beshears et al. 2011）。

9.1.2　收益

风险的另一面是了解研究的收益。通常，对于线上对照实验，可以考虑几个方面的收益：产品改动可以直接为实验组的用户带来好处，以及所有用户都可以从实验结果中得到好处；间接地建立可持续的业务以使用户可以继续从服务中受益。用户生产力的提高可能属于前两个类别，而广告营收的提高可能属于最后一个间接利益类别。

评估收益可能会比较棘手的一种情况是，运行故意给参与者带来较差体验的实验，其目的是通过量化权衡来最终改善所有用户的体验。这样的例子包括运行实验以减慢用户体验（见第 5 章），展示更多广告以了解长期影响（见第 23 章）或禁用诸如推荐之类的功能。这些案例违反了均衡原则，因为人们普遍认为实验组没有益处，但对使用者的风险很小。运行这些实验的好处涉及建立折中方案，而这些折中方案可用于做出更明智的决策，并最终帮助改善所有用户的体验。重

119 要的是，这些实验并不会欺骗用户。与大多数线上对照实验相比，有些医学实验

⊖ 401(k) 是美国的退休金计划。——译者注

具有更大的潜在危害性。药物毒性研究可以用来做类比：在某种程度上，用药剂量太高可能是不好的，但是如果不进行研究，我们不知道副作用有多严重。

需要强调的一点是，运行实验时尝试新功能、新文本、新算法和基础架构，甚至建立折中方案，与以行为实验和人与人之间的关系为重点的欺骗或推荐影响力实验之间有重大不同（Benbunan-Fich 2017）。欺骗性实验带来更高的道德风险，并引发有关是否尊重参与者的问题。

考虑对参与者的尊重时，我们首先要问的是关于透明度和期望的问题。产品通过用户界面和广泛传播的内容来设定用户对其提供的内容的期望。实验应遵循这些期望。

确保透明度有几种方法，知情同意是一个关键的道德概念，即参与者完全了解风险和收益、实验过程、替代选项、收集哪些数据以及如何处理数据后，他们同意参加研究。请注意，我们这里讨论的是"同意"的一般含义，而不是特定于任何法律定义的同意，例如"Europe's General Data Protection Regulation"（European Commission 2018）。大多数医学实验均已征得每个参与者的知情同意，那些没有知情同意的通常是风险非常小且符合其他条件的实验，因此符合《通用规则》中关于放弃同意的资格。相比之下，线上服务提供商运行的实验通常给参与者带来的风险要低得多，尽管随着线上服务开始影响线下体验（例如运送实物包裹、乘车共享等），风险和后果可能会增加。此外，鉴于实验规模，获得知情同意既昂贵又令用户厌烦。应考虑从需要知情同意的实验到对用户的风险和潜在伤害非常低且不需要知情同意的实验的可能性范围。另一种选择是推定同意，即一小部分但有代表性的人被问及他们对参加一项研究（或一类研究）的感觉，如果他们同意，则假设这种观点可以推广到所有参与者（King et al. 2017）。

9.1.3　提供选择

另一个考虑因素是参与者有哪些**选择**？例如，如果你要测试对搜索引擎的改动，则参与者始终可以选择使用其他搜索引擎。在时间、金钱以及信息共享等方面，另外一些线上服务的转换成本可能更高。在评估提供给参与者的选择以及要平衡的风险和收益时，应考虑这些因素。例如，在测试用于癌症的新药的医学临床试验中，大多数参与者面临的主要选择是死亡，那么知情同意就允许较高的风险。

120

9.2　数据收集

运行 A/B 实验的先决条件是必须提供数据日志以分析实验并做出决策。通常，必须收集数据来测量以及向用户提供高质量的服务。因此，线上服务的服务条款中通常会包含数据收集同意书。虽然其他参考文献更详细地讨论了数据收集（Loukides et al. 2018），并且任何实验的先决条件是必须遵守所有适用的隐私和数据保护法律，但实验者或工程师应该能够回答这些有关数据收集的关键问题：

- 正在收集哪些数据以及用户对这样的收集有什么了解。一个有用的框架是将保护隐私融入方案设计中（Wikipedia contributors, Privacy by Design 2019）。
  - 用户是否了解有关他们的数据哪些正在被收集？
  - 数据有多敏感？包括财务或健康数据吗？数据有可能被用来以侵犯人权的方式歧视用户吗？
  - 数据可以推定到个人吗？也就是说，数据是否可以识别个人身份（见本章的补充工具栏）？
  - 收集数据的目的是什么？如何使用数据？由谁使用？
  - 是否有必要为此目的收集数据？数据多久可以聚合或删除以保护用户个体？
- 数据收集可能出什么问题？
  - 如果将这些数据或某些子集公开，会对用户造成怎样的危害？
  - 考虑对他们的健康、心理或情感状态、社会地位或财务状况有可能造成的伤害。
- 用户对隐私和保密性的期望是什么？如何保证这些期望？

    例如，如果在公共场所（例如足球场）观察参与者，则对隐私的期望会降低。如果研究是基于现有的公共数据，那么也就不会期望进一步的保密性。如果数据无法识别个人身份（见本章的补充工具栏），则不必担心隐私和机密性（NSF 2018）。除此以外：
  - 参与者可以期望什么级别的保密？
  - 处理该数据的内部保障措施是什么？公司中的任何人都可以访问数据（尤其是可识别个人身份的数据），还是通过登录和审核访问来确保数据安全？如何捕获、传达和管理对该安全性的违反？

○ 如果无法达到这些保证，将会采取什么补救措施（通知参与者）？

9.3 文化与流程

我们要解决的许多问题都是复杂而有细微差别的。人们可能倾向于仅仅依靠专家做出全部判断并制定原则。但是，为了确保符合道德考量，重要的是，你的企业文化，从领导层到下层的每个人，都应理解并考虑这些问题和含义。内省至关重要。

公司（领导者）应实施流程，以确保全面了解以下内容：

● 建立文化规范和教育流程，以使员工熟悉这些问题，并确保在产品和工程审核中提出这些问题。

● 创建一个符合机构审查委员会（Insititional Review Board, IRB）目的的流程。IRB 审查可能的人类受试者研究、评估风险和收益、确保透明度、提供流程等，以确保诚信和对参与者的尊重。IRB 可以批准、要求替代方案或拒绝研究。他们为实验者提供需要考虑的问题，以确保进行彻底的审查和充分的自省，并建立用于以教育为目的的准时流程。

● 构建工具、基础架构和流程，以确保安全存储所有已识别或未识别的数据，访问时间仅限于需要其完成工作的人员。对于数据应该有一套清晰的原则和政策来规定什么是可以接受的，什么是不可以接受的。你应确保记录所有数据的使用情况并定期审核违规情况。 [122]

● 创建清晰的上报路径，以处理超出最小风险或数据敏感性的问题。

这些围绕实验伦理的问题和过程不应浅尝辄止，而应升华为对改进产品用户体验和实验设计的讨论。

9.4 补充材料：用户标识符

一个经常被问到的问题是，已标识的、伪匿名和匿名数据之间有什么区别？尽管精确的定义可能会根据上下文或适用的法律而不同，并且仍在讨论中，但是与这些概念相关的一个总的概述是：

- **标识的**数据将通过个人可识别信息（Personally Identifiable Information, PII）进行存储和收集。可以是名称、ID（例如社会安全号码或驾驶执照）、电话号码等。常见的标准是 HIPAA（Health and Human Services 2018b, Health and Human Services 2018c），它包含了 18 个被认为可以标识个人的标识符（HIPAA Journal 2018, Health and Human Services 2018a）。在许多情况下，设备 ID（例如智能手机的设备 ID）也被认为是可标识个人的。在欧洲，通用数据保护法规（General Data Protection Regulation, GDPR）使用更高的标准，如果可以识别个人，则将任何数据视为个人数据（European Commission 2018）。

- **匿名**数据的存储和收集没有任何个人身份信息。如果此数据与某个随机生成的 ID 一起存储，则该数据被视为**伪匿名的**，这种随机生成的 ID 的一个例子是，用户首次打开应用或访问网站且没有已知 ID 时被赋予的 cookie。但是，简单声称数据是伪匿名或匿名并不意味着就不能进行重新识别（McCullagh 2006）。为什么？我们必须区分匿名数据和匿名化的数据。匿名化的数据包含了识别过的或者匿名的数据，并以某种方式保证了重新识别风险很低甚至不存在，也就是说，鉴于该数据，几乎没有人可以确定该数据指向哪个人。通常，通过安全港（Safe Harbor）方法或其他方法（例如 k- 匿名性（Samarati and Sweeney 1998）或差异性隐私（Dwork and Roth 2014））来实现这种保证。请注意，当中许多方法不能保证匿名数据不会被重新标识，而是通过限定访问或增加噪点来量化这种风险的可能性和局限性。

在欧洲的隐私保护文献中，现行的全球关于隐私的高标准已不再将匿名数据作为一个单独的类别来讨论，而是讨论个人数据和匿名化数据。

所以，对于那些被收集、储存和使用的实验数据来说，问题在于：

- 这些数据有多敏感？
- 重新识别个体的风险有多高？

当敏感度和风险增加时，你也必须增加数据保护、保密性、访问限制、安全、监控和审计等级别。

第三部分

补充及替代技法

第三部分将介绍与线上对照实验相辅相成的方法。这部分内容对于可能会应用这些方法的数据科学家和其他工作者格外有用，也能帮助领导者了解如何在不同领域分配资源以及通过实验做数据启示的决策。

我们首先介绍补充技法，概述与线上对照实验结合使用的几种方法，包括用户体验调研、问卷调查、焦点小组和人工评估。这些方法可以在投入资源进行线上对照实验之前用于在创意漏斗中生成和评估创意，还可以用于生成及验证在机构中广泛使用的指标或者线上对照实验中的代理指标。

之后我们讨论观察性因果研究。虽然线上对照实验被认为是对产品或服务的改变和随之的影响建立因果关系的黄金标准，但是有时它并不可行。第11章讨论几种线上对照实验可能不可行的常见情境，并简要论述应对这些情况的常见方法。

125
~
126

第 10 章

补 充 技 法

如果你只有一个锤子，那么你看什么都像是钉子。

—— 亚伯拉罕·马斯洛

为何你需要重视：运行实验时，你还需要生成想法来测试、创造以及验证指标，并建立能支持更广泛结论的证据。对于这些需求，有一些有用的技法可以补充并扩展一个健康的 A/B 测试文化，比如用户体验调研（User Experience Research, UER）、焦点小组、问卷调查、人工评估以及观察性研究。

10.1 补充技法的空间

想要成功运行 A/B 实验，我们不仅需要细心严谨地分析数据并建立实验平台和工具，还需要：

- 实验的创意，或者说，一个创意漏斗（Kohavi et al. 2013）。
- 经过验证的指标用以测量我们关心的效应。
- 当对照实验不可行或者不充分时，其他可以用来支持或否定猜想的证据。
- 对于对照实验中计算得出的指标起到补充作用的其他指标（可选）。

对于创意漏斗，你想用各种可行的方法来生成创意，比如在用户体验调研中观察用户。对于比较容易实施的创意，我们推荐直接用对照实验来测试。然而对于一些实现成本较高的创意，你可以选择一种补充技法来进行早期评估，

127 并精简创意以减少实现成本。

下面我们讨论另外一个可以应用补充技法的例子。用户满意度是一个难以测量的概念，如果想要一个可靠的代理指标，你可以进行问卷调查来收集用户自我报告的满意度数据，并分析日志数据来观察哪些大规模观测指标和满意度调查的结果相关。你还可以对此延伸，用对照实验来验证提出的代理指标的合理性。

如图 10.1 总结的，我们在本章讨论的方法之间的差异体现在两个坐标轴上：规模（即用户的数量）与单个用户的信息深度。依次讨论的时候，我们可以看到由大规模方法得到的可推广性与小规模方法的丰富细节之间的权衡取舍。

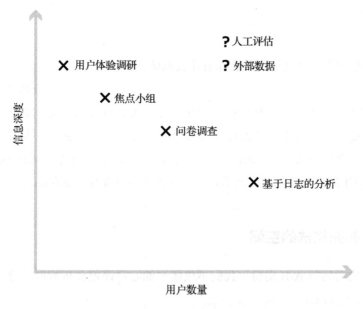

图 10.1　用户数量与单个用户的信息深度

10.2　基于日志的分析

运行可信赖的 A/B 实验的一个先决条件是正确地通过日志记录用户浏览、

动作和互动，以计算评估对照实验的指标。基于日志的分析（也称为回顾性分析）也是如此。这种分析可以用于： 128

- **建立直觉**：你可以通过回答如下问题来定义指标并建立直觉：

  ○ 人均会话数或点击率是怎样分布的？

  ○ 重要的细分群间有何差别（如按国家或平台细分）(见第 3 章)？

  ○ 这些分布随着时间如何变化？

  ○ 用户数量随着时间如何增长？

建立这种直觉有助于了解产品和系统的基准线，用户间有何差异，除去实验的影响有什么自然的变化，多大的改变可能是实际显著的，等等。

- **刻画潜在指标**：建立直觉是刻画潜在指标的前提。刻画指标有助于了解方差和分布，以及新指标和现有指标的相关性。基于日志的分析能帮助理解潜在指标在过去的实验中的表现。比如，它对做决策是否有用？与现有指标相比，它能否提供新的或者更好的信息？

- **基于数据探索生成 A/B 实验的创意**：可以通过检查购买漏斗中每一步的转化率来识别大的流失点（McClure 2007）。分析会话化的数据能揭示某个特定的行为序列花了比预期更长的时间。这种发现路径能引出改进产品的创意，比如引进新的功能或者改进用户界面的设计。

- 可以探查通过这些补充技法生成的创意是否能够规模化，是否值得投入时间实现并用 A/B 实验评估。例如，在投入资源使电子邮件的附件更易用之前，通过分析发送附件的数量来得到影响大小的上限。

- **自然实验**：自然实验偶尔会发生，或者由于外生的环境变化（例如一个外部的公司改变默认设置），或者由于漏洞（例如一个把所有用户登出的漏洞）。在这些情况下可以通过观察性分析来测量效果。

- **观察性因果研究**（见第 11 章）：当实验不可行时，你可以进行观察性因果研究，比如使用准实验设计。将准实验设计和实验结合运用可以得到更准确的推断和更一般性的结果。

基于日志的分析可以在多方面起到补充 A/B 实验的作用。这种分析的局限性是它通过过去发生的事情来推断未来。例如，你可能决定不再投入资源改进 129 邮件的附件功能，因为现在的使用量很小。但是，现在使用量小可能恰恰是因为它难以使用，这是基于日志的分析无法揭示的。将基于日志的分析与用户和市场调研结合起来可以给出一个更全面的图景。

10.3 人工评估

人工评估指的是一个公司雇佣人工判断者（或者叫作评估者）来完成某些任务。这些结果会用于之后的分析。这在搜索和推荐系统中是一种常用的评估方法。简单的评估问题可以是"你偏好选项 A 还是 B？"或者"这个图片含有色情吗？"问题也可以逐渐变得更复杂，比如，"请标注这个图片"，或者"这个结果和搜索词有多相关"。更复杂的评估任务可能需要详细的说明，以保证评估结果能够被校准。一般来说，多个评估者会被分配做同一个任务，因为评估者间可能有不同意见。你可以用各种投票或者解决分歧的机制来得到高质量的汇总标签。例如，从类似于 Mechanical Turk（Mechanical Turk 2019）的收费系统获得的数据质量由于奖励机制和报酬金额不同而参差不齐，这令质量控制和分歧解决更加重要。

人工评估的一个局限性是，评估者一般来说不是你的最终用户。评估者执行分配给他们的任务（通常批量进行），然而你的产品是你的最终用户在生活中自然而然接触到的。另外，评估者可能不了解最终用户的当地情境。例如，搜索词"5/3"对于很多评估者来说是一个算术运算的搜索，会期待得到 1.667 的答案，但居住在"五三银行"（商标为"5/3"）附近的用户寻找的是有关这个银行的信息。这个例子说明了评估个性化推荐系统有多难。然而，这个局限性也可以成为一个优势，因为评估者可以被训练，以检测出用户无法感知或识别的垃圾信息或者有害体验。我们最好把人工评估提供的校准过的标签数据看作是对从真实用户收集的数据的补充。

基于人工评估的指标可以当作评估 A/B 实验的额外指标（Huffman 2008）。再以搜索排序的改动为例，对于给定的搜索词，你可以要求评估者对从对照组或实验组得到的结果评分，并将这些评分汇总来比较哪一种变体更好；或者用一个并排实验，将对照组和实验组的搜索结果并排显示，要求评估者判断哪一边更好。例如，必应和谷歌的大规模人工评估项目足够快到可以和线上对照实验的结果一起使用来决定是否推出这个改动。

人工评估的结果还可以用于调试：你可以通过详细查验结果来了解这些改

动在哪里表现得好或不好。在搜索词的例子里，被评为匹配度不佳的搜索结果可以用来查验，以帮助确定为什么算法返回了这样的结果。你还可以将人工评估和基于日志的分析结合起来，以了解什么样的用户行为和具有高关联度的搜索结果有相关性。

10.4 用户体验调研

用户体验调研可以运用多种多样的方法，这里我们着重讨论一类深入研究少数用户的田野调查或实验室研究。调研者通常在实地或者实验室环境下观察用户执行调研者感兴趣的任务以及回答问题（Alvarez 2017）。这一类研究是深入的、高强度的，通常不超过十个用户，可以用于生成创意，发现问题，以及通过直接的观察和及时的问题获得洞察。例如，如果你的网站想要出售某种商品，你可以旁观用户试图完成购买的过程，并通过观察他们在什么地方不顺利来生成定义指标的想法：我们是否观察到他们需要花很长时间完成购买？用户是否遇到困难或者困在了很费时间的行为上，比如四处寻找折扣码？

这一类田野调查和实验室研究可能包括：

- 特殊的仪器用以收集数据，比如像眼动追踪这种不能从日志记录中收集的数据。
- 日记研究，意为用户按时间顺序自我记录他们的行为，可以用于收集与线上日志记录相似的数据，同时可以扩展数据的维度，得到普通日志收集不到的数据，比如用户意图或者线下活动。

这些方法可以用于生成关于指标的想法，我们可以通过调研中收集的真实的用户意图和日志记录中数据的相关性来判断哪些指标可以用来测量用户意图。我们必须通过可以扩展到更多用户的方法来验证这些想法，比如观察性分析和对照实验。

131

10.5 焦点小组

焦点小组指的是与招募的用户或潜在用户进行有引导的小组讨论。你可以将讨论引导到任何话题范围，从关于用户态度的开放式问题，"他们朋辈之间常做或者讨论什么"，到更特定的问题，比如用截屏或者一个流程演示来征求反馈。

焦点小组相比于用户体验调研更容易规模化，也能处理相似程度的模糊的、开放性的问题用以指引产品开发和假设。然而，由于小组的性质和讨论的形式，焦点小组不如用户体验调研覆盖的内容多，而且容易受到群体性思维的影响集中在少数几个观点上。用户在焦点小组设定或是问卷调查中的回答可能跟他们真实的偏好不匹配。这种现象的一个知名例子是飞利浦电器组织的一个试图了解青少年对录音机特征偏好的焦点小组。焦点小组的参与者表达了对黄色录音机强烈的偏好，将黑色录音机定性为"保守"的。但是当参与者离开房间并得到带走一个录音机作为参与奖励的时候，大多数人选了黑色的（Cross and Dixit 2005）。

焦点小组对在处于设计的早期阶段的、尚未成型的、在未来可以实验的假设上得到反馈是有用的，也可以用于理解通常针对品牌或营销变动的内在的情绪反应。换句话说，它的目标是收集无法通过工具化日志记录的信息，获得对未完全成型的变动的反馈，以推动设计的进行。

10.6 问卷调查

要进行问卷调查，你需要招募一组人来回答一系列的问题（Marsden and Wright 2010）。问题的数量可多可少，问题的类型也可以多种多样。你可以设计多项选择题，或者开放式问题由用户提交自由形式的回答。调查可以通过面对面、电话，或者直接通过你的应用软件、网站或其他可以挑选、联系用户的方法线上进行（比如谷歌问卷（Google 2018））。你还可以在产品内部进行问卷调查，并可以与对照实验结合使用。比如，Windows 操作系统会提示用户回答一到两个关于操作系统和其他微软产品的简短问题；谷歌有一套方法来问关于用户产品体验和满意度的简短问题（Mueller and Sedley 2014）。

[132]

虽然问卷调查看上去简单，但它们的设计和分析是很有难度的（Marsden and Wright 2010, Groves et al. 2009）：

- 问题必须措辞谨慎，因为它们可能会被曲解或者无意间引导受访者给出特定答案或未经校准的答案。问题的顺序可能会改变受访者的回答。如果想收集长时间的数据，你需要谨慎对待问卷的变动，因为它们可能会使不同时间的结果不可比较。

- 回答是自我报告的：用户可能不会给出全部的或者真实的答案，即使调查是匿名的。
- 调查的人群很容易有偏差，不能代表真实的用户群。"反应偏差"，即选择回答的用户是有偏差的，会使这个问题更严重（例如，只有不满意的人才会回答）。因为这种偏差，相对的调查结果（例如，不同时间段结果的比较）比结果的绝对值更有意义。

这些陷阱意味着问卷调查几乎从来不能和日志中观察到的结果直接进行比较。与用户体验调研和焦点小组相比，问卷调查可以接触到更多的用户，但它的主要用途还是回答工具化数据中无法回答的问题，比如用户离线时的行为或者用户的意见或者信任和满意程度。问题可能包括用户做购买的决定时会考虑哪些额外信息，包括线下的行为（比如和朋友交流），或者询问用户购买后三个月的满意度。

问卷调查还对用于观测难以直接测量的问题随时间变化的趋势有帮助，比如信任度或声誉，有时也用于和高度汇总的业务指标（比如总使用量或增长率）做相关性分析。这些相关性可以在大方向上驱动资源投入，比如如何提高用户的信任，而未必用于生成具体的想法。当大方向确定后，可以再进行有针对性的用户体验调研来生成想法。

如果受访者许可，你可以将问卷调查结果和观察性分析匹配起来，以考察哪些调查回答和观察到的用户行为相关，但受访者的偏差会影响结果的可信度和可推广性。

10.7　外部数据

外部数据是由你公司之外的第三方收集和分析的、与你和你所关心议题相关的数据。外部数据有几种来源：

133

- 提供站点级别详细数据（比如，一个网站的用户数量，或者有关用户线上习惯的详细信息）的公司。这些数据是根据招募的大量同意被追踪所有线上行为的用户收集的数据而得出的。一个问题是这些用户是否具有代表性——尽管他们是从明确的人口统计分桶中抽样的，但愿意被如此详细追踪的用户和一般用户间可能还是有其他差异。

- 提供用户级别详细数据（比如用户所属的细分群）的公司。这些数据有可能可以和基于日志的数据关联使用。

- 开展问卷调查的公司。它们或者会自己发布结果，或者可以被聘请来进行定制的问卷调查。这些公司运用多种方法来回答你可能感兴趣的问题，例如用户拥有多少设备或者他们对某个品牌的可信度的看法。

- 发表的学术论文。研究者经常发表相关话题的研究。文献中有许多论文，比如把眼动追踪——用户在实验室中看什么和用户如何在搜索引擎上点击做比较的论文（Joachims et al. 2005）可以使你对点击数据的代表性有很好的认识。

- 提供经验教训的公司和网站。它们经常通过众包的结果来验证这些经验，比如与用户界面设计相关的经验（Linowski 2018b）。

如果你的网站或者行业出现在这些列表中，外部数据可以帮助验证简单的业务指标。例如，如果想了解网站的总访客量，你可以将从内部观察性分析计算的数据与 comScore 或 Hitwise 提供的数据做比较，或者你可以将每个垂直类别中的购物流量份额与在网站上观测到的份额进行比较。这些数字很少完全匹配。进行验证的更好方法是查看内部和外部数据的时间序列，看它们在趋势和季节性变化方面是否一致。你还可以为业务指标提供支持证据，或者直接支持可测量的指标，或者为哪些可测量的指标可以很好地代表其他难以测量的指标提供想法。

公开发表的学术论文（例如与用户体验有关的论文）经常会在不同类型的指标之间确立笼统的对等关系。其中一个示例将用户报告的对搜索任务的满意度与测得的任务持续时间进行了比较（Russell and Grimes 2007），在满意度和任务时间中确立了良好的一般相关性（尽管有些局限性需要注意）。这项研究帮助验证了任务持续时间这个可规模化计算的指标和用户报告的满意度（不可规模化计算）有相关性。

[134] 外部数据也可以丰富证据可信度的等级。例如，公司可以利用微软、谷歌或其他机构发表的研究来建立延迟和性能是重要的这一认知，而不一定需要自己进行线上对照实验（见第 5 章）。公司需要自己运行实验来了解关于它们产品

特定的权衡取舍，但是对于缺乏资源的小型公司，大方向和整体的投资策略可以基于外部数据确定。

外部数据还可以提供有关你的公司和竞争对手的比较情况的竞争性研究，这可以给内部的业务数据提供比较的基准，让你对可达成的目标有一定了解。

需要注意的是，因为取样和分析的确切方法不受控制，外部数据中的绝对数字可能不总是有用，但是趋势、相关性以及生成并验证指标都是好的使用场景。

10.8 总结

很多方法可以收集有关用户的数据，所以问题是如何选择使用哪些方法。这很大程度上取决于你的目标。想确定如何测量特定的用户体验？ 验证指标？如果你开始时不知道要收集哪些指标，那么更详细的、定性的、头脑风暴式的交互方法（如用户体验调研或焦点小组）会很好用。 如果你因为交互行为不在你的网站上而无法获取数据，那么问卷调查可能会效果很好。对于指标验证，外部数据和观察性分析效果很好，因为这些数据通常是在足够大的人群中收集的，因此采样偏差或其他测量问题会更少。

所有这些技法都有不同的权衡取舍。 你需要考虑可以从多大的人群中收集数据。 这会影响结果的可推广性。换句话说，是否可以确立外部有效性。 用户数量通常和获取信息的详细程度是矛盾的。 例如，日志通常能大规模记录用户行为，但不能像用户体验调研中那样可以收集用户某种行为的原因。在产品开发周期中所处的阶段也是一个重要的考虑因素。 早期有太多想法需要测试时，焦点小组和用户体验调研等更偏定性的方法可能更合适。随着项目进展拥有定量数据时，观察性研究和实验变得更有意义。

最后，请记住，使用多种方法相互参考印证来进行更准确的测量（建立证据可信度的等级）可以得到更可靠的结果（Grimes, Tang and Russell 2007）。由于没有一种方法可以完全复制另一种方法的结果，请使用多种方法来确立答案的范围。例如，要了解用户对你的个性化产品推荐是否满意，你必须定义"满意"的信号。为此，你可以观察用户体验调研中的用户，查看他们是否使用个性化推荐，并询问他们有关推荐是否有用的问题。基于这些反馈，你可以检查

135

这些用户的观察性数据，查看可能观察到哪些行为信号，例如更长的屏幕阅读时间或某些点击的顺序。然后，你可以进行大规模观察性分析，以验证从小型用户体验调研中生成的关于指标的想法，了解与总体业务指标之间的相互影响。之后还可能通过屏幕调查问一些关于用户是否喜欢所推荐产品的简单问题，以覆盖更广的用户群来支持所得到的结论。结合改变推荐算法的学习实验，你可以更好地了解用户满意度指标与总体业务指标的关系，并改善你的综合评估标准。

136

第 11 章

观察性因果研究

浅薄的人相信运气，强大的人相信因果。

—— 拉尔夫·沃尔多·爱默生

为何你需要重视：随机对照实验是建立因果关系的黄金标准，但这种实验有时是不可行的。鉴于机构们收集了大量的数据，存在一些观察性因果研究的方法可以用来评估因果关系，尽管这种评估的可信度较低。如果无法运行线上对照实验，了解观察性因果研究的可能的设计和常见陷阱会有帮助。

11.1 对照实验不可行的情况

如果用户将手机从 iPhone 切换到三星，对产品参与度有何影响？如果用户被强行登出，有多少用户会重新登录？优惠码作为业务模式的一部分被引入，对收入会产生什么影响？所有这些问题的目标都是测量某个变动的因果影响，这需要将受变动影响（treated）的人群的结果与未受影响（untreated）的人群的结果进行比较。"因果推断的基本等式"（Varian 2016）是：

受影响人群的结果 − 未受影响人群的结果

=（受影响人群的结果 − 受影响人群如果未受影响的结果）+

（受影响人群如果未受影响的结果 – 未受影响人群的结果）
＝变动对于受影响人群的作用 + 选择性偏差

这表明了实际影响（受变动影响人群会怎样）和虚拟事实（counterfactual）（如[137]果他们没有受影响会怎样）之间的对比是建立因果关系的关键概念（Angrist and Pischke 2009, Neyman 1923, Rubin 1974, Varian 2016, Shadish, Cook and Campbell 2001）。

对照实验是评估因果关系的黄金标准，因为，当实验单元被随机分配到不同变体时，上述等式右边的第一项即为对照组与实验组间观测到的差别，而第二项的期望值为零。

然而，有时适当的对照实验不可行。这些情况包括：

- 当想要测试的可能有因果效应的行为不受这个机构控制时。例如，你可能想了解当用户的手机从 iPhone 换成三星 Galaxy 时，他们的行为如何变化。即使三星可以采取一些措施鼓励用户随机选择，但通常来讲它无法控制用户的选择。若以通过支付报酬的方式使用户更换手机则会给结果造成偏差。

- 当实验单元数量很少时。例如，在一个企业并购的场景下，最终只有一个事件（并购发生或没有发生），而估计虚拟事实是极度困难的。

- 当建立对照组会因他们没有受到实验影响而造成巨大的机会成本时（Varian 2016）。例如，随机实验对于罕见事件的成本可能很高，如评估在超级碗期间投放广告的影响（Stephens-Davidowitz, Varian and Smith 2017）；或者，当测量所需的综合评估标准需要太长时间时，随机实验的成本也会很高，例如评估标准是购买当前车辆五年后回到网站购买一辆新车。

- 当变动的成本相对于期待能得到的价值过于昂贵时。有些实验的目的是试图更好地了解各种关系。例如，如果所有用户在一段时间后被强制登出，会流失多少用户？或者，如果不在必应或谷歌这样的搜索引擎上展示广告会怎么样？

- 当想要的随机化单元无法被适当地随机分配时。在评估电视广告的价值时，实际中不可能按观众随机分组。一个替代方法是使用指定市场区域（Designated Market Area, DAM）（Wikipedia contributors, Multiple Comparisons problem 2019），但这会导致实验单元大大减少（例如，在美国约为 210 个），因此即便使用如配对等技术，统计功效还是很低。

- 当所测试的项目不道德或不合法时，例如不给某些人群使用被认为有益的医疗措施。

对于上述情况，最好的方法通常是使用证据可信度等级较低的多种方法来评估效果，也就是说，使用多种方法来回答问题，包括小规模的用户体验调研、问卷调查和观察性研究。有关其他几种技法的介绍，请参见第 10 章。 138

在本章中，我们的重点是通过观察性研究来估计因果效应，我们将其称为观察性因果研究。一些书目，例如 Shadish et al.（2001），用术语观察性（因果）研究指没有操纵单元的研究，用术语准实验性设计指将单元分配给变体但非随机分配的研究。更多相关信息，请参见 Varian（2016）和 Angrist and Pischke（2009, 2014）。请注意，我们将观察性因果研究与更一般的观察性或回顾性数据分析区分开来。尽管两者都是基于历史日志数据开展的，观察性因果研究的目标是尝试尽可能得到接近因果关系的结果，而第 10 章所讨论的回顾性数据分析则具有不同的目标，包括总结数据的分布，了解某些行为模式的普遍性，分析可能的指标以及寻找有趣模式为对照实验提供假设。

11.2　观察性因果研究的设计

观察性因果研究中的难点有：

- 如何构建可以比较的对照组和实验组。
- 给定对照组和实验组如何建模估计影响。

11.2.1　中断时间序列

中断时间序列（Interrupted Time Series, ITS）是一种准实验设计，你可以控制系统中的变动，但不能通过随机分配变动来构建真正的对照组和实验组。作为替代，用同样的用户群作对照组和实验组，并随时间改变用户群的体验。

具体而言，在变动介入之前，它使用不同时间的多次测量来创建一个模型，该模型可以估计变动介入后的相关指标——虚拟事实。变动后，再进行多次测量，并将关注指标的实际值与模型的预测值之间的平均差作为实验效应的估计（Charles and Melvin 2004, 130）。简单中断时间序列的一种扩展是引入实

[139]验变动然后将其反转，并可以选择多次重复此过程。例如，警用直升机监视对家庭入室盗窃的影响可以使用多次实验变动来估计，这是因为几个月以来，监视被实施并撤回了几次。每次实施直升机监视，入室盗窃的数量都会减少；每次取消监视，入室盗窃的数量都会增加（Charles and Melvin 2004）。对于线上环境，一个类似的例子是了解线上广告对与搜索相关的网站访问的影响。需要注意的是，推断影响可能需要复杂的建模，贝叶斯结构时间序列分析（Bayesian Structural Time Series）（如图 11.1 所示）是其中一个线上的中断时间序列模型的例子（Charles and Melvin 2004）。

观察性因果研究的一个常见问题是，如何确保在实际上有混杂效应的时候不会把影响错误的归因于实验变动。中断时间序列中最常见的混杂因素是时间造成的影响，因为它对不同的时间点进行了比较。季节性是一个明显的例子，但是其他潜在的系统更改也可能造成干扰。来回进行多次实验变动有助于降低这种可能性。使用中断时间序列时的另一个顾虑是用户体验：用户会注意到他们的体验来回反转吗？ 如果会，那么这种缺乏一致性的体验可能会使用户恼火或沮丧，从而导致观测到的效应可能不是由实验变动而是由不一致的体验引起的。

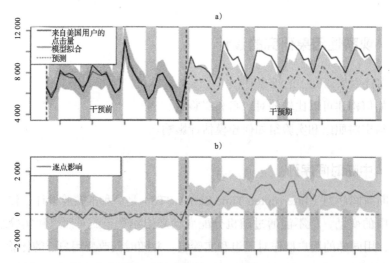

图 11.1 　使用贝叶斯结构时间序列模型的中断时间序列（Charles and Melvin 2004）。a）中的实线表示了模型在变动介入前的拟合以及实际观测到的指标，虚线表示预测的虚拟事实。x 轴是天数，周末用灰色阴影标注。b）显示了指标实际值和预测值之差。如果模型是好的，那么这个差就是一个实验效应的[140]估计。周末用灰色阴影标注

11.2.2　交错式实验

交错式实验设计是一种用于评估排名算法变动（例如在搜索引擎中或在网站上进行搜索）的常用设计（Chapelle et al. 2012, Radlinski and Craswell 2013）。在一个交错式实验中，你有两个排名算法 X 和 Y。算法 X 将按顺序显示结果 x_1，x_2，...，x_n，而算法 Y 会显示 y_1，y_2，...，y_n。交错式实验会显示交错混合在一起的结果，例如 x_1，y_1，x_2，y_2，...，x_n，y_n，并删除重复的结果。一种评估算法的方法是比较两种算法结果的点击率。尽管这是一种功能强大的实验设计，但其适用性有限，因为结果必须是同质的。如果第一个结果占用更多空间，或影响页面的其他区域，那么就会增加实验复杂性，而这种情况经常发生。

11.2.3　断点回归设计

断点回归设计（Regression Discontinuity Design, RDD）是一种可以用于当受实验影响的人群是由一个明确阈值识别的情况下的方法。基于该阈值，我们可以将刚好低于阈值的人群作为对照组，将刚好高于阈值的人群作为实验组，通过比较这两组人群来减少选择性偏差。

例如，颁发奖学金时，那些接近获奖的人很容易被识别出来（Thistlewaite and Campbell 1960）。如果奖学金颁发给得到 80% 或以上分数的人，那么可以假设分数刚好高于 80% 的实验组与分数刚好低于 80% 的对照组很相似。如果参与者可能影响其实验分组时，那么这个假设就不成立。例如，如果高于一个及格分数的人被分为实验组，但学生能够说服老师手下留情给他们放水及格（McCrary 2008）。使用断点回归设计的一个例子是评估饮酒对死亡的影响：21 岁以上的美国人可以合法饮酒，因此我们可以按生日查看死亡数据，如图 11.2 所示。"死亡风险在二十一岁生日那天以及随后一天激增……相对于每天约 150 例的基准水平，死亡人数上升了约 100 例。21 岁生日时死亡率的飙升似乎并不是由一般的疯狂生日聚会导致的。如果这一高点仅反映了生日聚会，那么在 20 岁和 22 岁生日时死亡人数也应该会激增，但这并没有发生。"（Angrist and Pischke 2014）

如以上示例所示，一个关键问题还是混杂因素。对于断点回归设计，在阈值处的实验断点可能会受到共享同一阈值的其他因素的污染。例如，一项关于

酒精影响的研究选择了 21 岁的法定年龄作为阈值，这个设计可能被污染，因为
[141] 这也是合法赌博的阈值。

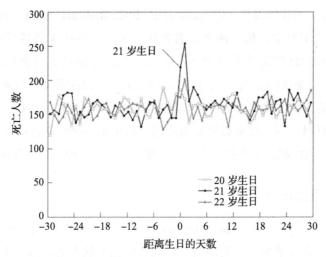

图 11.2　死亡数与距离 20、21 和 22 岁生日的天数（Angrist and Pischke 2014）

断点回归设计最常见的适用情况是当有一个算法生成一个分数且根据该分数的阈值发生某些事情的时候。需要注意的是，对于软件开发的场景，尽管一个选项使用断点回归设计，但这也是一个可以很容易运行随机对照实验的场景，或者可以使用两者的某种混合版本（Owen and Varian 2018）。

11.2.4　工具变量和自然实验

工具变量（Instrumented Variable, IV）是一种尝试近似随机分组的技术。具体来说，它的目标是找到一种工具，使我们能够近似实现随机分组（这在自然实验中自然发生）（Angrist and Pischke 2014, Pearl 2009）。

例如，越战征兵抽签类似于将个人随机分配给军队，可用于分析退伍军人和非退伍军人之间的收入差异；特许学校的入学名额是通过抽签分配的，因此可以成为一些研究的理想的 IV 选择。在这两个示例中，抽签均不能保证出勤率，但对出勤率影响很大。之后，两阶段最小二乘回归模型通常用来估计效果大小。

有时，可能会发生"像随机实验一样好"的自然实验。在医学上，对同卵

双胞胎进行的双胞胎研究可以作为自然实验（Harden et al. 2008, McGue 2014）。 [142]
对于线上场景，在研究社交网络或同辈网络时，对用户进行对照实验可能很难，
因为由于用户间的交流，实验效果可能不会限制在实验组人群的范围内。但是，
通知队列和消息传递顺序可以被看作是一类自然实验，能利用它们来了解通知
对用户参与度的影响，例如 Tutterow and Saint-Jacques（2019）。

11.2.5 倾向评分匹配

另外一类方法是构造可比较的对照组和实验组人群，构造的方法通常是按
照常见的混杂因素对用户进行细分，类似于分层抽样。这样做的目的是确保对
照人群和实验人群之间的差异不是由人群结构的变化引起。例如，如果我们正
在研究从 Windows 更改为苹果 iOS 的外生性变化对用户的影响，那么要确保我
们不是在衡量用户的人口学差异。

我们可以通过采用倾向评分匹配（propensity score matching, PSM）进一步
延伸这种方法，倾向评分匹配不是把单元按协变量进行匹配，而是按单个数字
匹配：一个构造出来的倾向评分（Rosenbaum and Rubin 1983, Imbens and Rubin
2015）。该方法已应用于线上领域，例如，用于评估线上广告的影响（Chan
et al. 2010）。关于 PSM 的关键问题是它仅考虑到可以观察到的协变量，而无
法考虑进来的因素可能会导致潜在的偏差。Judea Pearl（2009, 352）中写道：
"Rosenbaum 和 Rubin……非常清楚地警告从业者，倾向评分仅在'强可忽略
性'条件下使用。但是，他们没有意识到的是，仅仅警告人们注意自己无法识
别的危险是不够的。"King and Nielsen（2018）声称，PSM"经常会适得其反，
从而加剧了不平衡性、低效率、模型依赖性和偏差。"

对于上述所有方法，关键问题在于混杂因素。

11.2.6 双重差分法

上面的许多方法都着重于如何识别出与实验组尽可能相似的对照组。在
识别出对照组后，一种测量实验效应的方法是双重差分法（difference in
differences, DD 或 DID）。这种方法假设对照组和实验组在趋势上是相同的，
并将趋势变化的差异归因于实验的效果。特别是，对照组和实验组的指标数
值"在没有实验变动的情况下可能会有所不同，但只会平行移动"（Angrist and

[143] Pischke 2014）。

　　基于地理位置的实验通常使用这种技法。你想了解电视广告对推动用户获取、参与和留存的影响。你在一个指定市场区域投放电视广告，然后将其与另一个指定市场区域进行比较。例如，如图 11.3 所示，在时间 T_1 对实验组进行了变动。在 T_1 之前以及之后的某个时间点 T_2 分别对实验组和对照组进行测量。假定对照组中两个时期的关注指标（如 OEC）之间的差异捕捉了外部因素（例如季节性、经济实力、通货膨胀）的影响，那么这个差异就提供了实验组如果没有变动指标会如何变化的虚拟事实。实验效应可以被估计为实验组相关指标的变化与对照组在同期的变化之差。

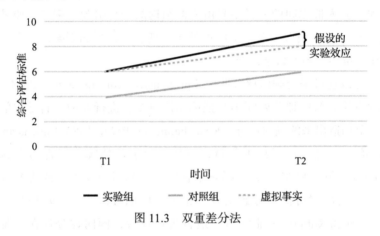

图 11.3　双重差分法

　　需要指出的是，这种方法还适用于你没有做出变动而存在外生性变化的时候。例如，当新泽西州的最低工资被调整时，想要研究其对快餐店就业水平的影响的研究人员，将新泽西州与宾夕法尼亚州东部的情况进行了比较（这两个区域的许多特征是相似的）（Card and Krueger 1994）。

11.3　陷阱

　　尽管有时观察性因果研究是最好的选择，但它也有许多陷阱需要注意（更详尽的列表，请参见 Newcomer et al.（2015））。如前文所述，无论采用何种方法，观察性因果研究的主要陷阱是未考虑到的混杂因素，这些混杂因素会影响[144] 所测得的实验效应以及有关变动的因果归因。由于这些混杂因素，观察性因果研究需要非常谨慎地处理才能得到可信赖的结果。有许多被驳斥的观察性因果研究的实例（参见 11.4 节和第 17 章）。

混杂因素的一种常见类型是未识别的**共同原因**。例如，人类手掌的大小与预期寿命密切相关（见图 11.4）：平均而言，手掌越小，寿命就越长。然而，手掌较小和预期寿命较长的共同原因是性别：女性手掌较小，平均寿命也更长（在美国大约是 6 年）。

再举一个例子，对于包括微软

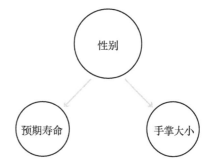

图 11.4　手掌大小不能预测预期寿命，性别才是可以预测这两者的共同原因

Office 365 在内的许多产品，看到更多错误的用户通常更少流失！但是，请勿尝试显示更多的错误以期待可以减少用户流失，因为这种相关性是由一个共同原因造成的：使用度。重度用户会看到更多错误，同时流失率更低。对于功能所有者来说，发现使用其新功能的用户流失率较低的情况并不少见，这似乎意味着正是他们的功能在减少用户流失。真的是这个新功能在起作用吗？还是（更有可能）仅仅因为重度用户流失率较低同时更可能使用更多的功能？在这些情况下，要评估新功能是否确实可以减少客户流失，需要运行对照实验（并分别分析新用户和重度用户）。

需注意的另一个陷阱是**伪相关性或欺骗性的相关性**。欺骗性的相关性可能是由大的离群值引起的，例如，如图 11.5 所示，营销公司可以宣称他们的能量饮料与运动表现高度相关，并暗示因果关系：喝我们的能量饮料，可以提高你的运动表现（Orlin 2016）。

伪相关性几乎总是可以找到（Vigen 2018）。当检验许多假设且我们没有像上面的例子那样有正确的直觉来拒绝因果主张时，我们可能会相信因果关系。例如，如果有人告诉你，他们发现一个与人被毒蜘蛛杀死有很强相关性（$r=0.86$）的因素，你可能会倾向于根据这个信息采取行动。但是，当你意识到由毒蜘蛛造成的死亡人数和全美拼写比赛（National Spelling Bee）的单词长度有相关性时（如图 11.6 所示），你会很快拒绝缩短全美拼写比赛的单词长度的要求，因为这是不合理的。

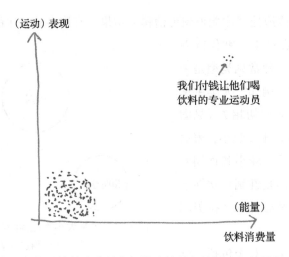

图 11.5　运动表现与能量饮料消费量之间欺骗性的相关性。相关性并不意味着因果关系

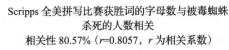

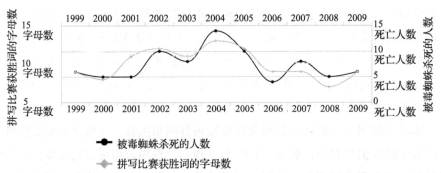

图 11.6　被毒蜘蛛杀死的人数与全美拼写比赛的单词长度的伪相关性

　　即使采取了谨慎措施，也无法保证观察性因果研究没有漏掉可能影响结果的其他因素。准实验的方法试图推导出虚拟事实以作对比，并由此确立因果关系，但它需要许多假设，其中任何一个都可能是错误的，并且有些假设是隐性的。错误的假设会导致结论不具有内部有效性，并且取决于所做假设以及它们的局限性，也会影响研究的外部有效性。尽管建立直觉可以帮助提高假设的质量（如第 1 章所述），但是直觉并不能消减所有可能出现的问题。因此，建立因果关系的科学黄金标准仍然是对照实验。

146

11.4 补充材料：被驳斥的观察性因果研究

从观测数据中得出因果关系（无对照）需要多个无法测试且容易违背的假设。虽然许多观察性因果研究后来通过随机对照实验得到印证（Concato, Shah and Horwitz 2000），但许多其他研究则被驳斥。Ioannidis（2005）评估了一些被多次引用的研究中宣称的结论，他的研究包括六项观察性因果研究，其中有五项无法被复制。Stanley Young and Alan Karr（2019）将通过观察性研究（即无对照实验）从医学假设中得到的显著的并发表的结果，与被认为更可靠的随机临床试验做比较。来自 12 篇论文的宣称的 52 项结论，没有一项能在随机对照试验中被复制。并且对于 52 个案例中的 5 个案例，实验结果在与观察因果研究相反的方向上统计显著。他们的结论是："来自观察性研究的任何说法都很有可能是错误的。"

线上领域的一个例子是如何衡量线上广告的有效性，也就是，线上广告是否能增加品牌活跃度以及用户参与度。这种情况通常需要观察性因果研究来衡量效果，因为介入的变动（广告）和效果（用户注册或参与）通常位于不同的网站，因此在不同的控制范围内。Lewis, Rao and Reiley（2011）[注]比较了观察性因果研究相对于"黄金标准"对照实验所估计的线上广告的有效性，发现观察性因果研究大大高估了广告的效果。具体来说，他们进行了三个实验。

第一个实验是向用户显示广告（展示广告），问题是：使用与广告中显示的品牌相关的关键字进行搜索的用户数量增加了多少（提升幅度）。通过对 5 千万用户的观察性因果研究，包括三个带有控制变量的回归分析，估计的提升幅度在 871% 至 1198% 的范围。这个估计的提升幅度比通过对照实验测得的 5.4% 的提升幅度高出几个数量级。混杂因素是作为共同原因的用户当初对雅虎的访问。访问雅虎的活跃用户在给定的某一天更有可能看到展示广告并同时执行搜索。广告的曝光率和搜索行为高度正相关，但是展示广告

[147]

⊖ 此处引用对应的参考文献缺失了文章名。完整的参考文献应为：Lewis, Randall A, Justin M Rao, and David Reiley. 2011. "Here, There, and Everywhere: Correlated Online Behaviors Can Lead to Overestimates of the Effects of Advertising." Proceedings of the 20th ACM International World Wide Web Conference (WWW). 157-166. https://ssrn.com/abstract=2080235。——译者注

对搜索的因果影响很小。

接下来的一个实验是向用户展示视频，问题是：这些视频是否会导致用户活跃度增加。用户是通过亚马逊 Mechanical Turk 招募的，其中一半被展示宣传雅虎服务的 30 秒视频广告（实验组），另外一半被展示政治性视频广告（对照组），其目的是测量雅虎上的活跃度是否增加。之后进行了两项分析：对实验组被展示 30 秒雅虎广告前后的观察性因果研究，以及比较看到广告后两组的活跃度的实验分析。观察性因果研究夸大了广告的效果多达 350%。在这里作为共同原因的混杂因素是，某一天在亚马逊 Mechanical Turk 上更活跃的用户参与实验并在雅虎上活跃的可能性也更大。

最后一个实验是向雅虎用户展示一个竞争对手广告，目的是评估用户在观看广告当天是否更有可能在竞争对手的网站上注册。观察性因果研究将看到广告的用户当天的行为与一周前的用户行为比较，而实验比较了没有看到竞争对手的广告但访问了雅虎的用户与同一天访问雅虎并看到广告的用户。根据观察性因果研究，与前一周的用户相比，看到广告的用户在那一天更有可能在竞争对手的网站上注册。但是，对照实验显示他们几乎观察到相同的提升。此结果类似于我们之前对用户流失和产品错误的讨论：活跃的用户只是更有可能进行广泛的活动，使用的活跃度通常是一个重要的因素。

这只是一个故事，一个比较。最近的一项比较研究还发现，观察性因果研究的准确性不如线上对照实验（Gordon et al. 2018）。我们在网站 https://bit.ly/experimentGuideRefutedObservationalStudies 上提供了更多故事，其中展示了未识别的共同原因、对时间敏感的混杂因素、人群差异导致缺乏外部有效性等示例。如果你需要进行观察性因果研究，请谨慎对待。

第四部分

实验平台搭建

第四部分扩展了第 4 章关于构建实验平台的内容。这五个简短的章节专门为工程师和数据科学家而写。产品经理也至少应了解此处讨论的问题，因为它们会影响实验设计以及实验分析的数据质量。

为了简化讨论，整本书主要关注服务器端实验。但是，实际工作中需要在许多胖客户端运行客户端实验，尤其是移动或桌面应用程序。我们提供了运行客户端实验时要考虑的关键差异。

无论你处于实验成熟度的哪个阶段，接下来的两个主题都是基础。

首先，高质量的工具化日志记录是运行可信赖的线上对照实验的先决条件。没有日志记录，你无法获得数据或指标来分析实验，甚至无法确定系统的基准性能。这一章将讨论实验中日志记录的关键点。

接下来，为简单起见，我们在本书中假设选择用户作为随机化单元，但还有其他选择，例如会话或页面。选择随机化单元通常嵌入在你的系统中，并会同时影响用户体验和分析的有效性。我们描述了可供你使用的各种选择，并提供了如何选择的指南。

当你规模化实验时，还需要考虑其他方面。

首先，以有原则的和可控的方式放量对于规模化至关重要。我们讨论了实验放量：权衡速度、质量与风险。

最后，自动化和可扩展的数据分析管线对于实验规模化也至关重要。我们提供了规模化实验分析所需的通用步骤，包括处理、计算和展示数据。

151
~
152

第 12 章

客户端实验

实践中的理论与实践的差异比理论中的理论与实践的差异还要大。

—— Jan L.A. van de Snepscheut

为何你需要重视：你可以在瘦客户端（例如网页浏览器）或胖客户端（例如本机移动应用程序或桌面客户端应用程序）上运行实验。网页的改动（无论是前端的还是后端的）完全由服务器控制，这与胖客户端的完全不同。随着移动设备使用量的爆炸性增长，在移动应用程序上运行的实验数量也在增加（Xu and Chen, 2016）。理解瘦客户端和胖客户端之间由于发布流程、基础架构和用户行为而产生的差异，对于确保实验的可信赖度非常有用。

为了简化讨论，本书的大部分内容都假定我们设计和运行的实验是在瘦客户端。本章专门讨论在胖客户端运行实验的差异和潜在影响。

12.1　服务器端和客户端的差异

为了简化术语，我们将用"客户端实验"指代在胖客户端进行的实验改动。我们将用"服务器端实验"来指代在服务器端进行的实验改动，无论该改动影响了胖客户端还是瘦客户端，无论它是 UX 改动还是后端改动。

服务器端和客户端之间有两个主要差异会影响线上实验：发布流程和数据
通信。

12.1.1　差异 1：发布流程

线上网站新功能的发布通常是连续发生的，甚至有时每天多次发布。由于
改动是由机构控制的，因此作为持续集成和部署的一部分，更新服务器端代码
相对容易。当用户访问站点时，服务器会将数据（例如 HTML）推送到浏览器，
而不中断终端用户的体验。在对照实验中，该用户看到的实验变体完全由服务
器管理，并且不需要终端用户采取任何行动。显示红色还是黄色按钮，以及是
否显示最新改动的主页——这些都是在服务器端部署后可以立即生效的改动。

对于客户端的应用程序，许多功能仍受服务器端代码的影响，例如在脸书
的应用程序中显示的信息流内容（feed content）。影响它的改动将遵循与上述网
页类似的发布流程。实际上，就敏捷性以及不同服务器端的一致性而言，我们
越依赖于服务器，针对不同客户的实验就越容易运行。例如，必应、谷歌、领
英和 Office 的许多改动都是在服务器端进行的，并影响所有的客户端（包括网
页客户端和移动应用程序之类的胖客户端）。

但是，大量的代码是和客户端一起发布的。这部分的任何代码改动必须以
不同的方式发布。其发布流程涉及三方：应用程序所有者（例如脸书）、应用程
序商店（例如谷歌 Play 商店或苹果应用商店）和终端用户，因此移动应用程序
的开发人员无法完全控制部署和发布周期。

代码就绪后，应用程序所有者需要将构建提交到应用程序商店进行审查。
假设该构建通过了审查（可能需要几天），将其发布给所有人并不意味着每个人
都将使用该应用程序的最新版本。需要通过软件升级来获取新版本，用户仍可
以继续使用旧版本而延迟甚至忽略此次升级。部分终端用户需要等待数周的时
间才升级软件。某些组织可能不希望并且不允许其用户升级使用新版本。

某些软件（例如 Exchange）运行在主权云中，这些云被限制调用未经批准
的服务。所有这些考虑意味着应用程序所有者在任何时候都必须支持多种版本
的应用程序。尽管可能不涉及应用商店审查过程，但类似的挑战也存在于遵循
自己的发布机制的桌面客户端（例如微软 Office、Adobe Acrobat 和 iTunes）。

值得指出的是，谷歌 Play 应用商店和苹果应用商店现在都支持分阶段部署

（Apple, Inc. 2017, Google Console 2019）。它们都允许应用程序所有者仅对一部分用户开放应用程序的新版本，并在发现问题时暂停。分阶段部署本质上是随机实验，因为符合条件的用户是随机选择的。可惜的是由于应用程序所有者不知道哪些用户有资格更新应用程序，因此无法将这些部署作为随机实验进行分析。应用程序所有者仅知道谁"更新"了新应用程序。我们将在本章稍后讨论。

应用程序所有者可能不希望频繁发布新的客户端版本。即使没有关于发布新版本次数的严格限制，但每次更新都会消耗用户的网络带宽，并可能是糟糕的用户体验（取决于用户关于更新和通知的设置）。Windows 或 iOS 是无法频繁更新的很好的例子，因为某些更新需要重新启动。

12.1.2 差异 2：客户端和服务器之间的数据通信

现在用户已经更新了应用程序，新应用程序必须与服务器进行通信。客户端需要从服务器获取必要的数据，并且需要将关于客户端的相关数据传回服务器。虽然第 13 章将介绍通常情况下的客户端日志记录，但此处将重点介绍一些移动应用程序的数据通信方面的关键因素。尽管从移动设备的角度阅读本节更容易，但请注意，随着技术的飞速发展，特别是设备功能和网络连接的改进，移动设备和台式机之间的鸿沟正在逐步缩小。

首先，客户端和服务器之间的数据连接可能受到限制或延迟：

- **互联网连接**。互联网连接可能不可靠或不一致。某些国家 / 地区的用户可能好几天处于离线状态。即使是通常在线的用户，也可能因为在飞机上或暂时处于没有可用的移动数据或 Wi-Fi 的区域而无法访问互联网。在这种情况下，服务器端的改动可能不会被推送到客户端。类似地，客户端收集的数据可能会延迟传输回服务器。这些延迟因国家 / 地区或人口而异，必须在日志记录和下游处理中予以考虑。
- **移动数据带宽**。大多数用户的移动数据流量是有限的，这引发了一个问题，即仅在使用 Wi-Fi 时还是任何时候上传遥测数据。大多数应用程序选择仅通过 Wi-Fi 上传遥测数据，这可能会延迟服务器接收到该数据的时间。各国之间也可能因为移动基础设施的带宽和成本等方面而存在异质性。

不仅数据连接本身受到限制，即使连接良好，使用网络也会影响设备性能

155

并最终影响用户与该应用程序的互动（Dutta and Vadermeer 2018）：

- **电池**：更多的数据通信意味着电池消耗增加。例如，应用程序可定期唤醒以发送更多遥测数据，但这会影响电池消耗。此外，低电模式的移动设备对该应用程序可以做什么是有限制的（Apple, Inc. 2018）。

- **CPU、延迟和性能**：尽管当今许多移动设备已经像微型计算机，但仍有一些低端移动设备受到 CPU 功率的限制。设备上频繁的数据聚合以及与服务器之间来回发送数据会减慢应用程序的响应速度，并损害应用程序的整体性能。

- **内存和存储**：缓存是减少数据通信的一种方法，但它会影响应用程序的大小，进而会影响应用程序的性能并增加应用程序的卸载（Reinhardt 2016）。对于使用内存和存储空间较小的低端设备的用户，这可能是一个更大的问题。

通信带宽和设备性能是同一个设备的生态系统中需要权衡取舍的组成部分。例如，我们可以使用更多的移动数据来获得更一致的互联网连接；我们可以使用更多的 CPU 来在设备上进行数据计算和聚合，以减少发送回服务器的数据；我们可以通过使用更多的设备存储空间来等待有 Wi-Fi 时发送追踪数据。这些折中会影响到对客户端正在发生的事情的可见性以及用户的参与和行为（类似于第 5 章），使其中成为潜在的高产的实验领域，但我们也需要保持谨慎，以确保获得可信赖的结果。

12.2 对实验的潜在影响

12.2.1 潜在影响 1：尽早预见改动并将其参数化

由于客户端代码无法轻松地交付给终端用户，因此任何客户端的对照实验都需要提前计划。换句话说，所有实验（包括每个实验的所有变体）都必须与当前应用程序构建一起编码和交付。任何新变体，包括对现有变体的任何修复，都必须等待下次发布。例如，微软 Office 的每月常规发行版都附带了数百种新功能，它们都以对照的方式发布，以确保安全部署。这有三个潜在影响：

1）新的应用程序可能会在某些功能完成之前发布，在这种情况下，这些功能由被称为功能切换的配置参数控制，而且在默认情况下是关闭的。以这种方式关闭的功能被称为暗黑模式功能（dark feature）。当功能完成（有时是在服务器端）并且准备就绪时，可以将其打开。

2）更多功能可以从服务器端对其进行配置。这样就可以通过 A/B 测试对它们进行评估，这不仅有助于通过对照实验来测量性能，还可以提供安全网。如果某个功能表现不佳，我们可以通过关闭该功能（对照实验中的变体）立即还原，而无须经历漫长的客户端发布周期。这可以防止终端用户在下一个版本发布之前的数周内面对有故障的应用程序。

3）更精细的颗粒度的参数化被广泛使用，以增加创建新变量的灵活性，而无须客户端新版本的发布。这是因为尽管无法轻松推送新代码到客户端，但如果客户端了解如何解析配置，则可以有效地创建新变体从而轻松传递新配置。例如，我们可能想测试每次从服务器获取信息流内容的数量。我们可以在客户端代码中做出最好的猜测，并仅对计划的内容进行实验，或者我们也可以对数量进行参数化，从而在发布后自由地实验。Windows 10 在任务栏中设置了搜索框文本的参数，并在交付后的一年内持续运行实验，最佳的变体提高了用户的参与度并为必应增加了数百万美元的营收。另一个常见的例子是从服务器更新机器学习模型的参数，以便随时调整模型。

尽管我们认为出于用户体验的考虑最好先测试所有功能，然后再向所有应用程序用户发布，但应用程序商店可能会限制哪些功能能够以暗黑模式发布。我们建议你认真阅读应用程序商店的政策，并适当披露暗黑模式的功能。

12.2.2　潜在影响 2：对日志上报和有效实验开始时间的延迟有所预期

客户端与服务器之间受限的或延迟的数据通信不仅会延迟日志上报，也会延迟实验本身的开始时间。首先，客户端实验的实现需要随应用程序的新版本一起发布。然后，一小部分用户可以开始实验。但是，此时该实验仍会因为以下原因未能完全启用：

- 用户设备可能因为处于离线或者低带宽的状态无法获得新的实验配置，在这种情况下推送新配置可能会增加成本或导致糟糕的用户体验。
- 因为我们不想在用户的当前会话中改动用户体验，所以可能选择仅在用户打开应用程序时才获取新的实验配置，从而导致实验的新分配可能要

157

等到下一次会话才会生效。对于每天有多个会话的重度用户，此延迟很小。但是对于每周访问一次的轻度用户，实验可能一周后才开始。

- 许多设备上的旧版本可能没有新的实验代码，尤其是在新版本刚发布后。根据我们的经验，大约需要一周的初始采用阶段，新版本的采用率才能稳定。采用率可能会根据用户数量和应用程序类型的不同而有很大的差别。

这些实验开始时间以及到达服务器的日志的延迟可能会影响实验分析，尤其是有时效性的分析（例如实时的或近实时的）。首先，实验开始时，因样本量较小而信号较弱，并且对于倾向于早期采用的重度用户和 Wi-Fi 用户也具有较强的选择性偏差。因此，可能需要延长实验时间来补偿。另一个重要的潜在影响是对照组和实验组变体的有效实验开始时间可能不同。一些实验平台允许使用共享的对照组变体，在这种情况下，对照组变体可能早于实验组变体存在，并且因为选择性偏差而导致用户数量不同。另外，如果对照组开始较早，则服务请求的响应因为缓存已经预热变得更快，这可能会带来额外的偏差。因此，需要谨慎地选择比较对照组和实验组的时间段。

12.2.3　潜在影响 3：创建故障安全体制以处理离线或启动案例

用户打开应用程序时，可能处于离线状态。出于一致性的考虑，我们应该缓存实验分配，以防下次打开时是离线状态。此外，如果服务器未响应决定分配所需的配置，我们应该为实验设置默认变体。一些应用程序还作为代工生产（Original Equipment Manufacture, OEM）的协议发布。在这些情况下，必须正确设置实验以获得初次体验。这包括取回只会影响下次启动的配置，以及在用户注册或登录之前和之后稳定的随机 ID。

12.2.4　潜在影响 4：触发分析可能需要追踪客户端实验的分配

在客户端实验启用触发分析时，你可能需要格外小心。例如，一种捕获触发信息的方法是在实验时将追踪数据发送到服务器。但是，为了减少从客户端到服务器的通信，通常会一次性（例如在应用程序启动时）为所有进行中的实验获取实验分配信息，而不在意是否触发了该实验（见第 20 章）。依赖在获取追踪数据时进行触发分析可能会导致过度触发。解决此问题的一种方法是在实际使用该功能时发送分配信息，因此需要从客户端发送实验日志。请记住，如果这些追踪事件的数量很大，则可能会导致延迟和性能问题。

12.2.5 潜在影响 5：在设备和应用程序层面追踪重要护栏指标的健康状况

设备级别的性能可能会影响应用程序的表现。例如，实验组可能会消耗更多的 CPU 和电池电量。如果仅追踪用户的互动数据，则可能不会发现电池电量耗尽的问题。另一个示例是，实验组可能会向用户发送更多推送通知，然后用户通过设备设置提高通知禁用级别。这在实验过程中可能不会表现为用户互动的显著下降，但会产生长期的影响。

追踪应用程序的整体健康状况也很重要。例如，我们应该追踪应用程序的大小，因为更大的应用程序更有可能减少下载并导致更多卸载（Tolomei 2017, Google Developers 2019）。互联网带宽的消耗、电池电量的使用或应用程序的崩溃可能会导致类似的结果。对于应用程序的崩溃，记录一个干净的退出可以在下次应用程序启动时发送关于崩溃的遥测信息。

12.2.6 潜在影响 6：通过准实验方法监控整个应用程序的发布

A/B 测试并不能评估新应用程序的所有改动。如果想在整个新应用程序上真正运行随机对照实验，需要将两个版本捆绑在同一个应用程序中，并只对部分用户启用新版本，而其他用户则延用旧版本。这会使应用程序的大小增加一倍，因此对于大多数应用程序来说是不切实际的或不理想的。另一方面，并非所有用户都同时采用新版本的应用程序，因此在一段时间内我们通过两个版本的应用程序为用户提供服务。如果我们可以校正采用新应用程序的偏差，则可以有效地进行 A/B 对比。Xu and Chen（2016）分享了一些关于如何消除移动设备中采用新应用程序的偏差的技术。

12.2.7 潜在影响 7：提防多个设备／平台以及它们之间的相互影响

用户通常会通过多个设备和平台（例如台式机、移动应用程序和移动设备上的网页）访问同一站点。这可能有两个潜在影响。

1）不同的设备上的 ID 可能不同，因此同一用户可能会在不同设备上被随机分到不同的实验变体（Dmitriev et al. 2016）。

2）不同设备之间潜在地相互影响。很多浏览器（包括微软 Edge）现在都具有"在桌面上继续"或"在手机上继续"的同步功能，以方便用户在桌面和手机之间切换。在移动应用程序和移动网页之间的切换也很常见。例如，如果用户在手机上阅读来自亚马逊的电子邮件并点击，则电子邮件链接可以将其直接转到亚马逊的应用程序（假设已安装该应用程序）或手机上的网页。分析实验时，需要注意该实验是否可能导致或遭受这些相互影响。如果是这样，我们就不能孤立地评估应用程序的性能，而需要全盘考察所有平台上的用户行为。另一件值得注意的事是，一个平台（通常是应用程序）上的用户体验可能会比另一个平台更好。将流量从应用程序导向网页往往会降低总体参与度，这可能造成非实验所愿的混杂效应。

[160]

12.3 结论

本章专门讨论了瘦客户端与胖客户端的区别。虽然有些差异是显而易见的，但许多差异却是微妙而关键的。我们设计和分析实验需要格外谨慎，以得到可信赖的结果。同时需要强调，我们期望许多差异和潜在影响会随着技术的迅速进步而演变。

[161]

第 13 章

工具化日志记录

凡事都事出有因，如果你仔细观察，会发现确实如此。

—— Marcus Aurelius

为何你需要重视：运行任何实验之前，你必须有适当的工具记录用户和系统（例如网站或应用程序）的日志。此外，每个业务都应该有系统性能以及用户如何与之交互的基准线，这也需要进行工具化日志记录（instrumentation）。运行实验时，拥有关于用户看到的内容、互动（例如点击、悬停和点击需时）和系统性能（例如延迟）的丰富数据是至关重要的。

关于如何工具化日志记录的详细讨论高度依赖于系统架构（Wikipedia contributors, List of .NET libraries and frameworks 2019, Wikipedia contributors, Logging as a Service 2019），并且已经超出本书的范围。本章将讨论实验环境中的工具化日志记录。隐私也是工具化日志记录至关重要的考虑因素，这在第 9 章已经讨论了。本书交互地使用"工具化日志记录"（instrument）、"追踪"（track）和"日志上报"（log）。

13.1 客户端与服务器端的工具化日志记录

实现工具化日志记录时，理解客户端和服务器端分别发生了什么很重要

（Edmons et al. 2007, Zhang, Joseph and Rickabaugh 2018）。客户端的日志记录侧
[162] 重于用户体验，包括用户看到了什么以及做了什么，例如：

- **用户操作**：用户执行了哪些操作？例如点击、悬停和滚动。何时完成的？是在没有服务器往返的情况下吗？例如某些悬停可以生成帮助文本或表单域错误。幻灯片允许用户点击并翻阅，因此记录执行这些操作的时间很重要。

- **性能**：页面（网页或应用程序的页面）需要多长时间才能显示以及互动？第 5 章讨论了测量从搜索查询请求到显示整个页面所花费时间的复杂性。

- **错误和崩溃**：JavaScript 错误很常见，而且可能与浏览器有关，因此追踪客户端软件中的错误和崩溃至关重要。

服务器端的工具化日志记录侧重于系统的功能，包括：

- **性能**：服务器生成响应需要多长时间，以及哪个组件耗时最长？99 百分位数的表现如何？

- **系统响应率**：服务器收到了用户的多少个请求？服务器提供了多少个页面？重试是如何处理的？

- **系统信息**：系统抛出了多少异常或错误？缓存命中率是多少？

因为可以帮助了解用户所见所为，所以客户端的日志记录是有价值的。例如，只有客户端日志才能发现客户端的恶意软件覆盖了服务器发送的内容（Kohavi et al. 2014）。但是，客户端日志在数据的准确性和用户成本方面存在缺陷。以下列出基于 JavaScript 的客户端出现的具体问题（有关移动客户端的问题见第 12 章）：

1）客户端日志可能会占用大量 CPU 周期和网络带宽，并消耗设备电池，从而影响用户体验。大段的 JavaScript 代码段会影响加载时长。这种额外增加的延迟不仅会影响用户的该次访问，还会影响这些用户返回的可能性（见第 5 章）。

2）JavaScript 的日志记录可能是有损的（Kohavi, Longbotham and Walker 2010）：网络信标通常用于追踪用户交互，例如，用户点击链接以转到新站点。但是，这些网络信标在以下情况可能会丢失：

a. 新站点在成功发送网络信标之前加载，这意味着网络信标可以被取消而
[163] 丢失。由于这种竞争而造成的损失率因浏览器而异。

b. 强制在新站点加载之前发送网络信标，例如通过同步的跳转。尽管网络

信标损耗降低，但延时增加，导致不好的用户体验，并增加了用户放弃点击的可能性。

c. 你可以根据具体情况选择实施上述的方案 a 或方案 b。例如，因为广告点击以及付款需要符号合规性要求，必须对其进行可靠的追踪，因此倾向选择方案 b，即使它增加了延时。

d. 客户端时钟可以手动或自动更改。这意味着来自客户端的实际时间可能无法与服务器端的时间完全同步，下游处理时必须予以考虑。例如，永远不要直接计算客户端和服务器端的时间差，因为即使调整了时区，它们也可能有明显偏离。

服务器端的日志受这些问题的影响较小。虽然它不能更清晰地记录用户的实际交互，但是可以更详细地记录系统内部发生的情况以及原因。例如，你可以记录生成 HTML 页面所需时间。由于它不受网络影响，因此数据的方差通常较小，从而指标更灵敏。搜索引擎的内部有分数表明返回特定搜索结果及其排名的原因。记录这些分数对调试和调整搜索算法是有用的。另一个例子是记录请求所来自的实际服务器或数据中心，这可以帮助找到不良设备或超负荷的数据中心。需要谨记服务器也需要经常同步。在某些情况下，请求来自一台服务器，而网络信标则由另一台服务器记录，从而出现时间戳不匹配的情况。

13.2 处理多源的日志

可能有来自不同源头（Google 2019）的多个日志，例如：

- 来自不同客户端的日志（例如浏览器和移动设备）
- 来自服务器端的日志
- 不同用户状态的日志（例如选择加入和选择退出）

重要的是要确保相关的日志可以被下游轻松地处理、利用和合并。首先，必须有一种连接日志的方法。理想的情况是所有日志都有一个共同的标识符作为连接键。连接键必须标明哪些事件是来自同一用户或随机化单元的（见第 14 章）。你可能还需要特定事件的连接键。例如，可能一个客户端事件表明用户已查看特定的内容，而相应的服务器端事件表明了该用户看到该特定屏幕以及其中元素的原因。此连接键会让你知道显示给某个用户的某个事件的两个角度。

164

接下来，共享格式可以简化下游处理。共享格式可以是通用字段（例如时间戳、国家/地区、语言或者平台）和自定义字段。这些通用字段一般是细分分析和定向投放的基础。

13.3 工具化日志记录的文化

工具化日志记录对正在运行的网站至关重要。想象一下，如果飞机仪表出了问题，那么该如何驾驶飞机。这显然是不安全的，但是团队可能会声称缺少日志记录对用户没有影响。他们怎么知道的呢？这些团队没有判断该假设是否正确的信息，因为如果没有适当的日志记录，那么他们是在盲飞。确实，工具化日志记录最困难的部分是首先让工程师进行日志记录，这一困难既源于时间差（即写代码的时间到结果被检查的时间），也源于职能差异（即开发功能的工程师通常不是分析日志以查看其性能的人）。以下是一些改善这种职能分离的技巧：

- 建立文化规范：没有日志记录就没有新产品或新功能上线。将日志记录作为规范的一部分。确保出了问题的日志记录与出了问题的产品或功能具有相同的优先级。如果汽油表或高度计坏了，那么即使飞机仍然可以飞行，驾驶飞机的风险也很高。
- 在开发过程中花时间进行工具化日志记录。开发功能的工程师可以添加任何必要的日志记录，并可以在提交代码之前测试结果（由代码审阅者检查！）
- 监控原始日志的质量。这包括诸如关键维度的事件数或不变的事件数之类（例如，时间戳落在特定范围内）。确保有工具可以检测关键观测值和指标的异常值。如果检测到日志出了问题，开发人员应立即修复该问题。

第 14 章

选择随机化单元

（为了生成随机数，）一个随机频率脉冲源平均每秒产生约十万个脉冲，使用一个每秒一次的恒定频率脉冲对其采样……最初的版本生成的随机数有统计显著的偏差，工程师需要几次修改和完善电路，才生成了表面上令人满意的随机数。1947 年 5 ～ 6 月，包含百万个数位的基本列表生成了。尽管该列表经过了相当详尽的测试，但仍被发现包含微小但统计显著的偏差。

《百万乱数表》（A Million Random Digits with 100,000 Normal Deviates）（RAND 1935）

为何你需要重视：随机化单元的选择在实验设计中至关重要，因为它既涉及用户体验，也涉及哪些指标可用于测量实验的影响。构建实验系统时，你需要考虑将支持哪些选项。理解这些选项以及选择时应考虑的因素将有助于改进实验设计和实验分析。

标识符作为实验的基本随机化单元至关重要。相同的标识符也可用作为日志文件下游处理的连接键（见第 13 章和第 16 章）。请注意，本章的重点是如何选择要使用的标识符，而不是随机化本身的基本标准，比如确保分配的独立性（即一个标识符的实验分组不能告诉我们任何关于其他标识符的实验分组信息）以及将标识符同时分配给多个实验时如何确保跨实验分配的独立性（见第 4 章）。 166

选择随机化单元时要考虑的一个维度是颗粒度。 例如，网站具有以下自然的颗粒度：

- **页面级别**：每个新查看的网页均被视为一个单元。
- **会话级别**：该单元是每次访问过的一组网页。通常会话或访问被定义在闲置 30 分钟后结束。
- **用户级别**：来自单个用户的所有事件作为一个单元。请注意，用户通常是真实用户的近似，通常使用网页 cookie 或登录 ID。cookie 可能会因为被清除或者用户使用隐身浏览模式浏览，从而导致用户数量被高估。对于登录 ID，共享账户可能导致用户数量被低估，而多个账户（例如，用户可能拥有多个电子邮件账户）可能导致用户数量被高估。

我们将以网页为例重点关注这个维度，并讨论主要注意事项。

对于搜索引擎而言，单次搜索可以包括多次的网页浏览，搜索可以是网页和会话之间的颗粒度级别。我们还可以将用户和日期的组合视为一个单元，同一个用户在不同日期属于不同的单元（Hohnhold, O'Brien and Tang 2015）。

尝试确定颗粒度时，主要需要考虑两个问题：

1）用户体验的一致性有多重要？

2）哪些指标重要？

关于一致性，主要问题是用户是否会注意到改动。举个极端的例子，假设实验是关于字体颜色的。如果我们使用精细的颗粒度，例如页面级别，则用户看到的字体颜色可能会随页面而变化。另一个例子是引入新功能的实验。如果随机化是在页面级别或会话级别的，则该功能可能会时而显示时而消失。这些潜在的糟糕且不一致的用户体验会影响关键指标。用户越会注意到的实验改动，随机化的过程使用更粗糙的颗粒度以确保用户体验的一致性就越重要。

选择的指标和选择的随机化单元也会相互影响。更精细的颗粒度的随机化会创建更多单元，因此指标均值的方差会更小，从而实验将具有更大的统计功效来检测较小的变化。值得注意的是，以页面为单位进行随机化（和分析）会导致对实验效应方差的些微低估（Deng, Lu and Litz 2017），但实际上低估得很少，通常会被忽略。

尽管指标的较小方差似乎是选择更精细的随机颗粒度的一个优势，但请牢记以下注意事项：

1）如果新功能跨越该颗粒度级别起作用，则不能使用该颗粒度级别进行随机化。例如，如果新功能包含个性化或涉及其他页面，则按页面级别进行随机化将不再有效，因为发生在当前页面的事情会影响用户在后续页面看到的内容，页面之间不再互相独立。另一个具体的例子是，如果实验使用页面级别的随机化，用户的第一个搜索在实验组，并且该功能导致搜索结果不佳，则用户可能修改搜索词并进行第二个搜索，最终可能又落在了对照组。

2）类似地，跨越颗粒度级别而计算的指标不能用于测量实验结果。例如，使用网页级别随机化的实验无法测量实验是否会影响用户会话总数。

3）将用户曝光在不同的实验变体中可能会违反个体处理稳定性假设（Stable Unit Treatment Value Assumption, SUTVA，见第 3 章，Imbens and Rubin 2015），该假设指出实验单元不能相互干扰。如果用户注意到不同的实验变体，则该信息可能会影响其行为并产生干扰（见第 22 章）。

对于某些企业场景（例如微软 Office 办公软件），客户希望整个企业获得一致的体验，从而限制了用户级别随机化的能力。对于广告商互相竞价的广告业务，可以按广告商或经常一起竞价的广告商群随机化。对于社交网络，可以对朋友群组随机化，以尽可能减少干扰（Xu et al. 2015, Ugander et al. 2013, Katzir, Liberty and Somekh 2012, Eckles, Karrer and Ugander 2017）。如果考虑网络的组成部分，那么这个方法可以推广到各种网络（Yoon 2018）。

14.1 随机化单元和分析单元

我们通常建议选择与关注的指标的分析单元相同（或更粗糙的颗粒度）的随机化单元。

如果分析单元与随机化单元相同，那么因为单元之间的独立性假设在实践中是合理的，所以更容易正确地计算出指标的方差。Deng et al.（2017）详细讨论了关于随机化单元的独立同分布（i.i.d.）假设。例如，按网页随机化意味着每个网页浏览的点击是独立的，因此计算点击率（点击次数 / 网页浏览量）的均值的方差是标准的。同样，如果随机化单元是用户，且指标分析单元也是用户，例如人均会话数、人均点击量和人均浏览量，则分析是直观的。

比分析单元更粗糙的随机化单元，例如按照用户进行随机化而按页面分析点击率，也是可行的。但是需要更细致的分析方法，例如自展法（bootstrap）或

168

delta 方法（Deng et al. 2017, Deng, Knoblich and Lu 2018, Tang et al. 2010, Deng et al. 2011）。更多讨论见第 18 章和第 19 章。这种情况的实验结果可能因为一个用户 ID 而偏斜，例如，一个机器人使用同一用户 ID 完成了一万次的浏览。如果担心这种情况，考虑限制任何单个用户可能对更精细的颗粒度的指标的影响，或切换到基于用户的指标（例如人均点击率），这两者都限制任何单个用户对最终结果的影响。

相反，当指标是在用户级别（例如人均会话数或人均营收）计算的而随机化单元更精细（如页面级别）时，用户可能混合体验到多个实验变体。因此，用户级别的指标是没有意义的。按页面随机分配时，你不能使用用户级别的指标来评估实验。如果这些指标是你的综合评估标准（OEC）的一部分，那么你不能使用更精细的颗粒度进行随机化。

14.2 用户级别的随机化

因为用户级别的随机化可以避免用户体验的不一致，并且可以长期测量用户留存等（Deng et al. 2017），所以是最常见的。如果你打算使用用户级别的随机化，则可以考虑以下几种选择：

- 用户可以在各种设备和平台使用的登录用户 ID 或登录名。已登录 ID 不仅在平台间特别稳定，而且在时间纵向上也很稳定。
- 匿名用户 ID，如 cookie。大部分网站在用户访问时，会录入一个含标识符（通常是随机的）的 cookie。对于本机应用程序的移动设备，操作系统通常提供 cookie，例如苹果系统的 idFA 或 idFV 或安卓系统的广告 ID（Advertising ID）。这些 ID 在平台间是不一致的，因此通过桌面浏览器和移动网页访问的同一用户将被视为两个不同的 ID。用户可以通过浏览器级别的控件或设备操作系统的控件来控制这些 cookie，这意味着 cookie 的纵向持久性通常不如已登录的用户 ID。
- 设备 ID 是与特定设备绑定的 ID。因为它们是不可变的，所以这些 ID 被认为是可识别的。设备 ID 不具有已登录 ID 所具有的跨设备或跨平台的一致性，但通常在时间纵向上是稳定的。

讨论如何选择这些随机化单元时，关键需要从功能和道德的角度考虑（见

第 9 章）。

从功能的角度来看，这些不同 ID 之间的主要区别在于它们的范围。登录的用户 ID 跨越多个设备和平台，因此，如果需要这种级别的一致性，可以的话，登录的用户 ID 实际上是你的最佳选择。如果要测试用户跨越登录边界的过程，例如新用户的引导过程，包括首次登录，那么使用 cookie 或设备 ID 会更有效。

另一个关于范围的问题是 ID 的纵向稳定性。某些实验的目标可能是测量是否存在长期效应。例如，延迟或速度变化（见第 5 章）或用户对广告的习得反应（Hohnhold et al. 2015）。对于这些情况，使用寿命长的随机化单元，例如已登录的用户 ID、寿命长的 cookie 或设备 ID。

最后一个选项是 IP 地址，除非这是唯一的选择，否则我们不建议选择使用 IP 地址。基于 IP 地址的实验变体分配可能是基础结构改动的唯一选择，例如比较一个主机服务（或一个主机位置）与另一个主机服务的延迟，这通常只能在 IP 地址级别上进行对照。但是，因为 IP 地址的颗粒度有差异，所以我们不建议更广泛地使用 IP 地址随机化。一种极端情况是，用户的设备 IP 地址可能会在用户移动时发生变化（例如，家里的与工作的 IP 地址不同），从而产生不一致的体验。另一个极端是，大型公司或 ISP 拥有许多用户共享代表防火墙的一小部分 IP 地址。这可能导致较低的统计功效（即是否有足够的 IP 地址，尤其是可以处理较大的方差），以及将大量用户汇总到一个单元时可能出现的偏斜和异常问题。

如果我们不担心对同一用户的残留或泄漏的情况（见第 22 章），并且衡量成功的指标（例如每个页面的平均点击，而不是人均点击）是在比用户级别更精细的单元计算的，那么比用户级别更精细的随机化单元才是有用的。这种选择通常是因为样本量增加了，从而统计功效增加了。|170|

第 15 章

实验放量：权衡速度、质量与风险

真正衡量成功的标准是你能挤在 24 小时之内进行的实验数量。

——托马斯·A. 爱迪生

为何你需要重视：当实验被广泛用来加速产品创新时，创新的速度可能会被我们的实验方式限制。为了控制新功能发布所带来的未知风险，我们建议实验经过严格有效的放量流程，以逐步提高实验的流量。如果不能有原则地执行这个流程，那么实验放量的过程就会造成效率低下，引入风险以及降低产品的可靠性。有效放量需要权衡三个关键因素：速度、质量和风险。

15.1 什么是放量

我们经常提及在给定的流量配额下运行实验可以提供足够的统计功效。在实践中，实验通过逐步放量的流程（也就是控制曝光）来控制新功能发布带来的未知风险是很普遍的。比如，一个新功能可能从曝光给很小一部分用户开始。如果各项指标看起来合理并且系统扩展良好，那么可以曝光给更多用户。我们逐步增加流量，直到实验达到预设的流量。一个最著名的负面例子就是 healthcare.gov 的首次启动。这个网站因为第一天就曝光给 100% 的用户而造成网站崩溃，然后才意识到该网站无法承受负荷。如果他们按照用户的地理区域或者姓氏字母逐步曝光，就可以避免类似事故发生。坚持逐步放量的流程成了该网站后续发布的一个关键教训（Levy 2014）。

如何确定我们需要哪些逐步放量的阶段，以及每个阶段应停留多长时间？放量过慢会浪费时间和资源。而放量过快可能会伤害用户并可能导致做出次优决策。尽管我们可以按照第 4 章所述的使用自动化平台来实现实验的普及，但我们需要制定关于如何逐步放量的原则来引导实验者，并且在理想情况下，还需要一些工具来自动化放量流程并大规模强制这些原则。

我们重点专注逐步放量的过程。缩量通常用于实验出现明显问题时，这种情况下，我们通常会非常快地将流量降为零，以减少对用户的影响。此外，大型企业通常会控制自己的客户端更新，因此实际上被排除在某些实验和逐步放量的过程之外。

15.2 SQR 放量框架

对于逐步放量的过程，如何在控制风险和提高决策质量的同时快速迭代？换句话说，我们如何权衡速度、质量和风险（Speed, Quality and Risk, SQR）。想想运行线上对照实验的原因：

- **测量**实验组变体 100% 发布的影响和投资回报率（Return-On-Investment, ROI）。
- **降低风险**，通过最小化实验对用户和业务的损害及成本（即实验组变体会产生负面影响时）的方式。
- **学习**用户反馈，理想情况卜按用户细分群来识别潜在的漏洞并为未来的计划提供参考。这既可以作为运行任何标准实验的一部分，也可以在专为学习而设计的实验上进行（见第 5 章）。

如果运行对照实验的唯一目的是测量，那么我们可以按最大统计功效放量（Maximum Power Ramp, MPR）⊖来运行该实验。如果我们的目标是让 100%

⊖ 如果实验拥有全部 100% 的流量且只有一个实验组变体，则双样本 t 检验中的方差与 $1/q$ $(1-q)$ 成正比，其中 q 是实验组的流量百分比。这种情况的 MPR 流量分配为 50/50。如果只有 20% 的流量可用于由一个实验组和一个对照组构成的实验，则 MPR 的拆分为 10/10，依此类推。如果有四个变体来划分 100% 的流量，则每个变体获得 25% 的流量。

的用户体验到实验改动，那么 MPR 通常意味着将 50% 的流量分配给实验组来提供最高统计灵敏度。这会带来最快和最精确的测量。然而，我们可能不想从 MPR 开始——万一哪里出了问题呢？所以我们通常从小范围的曝光开始，以降低影响和潜在风险。 [172]

在 MPR 和 100% 之间，我们可能还需要放量的过渡阶段。例如，由于运营的原因，我们可能需要在 75% 的时候等待，以确保新服务或端点可以扩展以负荷不断增加的流量。

另一个常见的例子是以学习用户反馈为目的。 虽然学习应该是每个放量过程的一部分，但我们有时需要一个长期的留出（holdout）放量阶段。该阶段的一小部分用户（例如 5% ～ 10%）在一段时间（例如两个月）内不运行任何新实验。主要目的是理解 MPR 期间测量到的影响是否是长期可持续的。更多讨论见第 23 章。

15.3　四个放量阶段

图 15.1 说明了四个放量阶段如何权衡速度、质量和风险的相关原理和技术。更多讨论见 Xu et al.（2018）。

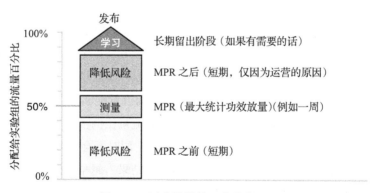

图 15.1　逐步放量的四个阶段

为简单起见，假设我们的目标是将单一实验组变体的流量提高至 100%，因此实验组在 MPR 阶段有 50% 的流量。综合来说，SQR 框架将整个放量流程分为四个阶段，每个阶段都有一个主要目标。 [173]

第一阶段主要是为了降低风险，因此 SQR 框架专注于权衡速度和风险。 第二阶段主要是为了精准测量，重点是权衡速度和质量。最后两个阶段不是必需的，它们考虑到了其他运营方面的问题（第三阶段）和长期影响（第四阶段）。

15.3.1 第一放量阶段：MPR 之前

此阶段需要安全地确定风险很小，并迅速进入到 MPR 阶段。可以使用以下方法：

1）创建测试人群环，并依次有序将实验组变体曝光给不同的测试人群环，以降低风险。第一环通常用来获得定性回馈，因为根本没有足够的流量来获取有意义的数据。接下来的环可能具有定量测量的功能，但由于统计功效低而不足以成为对照实验。在早期测试环期间可以发现许多错误。请注意，由于这些用户可能是内部人员，因此对早期环的测量可能有偏差。常用的测试人群环是

a. 列入白名单的个人，例如实现新功能的团队，他们通常更愿意提供详尽的反馈。

b. 公司员工，他们通常对漏洞更宽容。

c. Beta 用户或内线，他们往往更愿意表达意见并且更加忠诚，他们希望早日看到新功能并且愿意提供反馈。

d. 数据中心，用于隔断可能难以识别的交互，例如内存泄漏（缓慢泄漏导致死机）或其他不适当的资源使用（例如繁重的磁盘读取，见第 22 章）。在必应，常见的放量是单个数据中心的小流量（例如 0.5% ~ 2%）。当单个数据中心的流量增加到一定水平时，所有数据中心都可以开始放量。

2）自动提升流量达到所需的配额。所需的流量配额可以是特定的测试人群环，也可以是预设的流量百分比。即使所需的流量比例很小（例如 5%），多花一小时达到 5% 也可以帮助限制潜在漏洞的影响，同时不会过多增加延迟。

3）为关键护栏指标生成实时或近实时的结果。越早了解实验是否有风险，可以越快地决定是否进入下一个放量阶段。

15.3.2 第二放量阶段：MPR

MPR 是专用于测量实验影响的放量阶段。整本书中围绕如何生成可信赖的结果进行的许多讨论都直接应用于该阶段。我们想强调，实验在 MPR 阶段最好

保持一周。如果存在初始或新奇效应，则需要更长时间。

该阶段必须足够长才能捕获与时间有关的因素。例如，仅运行一天的实验的结果将偏向于重度用户。相似地，工作日访问的用户与周末访问的用户有所不同。

虽然通常更长的实验运行时长可以获得较小的方差，但是收益会随着等待时间的延长逐渐减少。根据我们的经验，如果没有初始或新奇效应，则一周之后每多运行一天所带来的精度的额外收益会越来越小。

15.3.3　第三放量阶段：MPR 之后

结束 MPR 阶段之后，应该不必再担心实验对终端用户的影响。最佳情况下，运营的问题也应已经在之前的阶段解决。出于对流量增加造成某些工程基础框架的负担的考虑，可能需要逐步放量到100%。这个过程只需要一天或更短的时间，通常需要在流量高峰期进行严密监控。

15.3.4　第四放量阶段：长期留出阶段或重复实验

我们已经看到长期留出（部分用户长时间体验不到实验改动）越来越受欢迎。需要提醒的是，不要将长期留出阶段作为默认步骤。除了成本的考虑之外，当我们知道有更好的用户体验，但故意拖延可能是不道德的，尤其是用户支付相同费用的情况。请仅在必要时进行长期留出。我们发现长期留出阶段在以下三种情况下很有用：

1）长期的实验效应可能不同于短期的（见第 23 章）。这可能是因为：

a. 已知该实验领域具有初始或新奇效应，或

b. 对关键指标的短期影响如此之大，而出于一些原因，如为了财务预测，我们必须确保该影响是长期可持续的。或

c. 短期影响很小甚至没有，但团队相信会有延迟的影响（例如，由于采用度或发现率）。

2）早期指标显示出影响而北极星指标则是长期指标，例如月留存率。

3）需要运行更久以减少方差（见第 22 章）。

有一个误解认为留出阶段应始终把实验改动曝光给大部分用户（例如 90%或 95%）。一般情况下，这种做法没有问题，但对于此处讨论的 1c 情景，其短

期收益已经太小而无法在 MPR 阶段识别到，我们应该尽量继续在 MPR 阶段运行留出实验。通过更长的实验时长获得的统计灵敏度通常不足以弥补从 MPR 放量至 90% 而导致的灵敏度下降。

除了实验级别的留出外，一些公司会运行超级留出实验：部分流量长期（通常为一个季度）没有任何新功能或新改动的发布，以衡量所有实验的累积效应。必应运行了一次整体的超级留出实验，以测量整个实验平台的开销（Kohavi et al. 2013）。由于这个超级留出实验，10% 的必应用户不再进入任何其他实验。也可以进行反转实验，在实验组的新功能 100% 发布后，将部分用户置于对照组几周（或数月）（见第 23 章）。

如果实验结果出乎意料，一个好的经验法则是运行重复实验。使用另一组用户或重新正交随机化运行新实验。如果结果保持不变，则更加确信实验结果是可信赖的。重复实验是消除虚假错误的简单而有效的方法。此外，如果实验迭代了许多次，最终迭代的结果可能会有偏差。重复实验减少了多重检验的顾虑，并提供了无偏差估计。更多讨论见第 17 章。

15.4　最终放量之后

我们尚未讨论将实验组流量提高到 100% 后会发生什么情况。根据实验的实施细节（见第 4 章），可能需要在最终放量之后进行不同的清理。如果实验系统使用的架构是根据创建代码变体分配的，则应在最终放量之后清除无效的代码。如果实验系统是使用参数的，则意味着仅需要将新的参数值设为默认值。在快速的开发过程，此过程可能会被忽略，但这对于保持系统的健康至关重要。例如，在第一种情况下，如果意外执行了一段长久未维护的无效代码（可能会在实验系统崩溃时发生），则可能会造成严重后果。

[176]

第 16 章

规模化实验分析

如果想提高成功率，请加倍失败率。

—— 托马斯·J.沃森

为何你需要重视：对于要进入实验成熟度后期阶段（"跑步"或"飞行"）的机构，将数据分析管线作为实验平台的一部分，可以确保方法是可靠的、一致的且有科学基础的，并且实现是可信赖的。它还可以帮助团队避免进行耗时的临时分析（ad hoc analysis）。如果朝这个方向发展，那么了解用于数据处理、计算和可视化的通用基础框架步骤可以很有用。

16.1 数据处理

为了使原始的日志达到适合计算的状态，我们需要处理数据。处理数据通常涉及以下步骤：

1）**数据排序和分组**。由于有关用户请求的信息可能由多个系统记录，包括客户端和服务器端，因此我们首先对多个日志进行排序和连接（见第 13 章）。我们可以按用户 ID 和时间戳进行排序，以方便创建会话或访问，并按指定的时间窗口对所有活动进行分组。你可能不需要实现连接，因为使用虚拟连接作为处理和计算过程的一个步骤就足够了。如果输出不仅用于实验分析，还用于调试和生成假设等，则实现连接很有用。

177

2）**清洗数据**。对数据进行排序和分组使得清洗数据更加容易。我们可以使用启发法（heuristics）删除不太可能是真实用户的会话（例如机器人或欺诈行为，见第 3 章）。关于会话的有用的启发法包括：会话活动太多或太少，事件间隔时间太短，页面上的点击次数过多，以及以违反物理定律的方式与网站互动等。我们还可以修复工具化日志记录的问题，例如检测重复事件和处理错误的时间戳。数据清洗无法修复在数据收集阶段丢失的事件。例如，点击日志的记录本身是保真度与速度之间的折中（Kohavi, Longbotham and Walker 2010）。某些过滤可能会无意间从一个实验组变体中删除更多的事件，从而可能导致样本比率不匹配（Sample Ratio Mismatch, SRM）（见第 3 章）。

3）**扩展数据**。可以解析和扩展一些数据以提供有用的维度或测量。例如，经常通过解析用户代理的原始字符串来添加浏览器和其版本信息。也可以从日期中提取是星期几。扩展数据可以在事件、会话或用户级别进行，例如将事件标记为重复事件或计算事件持续时长，或加入会话期间的事件总数或会话总时长。针对实验，你可能想标注是否在计算实验结果时包括此会话。其他针对实验需要考虑的标注包括实验转换信息（例如开始实验、实验放量和更新版本号），从而帮助决定在计算实验结果时包括此会话。这些标注是业务逻辑的一部分，并且出于性能原因通常会在数据扩展阶段添加。

16.2　数据计算

处理完数据，我们可以开始计算细分群和指标，并汇总结果以获取每个实验的概述统计量，包括估计的实验效应本身（例如指标差异的均值或百分位数）和统计显著性（p 值或置信区间等）。也可以在数据计算阶段寻找其他信息，例如哪些细分群有趣（Fabijan, Dmitriev and McFarland et al. 2018）。

关于如何架构数据计算有很多可能性。我们描述两种常见的方法。在不失一般性的前提下，我们假设实验单元是用户。

178

1）第一种方法是先计算每个用户的统计信息（即每个用户的页面浏览量、展示数和点击数），并将其连接到一个将用户映射到实验的表格。这种方法的优点是你可以将每个用户的统计信息用于总体业务报告，而不仅仅用于实验。为了有效利用计算资源，你还可以考虑一种灵活的方法来计算仅用于一个或少量实验的指标或细分群。

2）另一种架构是将每个用户指标的计算与实验分析完全集成在一起，每个用户的指标是按需进行计算的，而不需要单独计算。通常，在此架构中，有一些方法可以共享指标和细分群的定义，以确保不同管线之间的一致性，例如实验数据计算管线和总体业务报告计算管线。该架构允许每个实验具有更大的灵活性（这也可以节省机器和存储资源），但需要额外的工作来确保多个管线之间的一致性。

随着整个组织的实验规模化，速度和效率的提高至关重要。必应、领英和谷歌每天都处理 TB 级的实验数据（Kohavi et al. 2013）。随着细分群和指标数量的增加，计算可能会占用大量资源。此外，实验分析看板的生成过程的任何延迟都会增加做决策的延迟。随着实验变得越来越普遍并成为创新周期不可或缺的一部分，这可能会造成高昂的成本。在实验平台的早期，必应、谷歌和领英每天生成的实验分析看板大约延迟 24 小时（例如，周一的数据会在周三结束时显示）。今天，我们都拥有生成近实时的（Near Real-Time, NRT）实验分析看板的方法。NRT 使用更简单的指标和计算（即总和，无电子垃圾过滤，以及最少的统计测试）用于监视严重的问题（例如配置错误或有漏洞的实验），并且经常直接在原始日志上操作而没有之前讨论过的数据处理（某些实时的电子垃圾过滤处理除外）。NRT 可以触发警报并自动关闭实验。批处理管线处理日内（intra-day）计算并更新数据处理和计算，以确保及时获得可信赖的实验结果。

为了确保速度和效率以及正确性和可信度，我们建议每个实验平台：

- 有一种确立通用指标及其定义的方法，以便每个人共享一个标准词库和建立相同的数据直觉。你可以讨论有趣的产品问题，而不必重新提出定义，也不必调查由不同系统定义的相似指标之间的出乎意料的差异。
- 确保这些定义的实现保持一致，无论是通用的实现、某种测试或持续进行的比较机制。
- 认真考虑如何管理改动。如实验成熟度模型（见第 4 章）所述，指标、综合评估标准和细分群都将不断发展，因此提出和推广更改会反复发生。更改现有指标的定义通常比添加或删除更具挑战性。例如，你是否需要

179

171

回填数据（如是否回溯推广更改）？如果是，回填多长时间？

16.3 结果汇总和可视化

规模化实验分析的最终目标是直观地总结和高亮标出关键指标和细分群以指导决策者。在结果汇总和可视化中：

- 高亮显示诸如 SRM 之类的关键测试，以清晰地表明结果是否值得信赖。例如，微软实验平台（Microsoft's experiment platform, ExP）在关键测试失败时将隐藏实验分析看板。
- 突出 OEC 和关键指标，但同时显示许多其他指标，包括护栏指标和质量相关指标等。
- 显示指标的相对变化，并明确显示结果是否具有统计意义。使用颜色编码并启用过滤器，以突出显著的变化。

深层探究细分群组，包括自动高亮出有趣的细分群，以帮助确保决策正确并帮助确定是否有改进表现不佳的细分群的方法（Wager and Athey 2018, Fabijan, Dmitriev and McFarland et al. 2018）。对于有触发条件的实验，包含对触发人口的影响之外的总体影响（见第 20 章）也很重要。

除了可视化，为了真正实现实验的规模化，各种技术背景的人员（从营销人员到数据科学家和工程师，再到产品经理）都应该可以访问分析看板。这就要求不仅要确保实验者，还要确保高管和其他决策者能够看到并理解实验分析看板。这也可能意味着隐藏一些指标以减少干扰，例如对技术背景较少的受众隐藏调试指标。信息的可获取性有助于建立指标定义的通用语言以及透明和探索学习的文化，鼓励员工运行实验并了解各种改动如何影响业务，或财务部门如何将 A/B 测试结果与业务前景联系起来。

可视化工具不仅可以用于每个实验的结果，而且对于跨实验显示指标结果也很有用。尽管创新倾向于通过实验去中心化和评估，但利益相关者通常密切监控关键指标的整体健康状况。指标的利益相关者应了解影响他们所关注指标的主要实验。如果实验的指标超出某个阈值，则他们可能需要参与做出是否发布的决策。中心化的实验平台可以帮助统一关于实验和指标的见解。平台可以提供以下两个可选功能来培养健康的决策过程：

1）允许个人订阅他们关注的指标，并获得关于影响这些指标的主要实验的电子邮件摘要。

2）如果实验产生负面影响，则平台可以启动批准流程，该流程强制实验所有者在实验放量前和指标所有者进行对话。这不仅提高了有关实验发布决策的透明度，而且还鼓励讨论，从而增加了机构关于实验的整体知识。

可视化工具也可以成为访问机构的经验传承的门户（见第 8 章）。

最后，随着组织进入实验成熟度模型的跑步和飞行阶段，使用的指标数量将持续增长，甚至达到成千上万。我们建议使用以下功能：

- 按等级或功能将指标分为**不同的组**。例如，领英将指标分为三层：机构范围的、产品特定的和功能特定的（Xu et al. 2015）。微软将指标分为数据质量相关的、OEC、护栏指标和该功能特定的 / 诊断的（Dmitriev et al. 2017）。谷歌使用与领英类似的类别。可视化工具可以帮助挖掘不同组的指标。

- **多重检验**（Romano et al. 2016）随着指标数量的增加变得越来越重要。一个来自实验者的常见问题：为什么看起来不相关的指标会显著移动？尽管学习相关知识有所帮助，但一个简单而有效的选项是使用小于标准值 0.05 的 p 值阈值，因为它允许实验者快速筛选出最重要的指标。更多关于解决多重检验问题的成熟方法（如 Benjamini-Hochberg 程式）的讨论请参阅第 17 章。 [181]

- **感兴趣的指标**。浏览实验结果时，实验者可能已经有一组在考虑要评估的指标。但是，其他指标总是存在意想不到的值得我们研究的变化。实验平台可以结合多个因素自动识别这些指标，例如对机构的重要性、统计意义和假阳性调整。

- **相关指标**。指标的是否移动通常可以用其他相关指标解释。例如，点击率（CTR）升高是因为点击上升还是因为页面浏览量下降？指标移动的原因可能会影响是否发布的决策。另一个例子是营收等指标的方差较大，更灵敏和方差更低的指标（例如，添加阈值限定的营收或其他指标）可以帮助做出更明智的决策。 [182]

第五部分

实验分析

第五部分包含了七个高阶分析专题。主要针对的读者是数据科学家和希望深度理解对照实验设计和分析的读者。

我们从线上对照实验中的统计学知识开始本部分，其中阐述了 t 检验、p 值、置信区间的计算、正态性假设、统计功效和第一型 / 二型错误。该章还包含了多重检验和费舍尔统合分析。

下一章是方差估计和提高灵敏度：陷阱及解决方法。我们从标准公式开始，但也分析了一个需要使用 delta 方法的常见错误。然后，我们总结了减少方差的方法，从而提高实验的灵敏度。

A/A 测试讨论了提高实验系统可信赖度以及发现软件和统计计算中的实际问题与漏洞的最佳方法。我们讨论的很多陷阱都是通过 A/A 测试发现的。

以触发来提高实验灵敏度的章节阐述了机构需要理解的一个关键概念——触发。因为不是每个实验都会影响所有用户，通过降低没有受影响的用户所产生的噪声、只专注于受影响的用户可以提高实验的灵敏度。随着机构逐渐成熟，触发的使用机会将逐渐增加，并且基于触发来帮助分析和解决问题的工具也会变多。

下一章关注样本比率不匹配与其他可信度相关的护栏指标。SRM 在实际应用中经常发生。SRM 出现时，结果往往特别正向或者特别负向，但这并不可信赖。自动化该测试（或者其他测试）是建立结果可信赖度的重要步骤。

在一些实际情况中，比如多边市场和社交网络，实验变体可能会泄露信息。实验变体之间的泄露和干扰这一章讨论了这些问题。

本部分的最后讨论了一个重要并且仍然在研究中的课题：测量实验的长期效应。我们通过介绍多个实验设计讨论这个专题。

第 17 章

线上对照实验中的统计学知识

研究吸烟对健康的影响是统计学发展的主要起源。

—— Fletcher Knebel

为何你需要重视：统计学是设计和分析实验的基础。

我们已经介绍了一些统计概念。本章将深入讨论实验中关键的统计学知识，包括假设检验和统计功效（Lehmann and Romano 2005, Casella and Berger 2001, Kohavi, Longbotham et al. 2009）。

17.1 双样本 t 检验

判断实验组和对照组之间的差异是真实的还是噪声的，最常用的统计显著检验方法是双样本 t 检验（Student 1908, Wasserman 2004）。双样本 t 检验衡量相对于方差而言的两个分组均值的差异。差异的显著性是通过 p 值描述的。越小的 p 值代表有越强的证据证明实验组不同于对照组。

使用双样本 t 检验去检验一个我们感兴趣的指标 Y（例如人均搜索量）时，我们假设在实验组和对照组观测到的用户指标分别是随机变量 Y^t 和 Y^c 的独立取值。那么零假设是 Y^t 和 Y^c 的均值相同，备择假设是 Y^t 和 Y^c 的均值不一样（见公式 17.1 $^{\ominus}$)：

$$H_0 : mean(Y^t) = mean(Y^c)\qquad(17.1)$$
$$H_A : mean(Y^t) \neq mean(Y^c)$$

双样本 t 检验基于 t 统计量（标记为 $T^{\ominus}$）：

$$T = \frac{\Delta}{\sqrt{\text{var}(\Delta)}}\qquad(17.2)$$

其中，$\Delta = \overline{Y^t} - \overline{Y^c}$ 是实验组均值和对照组均值之差，同时 Δ 也是总体均值差异的无偏差估计。因为样本量是独立的，所以

$$\text{var}(\Delta) = \text{var}(\overline{Y^t} - \overline{Y^c}) = \text{var}(\overline{Y^t}) + \text{var}(\overline{Y^c})\qquad(17.3)$$

同时，t 统计量 T 是 Δ 的归一化值。

直觉上，T 值越大，表述实验组均值和对照组均值相同的可能性越小。换句话说，我们更有可能拒绝零假设。那么，如何量化呢？

17.2　p 值和置信区间

我们可以通过 t 统计量 T 来计算 p 值。p 值是指在假设实验组和对照组的真实均值没有差异时，t 统计量等于当前 T 值或更极端值的概率。通常来说，当 p 值小于 0.05 时，我们认为实验组和对照组的差异是"统计显著"的。当前有一些关于是否应该用一个更小的 p 值作为统计显著判断的默认值（Benjamin et al. 2017）的争议。一个小于 0.01 的 p 值被认为是非常统计显著的。

尽管 p 值是最常使用的统计学术语，但是很多时候被曲解。一个常见的曲解是 p 值代表了基于观测到的数据，零假设为真的概率。这个理解表面上是合理的，因为大多数的实验者都期望得到实验是否有影响的概率。但正确的理解几乎是相反的。p 值表示零假设为真时，基于观测到的数据，两组指标差异为 Δ 或更极端的概率。我们可以通过贝叶斯定理解释两组理解的关系和不同：

$$P(H_0 \text{为真} \mid \text{观测到 } \Delta) = \frac{P(\text{观测到 } \Delta \mid H_0 \text{为真})P(H_0 \text{为真})}{P(\text{观测到 } \Delta)}$$

$\ominus$　mean 是均值的意思。——译者注

$\ominus$　var 是方差的意思。——译者注

$$= \frac{P(H_0 \text{ 为真})}{P(\text{观测到 } \varDelta)} * P(\text{观测到 } \varDelta | H_0 \text{ 为真})$$

$$= \frac{P(H_0 \text{ 为真})}{P(\text{观测到 } \varDelta)} * p \text{ 值} \tag{17.4}$$

186

如公式所描述的，基于观测到的数据判断零假设是否为真（后验概率）不仅需要知道 p 值，还需要知道零假设为真的先验概率。

另一种判断实验组和对照组的指标增量是否统计显著的方法是检查置信区间是否包含 0。一些人认为置信区间是一种比 p 值更符合直觉地解释观测到的指标差异的不确定性和噪声的方式。一个置信度为 95% 的置信区间是一个在 95%的时间里包含真实指标差异的区间，并等价于 0.05 的 p 值。当置信度为 95% 的置信区间不包含 0 或者 p 值小于 0.05 时，指标差异在 0.05 显著性水平上是统计显著的。在大多数情况下，指标差异的置信区间以观测到的指标差异为中心并向两端各延伸大约两个标准差。任何（近似）服从正态分布的统计量，包括比例差异的置信区间都是如此。

17.3　正态性假设

在大多数情况下，我们计算 p 值的时候假设 t 统计量 T 服从正态分布。在零假设下，分布的均值是 0 且方差是 1。如图 2.3 所示，p 值为正态曲线下灰色标记部分的面积。很多人将正态性假设曲解为指标 Y 的样本服从正态分布，并认为这个假设是不合理的，因为几乎没有哪个实际使用的指标服从正态分布。但实际上，虽然 Y 的样本分布不服从正态分布，但因为中心极限定理（Central Limit Theorem, Billingsly 1995），指标 Y 的均值 $\bar{Y}$ 通常服从正态分布。图 17.1中展示了从一个贝塔分布中取值的 Y 的收敛情况。随着样本量的增加，均值 $\bar{Y}$ 的分布逐渐趋近于正态分布。

对于使均值 $\bar{Y}$ 服从正态分布所需要的最小样本量，一个经验法则是每个变体为 $355s^2$（Kohavi, Deng and Longbotham et al. 2014），其中 s 为指标 Y 的样本分布的偏态系数（见公式 17.5）：

$$s = \frac{E[Y - E(Y)]^3}{[\text{Var}(Y)]^{3/2}} \tag{17.5}$$

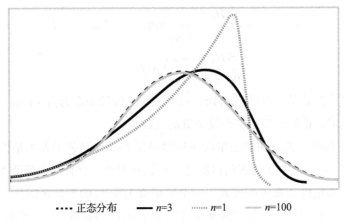

图 17.1 均值的分布随着样本量 n 的增加趋近于正态分布

一些指标，尤其是营收相关的指标，通常会有比较大的偏态系数。一种降低偏态系数的有效方法是转换指标或者添加阈值。比如在必应，用户每周平均收入大于 10 美元时，指标会被限制在 10 美元。在使用该方法后，偏态系数从 18 下降到了 5。同时，需要的最小样本量是原来的十分之一，从 11.4 万下降到了 1 万。当 |s| > 1 时，这个经验法则可以提供一个很好的指导。但当样本分布是对称的或者偏态系数较小时，这个经验法则不能提供·个有用的所需最小样本量。另一方面，当偏态系数较小时，所需的样本量也比较少（Tyurin 2009）。

对于双样本 t 检验，我们关注的是两个服从相似分布的变量之差。所以，对于正态性假设成立所需的最小样本量会更少。因为差值分布近似于对称（零假设为真时，两组指标的差异分布严格对称，偏态系数为 0），这点在实验组和对照组有相同流量分配时更明显（Kohavi, Deng and Longbotham et al. 2014）。

如果想确定样本量是否足够让正态性假设成立，那么至少通过线下模拟检查一次。我们可以随机打乱实验组和对照组的样本，从而生成一个零分布（零假设下的分布）。然后可以通过统计显著检验方法，例如 Kolmogorov-Smirnov 或者 Anderson-Darling（Razali and Wah 2011），来检测零分布是否为正态分布。因为我们在假设检验中关注的是尾分布，我们可以通过只关注第一型错误是否在阈值范围内（例如 0.05）来提高检验的灵敏度。

当正态性假设不成立时，我们可以通过置换检验（permutation test, Efron

and Tibshirani 1994）来看观测值在模拟生成的零分布中所在的位置。虽然当样 [188]
本量较大时进行置换检验的成本很高，但是有这样需求（进行置换检验）的场景
往往是小样本的实验。因此，该方法在实际应用中很实用。

17.4　第一 / 二型错误和统计功效

任何检验都可能有错误。对于假设检验，我们关注第一型错误和第二型错
误。第一型错误是指得出实验组和对照组之间有统计显著的差异的结论，但真
实情况是没有差别的。第二型错误是指得出实验组和对照组之间没有统计显著
的差异的结论，但真实情况是有差别的。我们通过只在 p 值小于 0.05 时才得到
统计显著性的结论来保证第一型错误率控制在 0.05。显然，这两种错误之间需
要权衡。如果用一个更大的 p 值作为阈值，那么第一型错误率将上升但不能发
现真实差值的概率将下降。因此，第二型错误率将变小。

在实际应用中，第二型错误的概念更多是通过统计功效来了解的。统计功
效是检测到实验组和对照组差异的概率。或者说是当差异真实存在时拒绝零假
设的概率（见公式 17.6）：

$$统计功效 =1- 第二型错误 \tag{17.6}$$

统计功效通常以最小需要检测到的差异 δ 为参数。从数学上讲，假设我们
希望的是 95% 的置信区间，那么统计功效的定义如公式 17.7 所示：

$$统计功效 _\delta=P(|T| \geqslant 1.96| 真实的差异值是 \delta) \tag{17.7}$$

工业界的标准是在检验中达到至少 80% 的统计功效。因此，在实验开始
前，我们通常需要进行统计功效分析来决定需要多少样本量才能到达足够的
统计功效。假设实验组和对照组的样本量一致，可以通过上式计算得出达到
80% 统计功效每个变体所需的样本量 n，近似为公式 17.8 所列结果（van Belle
2008）。

$$n \approx \frac{16\sigma^2}{\delta^2} \tag{17.8}$$

上式中的 σ^2 是样本方差，δ 是实验组和对照组的指标差异。一个经常被提
及的问题是如何在实验开始之前知道指标差异 δ？的确，我们无法知道真实的
差异 δ 并且这就是我们做实验的目的。 [189]

但是，我们知道在实际中多大的指标差异 δ 是有意义的，或者说是"实际显著"的。例如，我们可能可以接受没有检测到 0.1% 的营收变化，但是希望检测到 1% 的营收下降。这时，0.1% 不是实际显著的，但 1% 是。为了估计实验所需要的最小样本量，我们使用实际显著时最小的指标差异 δ（又被称作最小可检测效应）。

因为用户会在不同的时间访问网站。所以，实验的时长对实际实验的样本大小也有影响。基于随机单位的选择，样本方差 σ^2 也会随着时间变化。另一个难点是，对于触发分析（见第 20 章），样本方差 σ^2 和指标差异 δ 的数值会随着实验的触发条件的变化而改变（详见第 20 章的触发分析）。基于这些原因，我们在第 15 章提出了一个更实用的方法来决定流量分配和大多数线上实验的实验时长。

我们想强调一个对统计功效的常见误解。许多人认为统计功效是一个实验的绝对特性而忽略了统计功效的大小是和想检测到的最小指标差异 δ 相关的。一个实验有足够的统计功效能检测到 10% 的差异并不意味着有足够的统计功效能检测到 1% 的差异。一个比较好的比喻是游戏"找不同"。在图 17.2 中，因为荷叶上的不同（虚线圈）差异更大，所以比青蛙身上的斑点（实线圈）更容易被发现。

◯ 检测更小差异的统计功效更低

◌ 检测更大差异的统计功效更高

图 17.2　通过游戏"找不同"来比喻统计功效的意思。检测更大差异的统计功效更高

基于以上介绍和解释，统计功效分析与第一型错误和第二型错误深度相关。
[190] Gelman and Carlin（2014）中提出在计算最小样本量的时候，还需要计算：a）估

计的差异出现方向性错误的概率（S[sign, 符号] 型错误）；b）效应可能被高估的
倍数（M[magnitude, 幅度] 型错误，或夸大倍数）。

17.5　偏差

实验结果的偏差指估计值和真实值之间出现了系统性差异。造成偏差的原
因包括平台的漏洞、实验设计的缺陷或者样本不具备代表性（例如公司员工或者
测试账号）。第 3 章已经讨论了实验偏差的例子，以及如何发现和修正。

17.6　多重检验

每个实验会有上百个指标。我们经常会听到"为什么这个不相关的指标统
计显著？"。这里我们通过一个简化的方法来阐述这个现象。假设一个实验要计
算 100 个指标，即使产品没有任何改动，多少个指标会统计显著呢？当显著性
水平为 5% 时，大约有 5 个指标会统计显著（假设每个指标都是独立的）。如果
需要分析成百上千个指标并且实验迭代多次，这个问题会变得更严重。如果同
时运行多个实验，错误发现率将变大。这个问题被称为"多重检验"。

我们如何确保第一型错误和第二型错误在多重检验时依然可控呢？虽然已
经有很多解决这个问题的方法，但这些方法要么过于简单且比较保守，要么因
为过于复杂而很难在实际中使用。例如，著名的 Bonferroni 修正方法使用一个
更小的 p 值（0.05 除以测试数），这个方法就属于前一类。Benjamini-Hochberg
方法（Hochberg and Benjamini 1995）针对不同检验来调整 p 值的阈值。这个方
法就属于后一类。

那么，如果有一个指标出乎意料的统计显著，我们该怎么做呢？我们可以
通过下面一个简单的两步经验法则进行分析：

1）将所有的指标分成 3 组：

- 第一类指标：我们期待这些指标直接受到实验影响。
- 第二类指标：这些指标可能会受到实验影响（比如通过侵蚀）。
- 第三类指标：这些指标不太可能受到实验影响。

2）对每组指标进行不同级别显著性水平的测试（比如 0.05、0.01 和

0.001）。

这些经验法则基于一个有趣的贝叶斯解释：实验前，我们有多么相信零假
设（H_0）是真实的？信心越坚定，所需的显著性水平越低。

17.7　费舍尔统合分析

第 8 章讨论了如何利用基于历史实验的统合分析来发现规律，并创造和应
用机构的经验传承。这一小节将阐述如何整合同一个假设的多次实验的结果。
比如，对于意料之外的实验结果，我们通常会运行重复实验。重复实验通常会
进行正交的随机化或对只对没参加原始实验的用户进行实验。原始实验和重
复实验产生的 p 值是相互独立的。从直觉上来说，如果两个实验的 p 值都小于
0.05，那么相对于只有一个实验的 p 值小于 0.05，我们更坚信实验是有影响的。
费舍尔通过统合分析将这个直觉进行了总结。具体来说，我们可以将多个独立
统计检验的 p 值合并成一个统计检验的 p 值（见公式 17.9）：

$$X_{2k}^2 = -2\sum_{i=1}^{k}\ln(p_i) \qquad (17.9)$$

其中 p_i 是第 i 个假设检验的 p 值。如果所有 k 个零假设都是真的，那么这个统
计检验的结果服从自由度为 $2k$ 的卡方分布。Brown（1975）将费舍尔方法延伸
到了 p 值非独立的情况。Edgineton（1972）、Volumne 80（2）以及 Mudholkar
and George（1979）中也讨论了其他合并 p 值的方法。详见 Hedges and Olkin
（2014）的具体阐述和讨论。

大体上，费舍尔方法（或者任意一个统合分析的方法）都能够提高统计功效
并降低假阳率。在使用了各种提高统计功效的方法后（例如第 15 章的最大化流
量分配和第 22 章的降低方差），可能实验的统计功效还是不足。对于这种情况，
我们可以考虑对同一个实验运行两个或者更多的（正交）重复实验（一个接着一
个），然后利用费舍尔方法合并结果从而得到更大的统计功效。

[192]

第18章

方差估计和提高灵敏度：陷阱及解决方法

统计功效越大，越能发现更小的效应。

—— 佚名

为何你需要重视：如果无法以一种可信赖的方法分析实验，那么为什么要运行实验呢？方差是实验分析的核心。我们介绍过的所有统计概念几乎都和方差有关，例如，统计显著性、p 值、统计功效和置信区间。因此，我们不仅有必要正确地估计方差，还需要明白如何通过降低方差来提高统计假设检验的灵敏度。

本章将讨论方差，它是计算 p 值和置信区间的最重要的元素。我们将主要关注两个话题：方差估计的常见陷阱（及解决方法）和降低方差以帮助我们提高结果的灵敏度的技巧。

让我们回顾一下计算平均值指标的方差的标准方法。我们有 $i = 1, 2, \cdots, n$ 个独立同分布（i.i.d.）样本 Y_i。在大多数情况下，i 代表一个用户。但 i 也可以表示一个用户会话、一个网页、一个用户日等：

- 计算指标（平均值）：$\bar{Y} = \dfrac{1}{n} \sum_{i=1}^{n} Y_i$。

- 计算样本方差：$\text{var}(Y) = \hat{\sigma}^2 = \dfrac{1}{n-1} \sum_{i=1}^{n} (Y_i - \bar{Y})^2$。

- 计算平均值的样本方差（样本方差除以 n）：$\text{var}(\overline{Y}) = \text{var}\left(\dfrac{1}{n}\sum_{i=1}^{n} Y_i\right) = \dfrac{1}{n^2}$ $*n*\text{var}(Y) = \dfrac{\delta^2}{n}$。

18.1　常见陷阱

如果我们不能正确地估计方差，那么 p 值和置信区间都将是错的。这些错误会导致我们通过假设检验得到错误的结论。高估的方差会导致假阴性，而低估的方差会导致假阳性。下面是几个估计方差时的常见错误。

18.1.1　增量与增量 %

报告实验结果时，相对变化值比绝对变化值更常被用到。我们通常很难判断每个用户多 0.01 个会话是否是一个很大的增幅，或者是否比其他指标更有影响。决策者会更清楚增长 1% 的会话对业务的影响。相对变化值，或称为增量百分比，被定义为：

$$\varDelta\% = \frac{\varDelta}{Y^c} \tag{18.1}$$

为了正确地估计 $\varDelta\%$ 的置信区间，我们需要估计其方差。指标增量 $\varDelta$ 的方差是每个部分的方差之和：

$$\text{var}(\varDelta) = \text{var}\left(\overline{Y^t} - \overline{Y^c}\right) = \text{var}\left(\overline{Y^t}\right) + \text{var}\left(\overline{Y^c}\right) \tag{18.2}$$

估计 $\varDelta\%$ 的方差时，一个常见的错误是用 $\text{var}(\varDelta)$ 除以 $\overline{Y^c}^2$，也就是 $\dfrac{\text{var}(\varDelta)}{\overline{Y^c}^2}$。这是错误的，因为 $\overline{Y^c}$ 本身是一个随机变量。估计方差的正确方法是

$$\text{var}(\varDelta\%) = \text{var}\left(\frac{\overline{Y^t} - \overline{Y^c}}{\overline{Y^c}}\right) = \text{var}\left(\frac{\overline{Y^t}}{\overline{Y^c}}\right) \tag{18.3}$$

我们将在下一小节讨论如何估计比率指标的方差。

18.1.2　比率指标：当分析单元和实验单元不同时

很多重要的指标是两个指标的比率。比如，点击率（CTR）是总点击量和总页面浏览量之比，平均点击营收是总营收和总点击量之比。不同于人均点击和

人均营收等指标，当用两个指标之比作为指标时，分析单元不再是用户，而是点击或者页面浏览。如果实验是以用户为单元进行随机化分组，那么估计比率指标的方差是非常具有挑战性的。

方差公式 $var(Y) = \hat{\sigma}^2 = \dfrac{1}{n-1}\sum_{i=1}^{n}\left(Y_i - \bar{Y}\right)^2$ 非常简单优雅，但人们容易忘记这 [194] 背后的一个关键假设：样本 $(Y_1, Y_2, \cdots, Y_n)$ 是独立同分布的（i.i.d.）或者至少是不相关的。如果分析单元和实验单元一致，那么这个假设是成立的。如果不一致，这个假设通常不成立。对于用户层面的指标，每个 Y_i 代表一个用户的测量。因为分析单元和实验单元一致，所以 i.i.d. 的假设是成立的。但是，对于页面类别的指标，每个 Y_i 代表一个页面的测量而实验是在用户层面上进行随机化分配的。因此，Y_1，Y_2 和 Y_3 可能来自同一个用户，并且是相关的。因为这些是同一个用户的相关行为，所以运用简单的公式计算得到的方差有可能有偏差。

为了正确计算方差，我们可以把比率指标写成两个用户平均指标的比率（见公式 18.4）：

$$M = \frac{\bar{X}}{\bar{Y}} \qquad (18.4)$$

因为 $\bar{X}$ 和 $\bar{Y}$ 趋近于双变量联合正态分布，所以两个平均值的比率 M 也趋近于正态分布。通过 delta 方法，我们可以估计方差为（Deng et al. 2017，见公式 18.5）：

$$var(M) = \frac{1}{\bar{Y}^2}var(\bar{X}) + \frac{\bar{X}^2}{\bar{Y}^4}var(\bar{Y}) - 2\frac{\bar{X}}{\bar{Y}^3}cov(\bar{X},\bar{Y}) \qquad (18.5)$$

对于增量比 $\Delta\%$，Y^t 和 Y^c 是独立的，因此（见公式 18.6）：

$$var(\Delta\%) = \frac{1}{\overline{Y^c}^2}var(\overline{Y^t}) + \frac{\overline{Y^t}^2}{\overline{Y^c}^4}var(\overline{Y^c}) \qquad (18.6)$$

注意，当实验组的平均值与对照组的相差较大时，公式（18.6）和错误的估计值 $\dfrac{var(\Delta)}{\overline{Y^c}^2}$ 相差很多。

有些指标不能写成两个用户层面指标的比率。比如，页面加载用时的 90 百分位数。对于这些指标，我们需要用自展法（Efron and Tibshirani 1994）。具体来说，自展法是通过模拟有放回的采样过程，利用多次模拟的结果来估计方差。自展法虽然需要较大算力，但非常强大、广泛适用并且很好地补充了 delta 方法。

18.1.3　离群值

产生离群值的原因多种多样。最常见的原因是由机器人和垃圾行为者造成的点击和大量页面浏览。离群值对均值和方差有很大的影响。在统计测试中，对方差的影响会比对均值的影响更大。我们通过以下的模拟来阐述这一点。

在模拟中，实验组与对照组相比有一个正向的真实指标增量。我们在实验组添加一个正向的离群值。离群值的大小是增量大小的倍数。调整倍数大小（相对大小）时，我们发现虽然离群值提高了实验组的均值，但方差（或者标准差）的提高更多。如图 18.1 所示，作为结果，t 统计量会随着离群值的相对大小增加而下降，并最终变得不再统计显著。

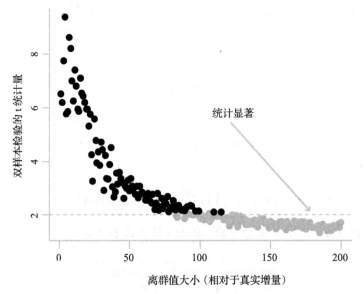

图 18.1　在模拟中，随着我们提高（单个）离群值的大小，双样本检验会从非常统计显著变得不再显著

估计方差时去除离群值是非常关键的。一个实用且有效的方法是直接对观测指标添加一个合理的阈值。例如，正常人是不会搜索同一个词 500 多次或者每天访问页面 1000 多次的。还有其他很多去除离群值的方法（Hodge and Austin 2004）。

18.2 提高灵敏度

运行对照实验时，如果实验效应存在，我们希望检测到该效应。这种检测能力通常被称为统计功效或者灵敏度。一种提高灵敏度的方法是减小方差。这 [196] 里，我们介绍多种缩减方差的方法中的一部分：

- 创建一个方差更小并能捕捉相同信息的评估指标。例如，搜索量比搜索人数有更大的方差，购买量（实数值）比是否购买（布尔值）有更大的方差。Kohavi et al.（2009）讨论的实例里使用转化率比使用购买支出能够降低所需样本量至后者的 1/3.3。

- 通过添加阈值、二元化和对数转化来改变指标。比如，奈飞使用一个表示用户在特定时间段是否观看超过 x 小时的二元指标，而不用人均观看时间（Xie and Aurisset 2016）。对于严重的长尾指标，特别是当可解释性不是特别重要时，可以考虑使用对数转化。但是，有一些指标，比如营收，进行对数转化后得到的指标可能不是业务优化的正确目标。

- 通过触发分析（见第 20 章）。这是一个非常好的移除没有受实验影响的用户所带来的噪声的方法。

- 通过分层采样、控制变量法或者 CUPED（Deng et al. 2013）。对于分层采样法，我们对采样范围进行分层，然后在每一层内分别进行采样。最后，把每层内采样的结果合并得到总体的估计。总体的估计方差通常比不分层获得的估计方差要小。常见的分层包括平台（桌面系统和移动系统）、浏览器类别（Chrome、火狐或者 Edge）和星期几等。虽然通常分层是在采样阶段（运行实验的时候）进行的，但大规模的实现通常费时费力。因此，大多数时候采用后分层采样的方法，即在分析阶段进行回溯分层。如果样本量较大，后分层采样和分层采样效果一致。但如果样本较小或者样本变化较大，后分层采样不一定能降低方差。控制变量法基于类似的想法，但将协变量作为一个回归的参数而不是用作构建分层。CUPED 将这两种方法应用于线上实验，强调利用实验前的数据（Soriano 2017, Xie and Aurisset 2016, Jackson 2018, Deb et al. 2018）。Xie and Aurisset（2016）通过奈飞的实验比较了分层采样法、后分层采样法以及 CUPED 的效果。

[197] - 选择颗粒度更精细的随机化单元。例如，如果关心页面加载用时的指标，可以对页面进行随机化从而提高样本量。同样，如果关心的是基于搜索词的指标，可以对搜索词进行随机化从而降低方差。需要注意的是当随机化单元小于用户时，一些缺陷包括：
  - 如果实验是测试能被用户注意到的 UI 改动，同一个用户看到不一致的 UI 会导致糟糕的用户体验。
  - 无法观测用户层面的随时间的影响（比如用户留存）。
- 设计配对实验。对于配对设计，同一个用户同时看到实验组和对照组，我们可以移除用户间的变化性而达到一个更小的方差。一个用于评估排序列表的常用方法是交错式设计，即我们将两个排序列表交错在一起，然后将合并好的列表同时展现给用户（Chapelle et al. 2012, Radlinski and Craswell 2013）。
- 共享对照组。如果分割流量运行多组实验，并且每组实验都有自己的对照组，那么可以考虑合并对照组并形成一个大的共享对照组。比较每个实验组和合并对照组可以提高所有实验的功效。如果我们知道每个与合并对照组进行比较的实验组大小，那么我们可以计算得到最优的合并对照组大小。这里我们列举一些实际使用时的注意事项：
  - 如果每个实验都有自己的触发条件，那么统一使用一个对照组会比较困难。
  - 我们可能需要直接比较各个实验组。相对于比较对照组，这种情况下的统计功效有多重要呢？
  - 相同大小的实验组和对照组的比较是有好处的，即使合并对照组通常会比实验组样本量更大。平衡的分组会促成更快的正态性收敛（见第 17 章）和更少对于缓存大小的担心（取决于缓存是如何实现的）。

18.3 其他统计量的方差

本书的大多数讨论都假设关注的统计量是均值。如果我们关注其他的统计量呢？比如百分位数？考虑基于时间的指标的时候，例如页面加载用时（Page-Load-Time, PLT），通常会用百分位数而不是均值去衡量页面速度的表现。比如，

测量用户参与度相关的加载时间会选择使用 90 百分位数和 95 百分位数，测量服务器延迟表现会选择 99 百分位数。 |198|

虽然我们总是可以使用自展法通过尾部概率进行统计检验，但随着数据增加，计算量会变大。另一方面，如果统计量渐近地服从正态分布，我们可以很容易地估计方差。比如，百分位数指标的渐近方差是一个关于概率密度的函数（Lehmann and Romano 2005）。通过估计概率密度，我们可以估算出方差。

还有另外一层的复杂度。多数基于时间的指标都是事件或者页面层面的，但实验通常都是在用户层面进行随机化的。对于这种情况，我们可以结合概率密度估计和 delta 方法（Liu et al. 2018）。 |199|

第 19 章

A/A 测试

如果每件事都是在控制（control）下，那么你的行动可能不够快。

—— Mario Andretti

如果每件事都是发生在对照组（Control），那么你在运行 A/A 测试。

—— Ronny Kohavi ⊖

为何你需要重视：运行 A/A 测试是建立实验平台可信赖度的核心步骤。这个想法是很有用的：A/A 测试在实践中的多次失败，导致我们重新评估假设并发现漏洞。

A/A 测试的想法很简单：像 A/B 测试一样把用户分成两组，但 B 和 A 是一样的（因此命名为 A/A 测试）。如果系统运作正确，那么对于大约 5% 的重复测试，一个给定的指标会统计显著并且 p 值小于 0.05。通过 t 检验计算 p 值，基于重复测试得到的 p 值近似于均匀分布。

19.1　为什么运行 A/A 测试

对照实验的理论虽然已经被研究得很透彻，但实际应用时还是有很多陷

⊖　https://twitter.com/ronnyk/status/794357535302029312。

阱。A/A 测试（Kohavi, Longbotham et al. 2009），有时也称为空测试（Peterson 2004），对于建立实验平台的可信赖度十分有用。

A/A 测试和 A/B 测试是一样的，但实验组用户的体验和对照组的是一致的。A/A 测试可用于多种目的：

- 确保第一型错误被控制在预期范围内（如 5%）。如本章后面的案例 1 所示，一些指标的方差计算可能不对；或者正态性的假设不成立。超出预期的 A/A 测试失败率会引出我们必须解决的问题。
- 评估指标的波动性。我们可以通过分析 A/A 测试的数据来确定指标方差是如何随着更多用户进入实验而变化的，以及观测平均值的方差下降是否符合预期（Kohavi et al. 2012）。
- 确保实验组和对照组的用户之间没有偏差，特别是当我们再次使用之前实验的人群时。A/A 测试在鉴别偏差时是非常有效的，尤其是平台层面的偏差。比如，必应通过持续使用 A/A 测试找出延滞效应（或者残余效应），因为之前的实验可能会在之后的实验中对同一群用户造成影响（Kohavi et al. 2012）。
- 比较数据和系统记录。将 A/A 测试作为机构的对照实验的第一步是很常见的。如果数据是由单独的日志系统收集的，那么一个好的验证步骤可以确保核心指标（比如用户量、营收、点击率）和系统记录一致。
- 如果系统记录有 X 个用户在实验期间访问了网站，同时我们的实验组和对照组分别有 20% 的用户，我们在每个分组中观测到了 20%X 的用户吗？是否有用户泄露？
- 估计方差大小用来计算统计功效。A/A 测试提供的指标方差可以帮助决定在给定最小检测效应时 A/B 测试需要运行多久。

我们非常鼓励在运行其他实验的同时持续运行 A/A 测试来发现问题，比如分布不统一或平台异常。

下面的案例突出为什么以及如何运行 A/A 测试。

19.1.1 案例 1：分析单元和随机化单元不一样

如第 14 章的讨论，有时需要将用户作为随机化单元但进行页面层面的分析。比如，警报系统通常监测每个页面近实时的页面加载用时（Page-Load-

Time, PLT）和 CTR。因此，我们需要估计页面层面的实验效应。

CTR 有两种常见的计算方法。每种的分析单元是不一样的。第一种是总点击数除以总页面浏览量；第二种是先计算每个用户的 CTR 然后平均所有用户的 CTR。如果随机化是在用户层面的，那么第一种方法使用了一个与随机化单元不同的分析单元。这种情况会违背独立性假设，并且让方差计算变得复杂。

我们接下来通过例子分析和比较两种方法。

这里，n 表示用户数，K_i 表示用户 i 的页面浏览量。N 是总共的页面浏览量：$N = \sum_{i=1}^{n} K_i$。$X_{i,j}$ 是用户 i 在第 j 个页面的点击量。

接下来，我们讨论两个合理的 CTR 定义：

1）总点击数除以总页面浏览量，如公式 19.1：

$$CTR_1 = \frac{\sum_{i=1}^{n}\sum_{j=1}^{K_i} X_{i,j}}{N} \tag{19.1}$$

如果有两个用户，一个用户只浏览了一个页面但没有点击，另一个用户浏览了两个页面，然后在每个页面上点击了一次（共两次点击），那么（见公式 19.2）：

$$CTR_1 = \frac{0+2}{1+2} = \frac{2}{3} \tag{19.2}$$

2）先计算每个用户的 CTR 然后平均所有用户的 CTR。原理是进行两次平均（见公式 19.3）：

$$CTR_2 = \frac{\sum_{i=1}^{n} \dfrac{\sum_{j=1}^{K_i} X_{i,j}}{K_i}}{n} \tag{19.3}$$

应用到第一个定义的例子中后（见公式 19.4）：

$$CTR_2 = \frac{\dfrac{0}{1} + \dfrac{2}{2}}{2} = \frac{1}{2} \tag{19.4}$$

这两种定义没有对错之分，都是对 CTR 的有用定义。但使用不同的定义会得到不同的结果。在实践中，通常会把两个指标都展现在实验分析看板。我们更推荐第二种定义，因为它在有离群值（比如机器人浏览并点击了很多页面）时更精准。 |202|

计算方差是很容易犯错的。如果 A/B 测试在用户层面进行随机化，那么第一种定义的 CTR 的方差计算如下（见公式 19.5）：

$$\text{VAR}(CTR_1) = \frac{\sum_{i=1}^{n} \sum_{j=1}^{K_i} (X_{ij} - CTR_1)^2}{N^2} \qquad (19.5)$$

这是错误的，因为它假设 $X_{i,j}$ 相互独立（见第 14 章和第 18 章）。可以使用 delta 方法或者自展法（Tang et al. 2010, Deng et al. 2011, Deng, Lu and Litz 2017）计算方差的无偏差估计。

最初观察到这个结果不是因为发现它明显违背了独立性假设，而是在我们的 A/A 测试中，CTR_1 出现统计显著性的频率远远高于预期的 5%。

19.1.2 案例 2：Optimizely 鼓励在结果统计显著时停止实验

A/B Testing: The Most Powerful Way to Turn Clicks into Customers（Siroker and Koomen 2013）一书中建议了一种错误的停止实验的流程："一旦测试达到统计显著，你就得到了你的答案"和"当实验达到统计显著结果后……"（Kohavi 2014）。通常使用的统计学假设是在实验结束时进行一次统计测试，而"窥探"（peeking）违反了这个假设，从而导致了比经典假设检验更多的假阳性。

早期的 Optimizely[⊖] 产品鼓励窥探和提前停止实验，从而导致了很多虚假成功。当一些实验者开始运行 A/A 测试时，他们发现了这一点，并发表了诸如"How Optimizely（Almost）Got Me Fired"（Borden 2014）的文章。值得称赞的是，Optimizely 和实验领域的专家（如 Ramesh Johari、Leo Pekelis 和 David Walsh）一起更新了他们的评价系统，并著成 *Optimizely's New Stats Engine*（Pekelis 2015, Pekelis, Walsh and Johari 2015）。他们同时也在公司的专业术语表中描述了 A/A 测试（Optimizely 2018a）。

19.1.3 案例 3：浏览器跳转

假设你建立了一个网站的新版本，并想通过运行 A/B 测试来比较新旧版本。变体 B 的用户会被跳转到新网站。剧透：变体 B 的效果大概率较差。如同大多数的想法，运行 A/B 测试的想法简单且优雅，但有缺陷。

⊖ Optimizely 是美国的一家从事在线数据分析和实验的公司。——译者注

这个方法有三个问题（Kohavi and Longbotham 2010, section 2）：

1）性能不同。被跳转的用户需要经受额外的跳转。虽然跳转在测试环境非常快，但真实用户可能需要额外等待 1 ～ 2 秒。

2）机器人。机器人对于跳转的处理是不同的：一些不会跳转；一些会视之为新的领域并进一步爬虫，从而产生了大量非人类的流量，并可能影响我们的核心指标。通常，因为机器人在不同变体中是均匀分布的，所以移除所有行为较少的机器人是没有严重影响的。但新的网站和更新过的网站可能会触发不同的行为。

3）书签和分享链接会导致污染。通过书签或者分享链接来深度浏览网站（比如在产品细节页）的用户也必须被跳转。这些跳转必须是对称的，因此必须把对照组的用户也跳转到网站 A。

我们的经验是跳转通常会导致 A/A 测试失败。解决方法是搭建一个不需要跳转的产品（比如服务器端返回两个主页中的一个）或者实验组和对照组都跳转（但这会让对照组的体验变差）。

19.1.4　案例 4：不平等的比例

不均衡的流量分割（比如 10%/90%）会导致共享的资源给较大分组提供了明显的好处（Kohavi and Longbotham 2010, 4 节）。具体来说，实验组和对照组共同使用的最近最少使用（Least Recently Used，LRU）缓存会寄存更多较大分组的信息（注意实验 ID 必须是任何会被实验影响的缓存系统的一部分，这是因为实验可能会对同一哈希值存储不同的内容）。见第 18 章。

还有一些例子是，运行 10%/10% 的实验（不使用剩下的 80% 数据）来避免出现 LRU 缓存的问题。但需要在实验期间进行。你不能运行 10%/90% 的实验然后丢掉多余的数据。50%/50% 的 A/A 测试或许可以通过。但如果运行 90%/10% 的实验，需要运行相应的 A/A 测试。

另一个由不平等的比例造成的问题是收敛到正态分布的速率不同。如果我们有一个指标的分布是高度偏斜的，中心极限定理描述了均值会收敛到正态分布。但如果比例不平等，收敛速率会不同。对于 A/B 测试，对照组和实验组指标之间的增量是重要的。当两个分组有同样的分布时（即使不是正态分布），增量也更可能是正态分布。更多细节见第 17 章。

204

19.1.5　案例 5：硬件差异

脸书有一个服务系统是在一列服务器上运行的。他们搭建了一个新的 V2 服务系统并且想运行 A/B 测试。他们在新旧两列服务器上运行 A/A 测试，虽然他们认为服务器硬件都是一样的，但 A/A 测试还是失败了。小的硬件差异也会导致意想不到的不同效果和体验（Bakshy and Frachtenberg 2015）。

19.2　如何运行 A/A 测试

使用一个 A/B 测试系统前总是需要运行一系列的 A/A 测试。理想状态下，模拟 1000 个 A/A 测试然后把 p 值的分布画出来。如果分布离均匀分布很远，那么系统是有问题的。在解决这些问题前，A/B 测试系统是不可信赖的。

如果关心的指标是连续的并且有一个简单的零假设，比如我们的 A/A 测试例子是相同的均值，那么 p 值在零假设下的分布是均匀分布的（Dickhaus 2014, Blocker et al. 2006）。

图 19.1 展现了真实的直方图和均匀分布相差很远。

图 19.2 展现了使用 delta 方法后，分布更加趋近均匀分布。

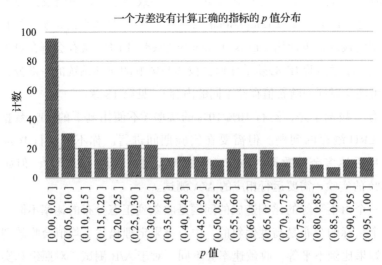

图 19.1　A/A 测试中的一个方差没有计算正确的指标的 p 值的非均匀分布。这是因为分析单元和随机化单元不一致

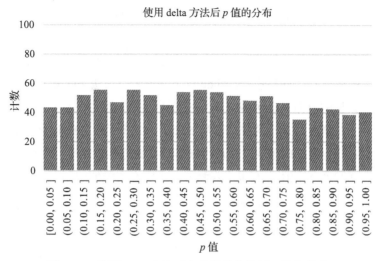

图 19.2　使用 delta 方法后方差的分布趋近于均匀分布

运行 1000 个 A/A 测试的成本可能很高，但有一个小技巧可以使用：重播上周的数据。这里当然需要假设我们存储了相关的原始数据。这个例子佐证了为什么需要存储数据来运行未来的测试和应用新开发的指标。这个方法有一些限制：我们无法发现性能相关的问题或者分享资源的问题，比如上面提到的 LRU 缓存问题，但它仍然是一个非常有价值的方法，可以帮助发现很多问题。

由于并没有改动产品且两个分组是一致的，我们只需要模拟 A/A 实验。每次迭代时，选择一个对用户分组的随机化哈希值。通过重播上周的数据，将用户分成两组。然后对每个感兴趣的指标（通常为几十到几百不等）生成 p 值，并把每个指标的 p 值累积起来画成直方图。

205
~
206

现在，我们可以进行拟合优度测试，例如 Anderson-Darling 或者 Kolmogorov-Smirnoff（Wikipedia contributors, Perverse Incentive 2019, Goodness of fit），来判断分布是否是均匀分布。

19.3　A/A 测试失败时

p 值分布在针对均匀分布的拟合优度测试失败的几种常见情况（Mitchell et al. 2018）：

1）分布偏斜且明显不接近均匀分布。一个常见问题是指标的方差估计有问题（见第 18 章）。检查下面内容：

    a. 是否是因为分析单元和随机化单元不一致而违反独立性假设（像 CTR 的例子）？如果是，运用 delta 方法或者自展法（见第 18 章）。

    b. 指标的分布是否倾斜明显？正态性的假设会在小样本上不成立。对于一些情况，最小的样本量需要大于十万个用户（Kohavi et al. 2014）。对指标添加阈值或设置最小样本量可能是有必要的（见第 17 章）。

2）在 0.32 的 p 值附近有很多观测值，表明有离群值的问题。例如，假定 o 是数据中的一个比较大的离群值。

计算 t 统计量时（见公式 19.6）：

$$T = \frac{\Delta}{\sqrt{\mathrm{var}(\Delta)}} \qquad (19.6)$$

离群值会出现在两个分组中的一个，并且平均值的增量近似于 o/n（或其负值），因为其他数值都会被这个离群值影响。平均值的方差近似于 o^2/n^2，所以 T 值会接近于 1 或者 -1，对应的 p 值大约为 0.32。

如果发现了这个现象，你就需要调查离群值出现的原因或者需要给数据添加阈值。如果有这么大的离群值，t 检验将很难有统计显著的结果（见第 18 章）。

3）分布中的一些点有很大的间隙。这种情况发生在数据是单一值（例如 0）时，但有一些罕见的例子是非零的。这种情况的均值的增量只可能是几个离散值，因此 p 值也只可能是几个值。同理，t 检验在这种情况下是不准确的。但这种情况并不像前面的情况那么严重。这是因为如果一个新的实验组造成罕见事件经常发生，那么实验效应很大且统计显著。

尽管 A/A 测试通过，我们仍然建议在运行正常 A/B 测试时经常运行 A/A 测试，以检测系统的退化，或发现因分布改变或离群值的出现而无法通过 A/A 测试的新指标。

第 20 章

以触发来提高实验灵敏度

扣动扳机前请务必确认你的目标。

—— Tom Flynn

为何你需要重视：通过过滤掉来自不受实验影响的用户的噪声，触发（triggering）为实验者提供了一种提高灵敏度（统计功效）的方法。随着机构实验成熟度的提高，我们看到更多的触发实验正在运行。

当用户所在的变体在系统或用户行为上与任何其他变体（虚拟事实的，counterfactual）之间（可能）存在差异时，会触发该用户进入实验分析。触发是我们的宝贵武器，但是存在一些可能导致错误结果的陷阱。请务必至少对所有被触发的用户执行分析步骤。如果触发事件在实验运行时被准确记录，则更容易识别被触发的用户群。

20.1 触发示例

如果改动仅影响部分用户，则那些未受影响的用户的实验效应为零。"只分析可能会被改动影响的用户"，这个评述看起来很简单，但对实验分析具有深远的意义，并且可以显著提高灵敏度或统计功效。让我们来看几个关于触发的、从简单到复杂的示例。

20.1.1 示例 1: 有意识的局部曝光

假设改动只针对一部分用户，例如仅针对美国的用户。如果想通过运行实验来评估这个改动，那么我们应该只分析美国的用户。其他国家/地区的用户没有受到这种改动的影响，因此他们的实验效应为零，将他们添加到分析中只会增加噪声并降低统计功效。请注意，如果既来自美国又来自其他国家/地区的"混合"用户看到改动，则必须将他们加入分析。请确保包括他们看到改动后的所有活动（即使是美国境外的活动），因为他们看到的改动可能会对非美国的访问产生残余效应。

以上论述还适用于其他局部曝光，例如，改动可以针对微软 Edge 浏览器用户，或针对送货地址是给定邮编的用户，或针对重度用户（例如上个月至少访问网站 3 次）。值得注意的是，触发条件的明确定义必须基于实验开始之前的而非受了实验效应影响的数据。

20.1.2 示例 2: 条件曝光

如果改动只针对访问了网站的某一部分（例如结账）或使用某一功能（例如在 Excel 中绘制图形）的用户，则仅需要分析这些用户。在这些示例中，用户一旦接触到改动，就会被触发进入实验而产生一些差异。条件曝光是一种非常常见的触发方案。以下是更多示例：

1）关于结账的改动：仅触发开始结账的用户。

2）关于协作（例如在微软 Word 或谷歌文档中共同编辑文档）的改动：仅触发参与协作的用户。

3）关于退订屏幕的改动：仅触发看到这些改动的用户。

4）关于搜索引擎结果页面如何显示天气结果的改动：仅触发查询结果包含天气的用户。

20.1.3 示例 3: 覆盖范围的扩大

如果用户的购物车商品金额超过 35 美元，则可享受免运费的优惠，而我们正在测试将免运费门槛降低为 25 美元。需要重点指出的是，该改动只影响开始结账时购物车里商品金额在 25 美元至 35 美元之间的用户。购物车商品金额

210

超过 35 美元或低于 25 美元的用户在实验组与在对照组的行为是相同的。因此，仅触发购物车中商品金额在 25 美元到 35 美元之间的用户看到免运费的优惠。对此示例，我们假设该网站上没有免运费的促销广告；如果某个时刻用户看到了免运费的促销广告并且对照组和实验组之间有所不同，则立即成为触发点。

图 20.1 以维恩图的形式展示了此示例：对照组代表了对一些免运费的用户，而实验组则将覆盖范围扩大到更广泛的用户群体。你不需要触发其他用户（如示例 2），但是也不需要触发同时满足实验组和对照组条件的用户，因为他们都已经享受免运费的优惠。

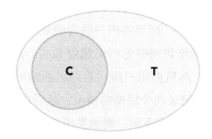

图 20.1 实验组扩大了该功能的覆盖范围。只需触发 T\C 的用户。在 C（同时在 T）中的用户因为享受同样的免运费优惠，所以实验效应为零

20.1.4 示例 4：覆盖范围的改变

如果覆盖范围没有增加但发生了变化，事情就会变得更复杂，如图 20.2 所示。例如，假设对照组为购物车中商品金额超过 35 美元的购物者提供免运费的优惠，但实验组为购物车中商品金额超过 25 美元并且在实验开始前 60 天内没有退货的用户提供免运费的优惠。

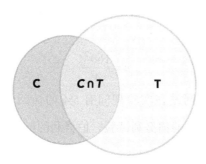

图 20.2 实验组改变了覆盖范围。如果交集中的用户所见完全相同，那么只触发剩下的用户

对照组和实验组都必须评估"额外"的条件，即虚拟事实，并且仅标注并触发在两个变体之间存在差异的用户。

20.1.5　示例 5: 机器学习模型的虚拟事实触发

假设机器学习的分类器可以将用户映射到给定的三个促销中的某一个，或者推荐器可以根据页面上的产品推荐相关产品。我们训练了新的分类器或推荐器，并且第二版在线下测试中表现良好。现在，我们可以通过线上实验来看看是否可以改善综合评估标准（见第 7 章）。

需要重点指出，如果对大多数用户新模型与旧模型的结果相同（例如对相同输入进行相同分类或推荐），则那些用户的实验效应为零。怎么才能知道呢？必须生成虚拟事实。对照组将同时运行对照组和实验组（即虚拟事实）的模型并记录两个模型的输出，然后向用户展示对照组的输出；实验组也将同时运行实验组和对照组的模型并记录两个模型的输出，然后向用户展示实验组的输出。如果实际输出和虚拟事实的输出不同，则触发用户。

请注意，由于必须同时运行两个机器学习模型，因此计算成本会增加（例如，对于单实验组的实验，模型推断成本将翻倍）。两个模型分别运行时，对延时的影响可能也不同，这个示例中的对照实验因为同时运行两个模型而无法揭示延时上的区别（比如一个模型可能更快或占用更少的内存）。

20.2　数值示例⊖

给定标准差为 σ 且所需灵敏度为 Δ（即需要检测的变化量）的 OEC，则置信水平为 95% 且功效为 80% 所需要的最小样本量（van Belle 2008, 31）如公式 20.1 所示：

[212]

$$n = \frac{16\sigma^2}{\Delta^2} \tag{20.1}$$

以某电商网站为例，该网站在实验期间有 5% 的访问用户最终完成了购买交易。则转化事件是 $p=0.05$ 的伯努利试验。伯努利的标准差 σ 为 $\sqrt{p(1-p)}$，因此

⊖　参见 Kohavi, Longbotham et al.（2009）。

σ^2=0.05(1−0.05)=0.0475。如果想检测 5% 的转化率的相对变化，即 $\varDelta$=0.05，那么根据以上公式，你至少需要 16*0.0475/(0.05·0.05)²=121 600 个用户。

如果像示例 2 那样改动了结账流程，那么只需要触发启动了结账流程的用户。考虑到购买率为 5%，假设有 10% 的用户启动了结账流程，则其中有一半完成结账流程（即 p =0.5）。方差 σ^2=0.5(1−0.5)=0.25。因此，你至少需要 16*0.25/(0.5·0.05)²=6400 个用户开始结账流程。90% 的用户未启动结账流程，因此该实验至少需要 64 000 个用户，所需用户量缩小了几乎一半，因此该实验只需要大约一半的时间就可以达到相同的统计功效（因为有重复访问用户，达到一半的用户量所需时间通常不到一半的时间）。

20.3　最佳的和保守的触发

对比两个变体时，最佳触发条件是仅触发两个变体之间存在某些差异的用户（例如，用户所在的变体与另一个变体的虚拟事实之间存在差异）。

如果有多个实验组，则理想情况下所有变体的信息都会被记录，包括实际的和所有变体的虚拟事实。这可以得到受影响用户的最佳触发。但是，由于必须运行多个模型才能生成所有的虚拟事实，因此会给多实验组的实验带来不可忽略的成本。

在实践中，非最佳的但保守的触发有时会更容易，例如包含比最佳触发更多的用户。这不会使分析失效，但同时可以降低统计功效。如果两种触发的用户群在数量上的差异没有非常大，那么简化触发的妥协可能是值得的。这里有些示例：

1）多实验组。变体之间的任何差异都会触发用户进入分析。你无须记录每个变体的输出，只需记录一个布尔值以表明它们有所不同。可能对于某些用户，"对照组"和"实验组 1"的行为相同，但"实验组 2"的行为有所不同。因此，仅比较"对照组"和"实验组 1"时，也请包括实验效应为零的用户。

2）事后分析。假设实验已经开始而虚拟事实日志记录存在问题，结账期间使用的推荐模型的虚拟事实也许因此没能被准确记录。可以使用类似"用户启动结账流程"的触发条件。尽管与结账时推荐模型不同的用户相比，更多用户被触发，但仍可能剔除 90% 因从未启动结账而实验效应为零的用户。

213

20.4 总体实验效应

计算对触发人群的实验效应时，你必须将效应稀释到整个用户群，这有时被称为稀释效应或整体效应（Xu et al. 2015）。如果你在 10% 的用户上增加了 3% 的营收，那么整体营收是否将提高 10%*3%=0.3%？并没有！（常见的陷阱）。总体效应可能是 0% 到 3% 之间的任意值！

20.4.1 示例 1

如果改动了结账流程，则触发所有启动结账的用户。如果产生营收的唯一方法是启动结账，那么触发的和总体的营收都提高了 3%，因此无须稀释该百分比。

20.4.2 示例 2

如果改动是针对占用户总数 10% 的超低支出用户（花费为普通用户的 10%），且该改动将这部分用户的营收提高了 3%，那么你的营收提高将为可忽略不计的 3%*10%*10%= 0.03%。

- 以 ω 代表所有用户的总体，以 θ 代表被触发用户的总体。
- 以 C 和 T 分别代表对照组和实验组。

对于给定的指标 M，我们有

- $M_{\omega C}$ 是未触发的对照组的指标值；
- $M_{\omega T}$ 是未触发的实验组的指标值；
- $M_{\theta C}$ 是触发的对照组的指标值；
- $M_{\theta T}$ 是触发的实验组的指标值。

[214] 以 N 代表用户数，并定义对触发用户的绝对效应为 $\Delta_\theta = M_{\theta T} - M_{\theta C}$。

定义对触发用户的相对效应为 $\delta_\theta = \Delta_\theta / M_{\theta C}$。 触发率 τ，即被触发的用户百分比，为 $N_{\theta C} / N_{\omega C}$。公式中的对照组可以被实验组代替，也可以被两者总和代替，如公式 20.2 所示：

$$(N_{\theta C} + N_{\theta T}) / (N_{\omega C} + N_{\omega T}) \tag{20.2}$$

以下是两种考虑稀释影响的方法：

1）绝对实验效应除以总效应是多少（见公式 20.3）：

$$\frac{\Delta_\theta * N_{\theta C}}{M_{\omega C} * N_{\omega C}} \tag{20.3}$$

2）"实验效应相对于未触发指标的比率"乘以触发率是多少（见公式 20.4）：

$$\frac{\Delta_\theta}{M_{\omega C}} * \tau \qquad (20.4)$$

因为 τ 是 $N_{\theta C}/N_{\omega C}$，我们可以看到这等效于之前的等式。

直接用触发率稀释的常见陷阱是什么？如公式 20.5 所示：

$$\frac{\Delta_\theta}{M_{\theta C}} * \tau \qquad (20.5)$$

当触发的总体是随机样本时，该计算成立。但是，如果触发的总体是偏态的（通常是这样），则此计算将不准确，并且偏差系数为 $M_{\omega C}/M_{\theta C}$。

为了稀释比率指标，需要使用更精确的公式（Deng and Hu 2015）。请注意，比率指标可能会导致辛普森悖论（见第 3 章），在此情况下，被触发的总体比率有所提高，但稀释后的整体影响却在下降。

20.5　可信赖的触发

应该做以下两项检查，以确保触发是可靠的。我们发现它们非常有价值，并且经常能指出问题。

1）样本比率不匹配（SRM，见第 3 章）。

如果整个实验没有 SRM，但是触发分析显示 SRM，则说明存在一些偏差。通常，这是由于虚拟事实触发未能正确完成。

2）补充分析。为未触发的用户生成实验分析看板，你将获得一个 A/A 实验的分析看板（见第 19 章）。如果观察到超过预期的指标统计显著，那么触发条件很可能是错的；我们影响了未包含在触发条件中的用户。

20.6　常见的陷阱

触发是一个强大的概念，但是需要注意一些陷阱。

20.6.1　陷阱 1: 难以推广在微小细分上运行的实验

如果你要改善总体用户指标，那么重要的是实验的稀释价值。即使将指标提高了 5%，如果触发用户是总用户的 0.1%，那么根据公式 20.6 计算稀释值时，

触发率为 $\tau=0.001$：

$$\frac{\Delta_\theta}{M_{\omega C}} * \tau \qquad\qquad (20.6)$$

在计算机架构中，阿姆达尔定律（Amdahl's law）经常作为避免过分专注加速占系统总执行时间很少的某部分的原因。

这个经验法则有一个重要的例外，就是推广小的产品创意。例如，MSN 于 2008 年 8 月在英国运行了一项实验，通过在新标签页（或旧版浏览器的新窗口）中打开指向 Hotmail 邮箱的链接来增加 MSN 用户参与度（按首页的人均点击来衡量），点击 Hotmail 链接的触发用户的参与度提高了 8.9%（Gupta et al. 2019）。这是很大的进步，但实验的触发群体很小。之后几年运行了一系列实验来推广这种产品创意，这在当时是很有争议的。MSN 于 2011 年在美国运行了一个拥有超过 1200 万用户的大型实验，它在新标签页 / 窗口中打开了搜索结果，按人均点击来衡量的参与度增加了 5%。就提高用户参与度而言，这是 MSN 实现过的最佳功能之一（Kohavi et al. 2014, Kohavi and Thomke 2017）。

20.6.2 陷阱 2: 未能在实验的剩余时间正确触发已触发的用户

只要用户被触发，之后的分析就必须包含他们。实验组可能会因为某些体验差异而影响用户未来的行为。按天或会话分析触发用户很容易受到先前体验的影响。例如，假设实验组的体验如此糟糕，以至于大大减少了用户的回访次数。如果按天或会话分析用户，则会低估实验效应。如果用户的访问次数在统计上没有显著变化，则可以通过查看触发的访问来获得更高的统计功效。

20.6.3 陷阱 3: 虚拟事实日志记录对性能的影响

为了记录虚拟事实，对照组和实验组将运行彼此的代码（例如模型）。有时一个变体的模型可能比另一个变体的模型慢得多，但是对照实验无法观察到这一点。以下两件事可以帮助我们：

1）意识到这个问题。记录每个模型的用时，以便直接对比。

2）运行 A/A'/B 实验，其中 A 是原始系统（对照组），A' 是日志记录虚拟事实的原始系统，而 B 是日志记录虚拟事实的新实验组。如果 A 和 A' 显著不同，则可发出关于虚拟事实日志记录正在产生影响的警报。

值得注意的是，虚拟事实日志记录使得共享对照组变得非常困难（见第 12 章和第 18 章），因为这些共享对照组通常是在无须改动代码的条件下进行的。在某些情况下，可以通过其他方式确定触发条件，尽管这可能会导致触发条件欠佳或错误。

20.7　开放性问题

对于以下遇到过的问题，我们并没有清晰的答案。但意识到这些问题的存在是很重要的，即使我们只知道优缺点而没有答案。 217

20.7.1　问题 1: 触发单元

用户被触发后，可以只记录在触发点之后的行为。显然，触发点之前的数据不受实验的影响。我们这么做了，但是现在这些触发的会话只是部分会话，并且它们的指标会显示异常（例如，结账之前的点击次数为零）。包含整个会话更好吗？一整天呢？也许包含从实验开始的所有用户活动？

包括触发用户从实验开始时的所有数据，则更容易计算。但是，这会导致统计功效的少量损失。

20.7.2　问题 2: 绘制指标随时间变化的趋势图

指标随时间变化的趋势图会因为用户数量的增加而显示错误的趋势（Kohavi et al. 2012, Chen, Liu and Xu 2019）。最好查看包含当天来访的用户的按照时间变化的趋势图。用户被触发时，我们会遇到相同的问题：第一天的用户是 100% 触发的，但是第二天的用户只有一部分是当天触发的（因为某些用户第一天已经被触发而第二天又来访）。随着时间的推移，实验效应逐渐降低，这个趋势通常是错误的。或许最好绘制当天来访且当天触发的用户趋势图。关键问题是，总体实验效应必须包含所有天数，所以单日的和总体的（或跨日的）不匹配。 218

第21章

样本比率不匹配与其他可信度
相关的护栏指标

一件可能出错的事情和一件不可能出错的事情的主要区别是，如果一件不可能出错的事情出错了，那么通常是不可能解决和修复的。

——道格拉斯·亚当斯

为何你需要重视：护栏指标是用来警示实验者实验假设不成立的关键指标。护栏指标可以分为两种：机构相关的与可信度相关的。第7章讨论了保护业务的机构相关的护栏指标，而本章将详细阐述样本比率不匹配（Sample Ratio Mismatch, SRM），它属于可信度相关的护栏指标。SRM护栏指标应该被纳入每一个实验，因为它可以用来确保实验内部有效性和实验结果的可信度。一些其他的可信度相关的护栏指标在本章也会涉及和说明。

正如引言中的道格拉斯·亚当斯所说，很多人假设实验会按照设计运行。如果这个假设不成立（而且假设不成立的情况往往比大家所预期的更经常发生），那么分析会产生严重的偏差，同时所得出的一些结论也会失效。很多公司都报告遇见过SRM问题，并且强调了使用该检验作为护栏的价值（Kohavi and Longbotham 2017, Zhao et al. 2016, Chen, Liu and Xu 2019, Fabijan el al. 2019）。

21.1　样本比率不匹配

样本比率不匹配指标检测的是两个实验变体（通常是一个实验组和一个对照组）的用户量（也可以是其他单元，见第 14 章）的比率。如果实验设计要求曝光特定的用户比率（例如 1:1）到实验的两个变体，那么实际得到的比率应该 和设计的比率匹配。不同于一般指标可能会被实验改动影响，将一个实验变体曝光给一个用户的决定必须和实验改动独立，所以实验变体的用户比率应该与实验设计的相符。例如，如果抛一枚均匀硬币 10 次，结果得到 4 次正面和 6 次背面，即 0.67 的比率，那么这个结果不算意外。不过，按照大数定律，当样本量增大时，这个比率会以大概率靠近 1。

当样本比率指标的 p 值很低的时候，即基于设计的比率，观察到观测结果的比率或更极端情况的概率很低，那么这就是样本比率不匹配，且其他所有指标也很可能不再有效。你可以用一个标准 t 检验或卡方检验计算相应的 p 值。这里可以找到一个 Excel 表格示例：http://bit.ly/srmCheck。

21.1.1　情景 1

实验的对照组和实验组各分配了 50% 的用户量。每个组预期有大致相等的用户量，但是实际结果是：

- 对照组：821 588 个用户
- 实验组：815 482 个用户

两个组之间的用户量比率是 0.993，而按照设计，该比率应该是 1.0。

对应上述 0.993 的样本比率的 p 值是 1.8E-6，也就是说对于对照组和实验组等量用户的实验设计，观测到这个比率或更极端的比率的概率是 1.8E-6，即小于 50 万分之一。

我们刚刚观测到了一个极端异常的事件。它更可能是由实验实施时的漏洞导致的，那么我们不应该相信任何其他指标。

21.1.2　情景 2

这个实验也是按照实验组和对照组各 50% 用户量实施的，但实际样本比率为 0.994。可以算出 p 值为 2E-5，这个概率依旧是非常小的。设计比率和实际比率的差别是一个很小的百分比，样本比率不匹配带给那些指标的影响能有多大呢？真的需要因此抛弃所有实验结果吗？

图 21.1 展示了必应的一个真实的实验分析看板。

	Treatment	Control	Delta	Delta %	P-Value	P-Move	Treatment	Control	Delta	Delta %	P-Value	P-Move
Metadata												
Scorecardid	96699772						96762547					
Sample Ratio [by user]	0.9938 = 959,716 (T) / 965,679 (C)					P=2e-5	0.9993 = 924,240 (T) / 924,842 (C)					P=0.6580
Sample Ratio [by page]	0.9914 = 6,906,537 (T) / 6,966,740 (C)						0.9955 = 6,652,169 (T) / 6,682,151 (C)					
Trigger Rate [by user]							0.9604 = 1,849,082 (T+C) / 1,925,395 (T+C)					
Trigger Rate [by page]							0.9612 = 13,334,320 (T+C) / 13,873,277 (T+C)					
Main Metrics												
Success Metrics												
Sessions/UU			+0.54%	0.0094	12.8%				+0.19%	0.3754	0.2%	
			+0.20%	7e-11	>99.9%				+0.04%	0.1671	10.1%	
			+0.49%	2e-10	>99.9%				+0.13%	0.0727	24.6%	
			-0.46%	4e-5	99.5%				-0.12%	0.2877	7.4%	
			+0.24%	0.0001	99.0%				+0.01%	0.8275	0.7%	

图 21.1　必应的实验分析看板。左边一列展示了统合数据，即指标名称。中间一列展示了整个实验各指标的统计量。右边一列展示了一个用户群组的各指标的统计量

中间的一列显示了实验组、对照组、增量、增量%、p 值和 P-Move（和本例无关的贝叶斯概率）。为了避免泄露机密数据，实验组和对照组的数值被隐去，但是这些数值和这个例子无关。我们可以看到 5 个衡量成功的指标都得到了改进，从会话量 / 去重用户量（Sessions/UU，其中 UU=Unique User，也就是去重用户量）开始，这些指标相应的 p 值从小（所有都小于 0.05）到极小（下面四个指标的 p 值小于 0.0001）。

右边的一列代表了略超过 96% 的用户，被去除的用户使用的是一个老版本的 Chrome 浏览器，这是造成 SRM 的原因。同时，因为一些实验组的改动，一个机器人没有被合理的识别出来，这也是造成 SRM 的原因。剔除了这个用户细分群，剩下的 96% 的用户是平衡的，相应的所有 5 个衡量成功的指标的差异都是统计不显著的。

21.1.3　SRM 的原因

很多 SRM 引起不正确结果的例子曾被收录（Zhao et al. 2016, Chen et al. 2019, Fabijan et al. 2019）。大约 6% 的微软的实验表现出了 SRM。

这里有一些 SRM 的原因：

- 用户随机化过程有漏洞。基于给定的百分比将用户以伯努利随机化分配

进对照组和实验组，在想象中这很简单，但实际情况会更复杂。原因包括第 15 章讨论的放量过程（比如以 1% 的流量开始实验，然后放量到 50%）、过滤排除（实验 X 中的用户不应该在实验 Y 中）和尝试使用历史数据平衡协变量（参见第 19 章的哈希种子）。

在一个真实的例子中，实验改动曝光给 100% 的微软 Office 部门员工，然后实验开始对外部用户进行 10%/10% 的等比例曝光。这部分额外的 Office 用户虽然相对很少，但也足以使结果产生偏斜并让实验组的结果看上去好得不真实（因为这部分是重度用户）。SRM 为结果的可信赖度提供了一个有用的护栏指标。剔除这些微软内部用户后，显著的实验效应也消失了。

- 数据管线问题，如上面情景 2 提到的机器人过滤问题。
- 残留效应。有时候实验会在修复漏洞后重启。因为实验已经对用户可见，实验者可能有不想重新随机化以对用户重新分组的倾向，分析的开始时间会被设置在漏洞修复之后。如果这个漏洞严重到足以让用户放弃使用该产品，那么就会造成 SRM（Kohavi et al. 2012）。
- 糟糕的触发条件。触发条件应该包含任何可能被影响的用户。一个常见的例子是跳转：A 网站会让一部分用户跳转到正在建设和测试的新网站 A'。因为跳转会丢失一部分用户，如果仅仅假设到达 A' 网站的用户是在实验组的，那么会造成 SRM。参见第 20 章。
- 触发条件基于可能被实验影响的属性。例如，假设运行一个针对休眠用户（dormant user）的营销策略，而休眠属性是基于用户资料数据库的。如果实验效应足以让部分休眠用户变得活跃，那么基于实验结束时的这个属性确定用户群将产生 SRM：触发条件将不包含那些早先休眠而现在活跃的用户。这个分析应该基于实验开始前（或者每个用户进入实验前）的休眠属性。基于机器学习算法的触发条件尤其值得怀疑，因为这些模型可能在实验过程中更新并且受到实验效应的影响。

21.2 调试 SRM

如前文所述，如果样本比率护栏指标的 p 值很低，我们应当怀疑实验设计的实施是否合理，并假设系统的某个地方存在漏洞。这时候甚至不要查看任何其他指标，除非是为了帮助调查哪里出了错。调试 SRM 以找出漏洞是困难的，机构通常会建立一些内部工具帮助调试 SRM，比如实现下面提到的一些建议。 222

这里有一些我们发现有用的常见调查方向：

- 验证在随机化时机点或触发时机点的上游没有区别。例如，如果改动的是结账功能而且从结账的时间点开始分析用户，那么要确保两个实验组在这个时间点的上游没有区别。如果比较结账时降价 50% 和买一赠一的策略，那么不能在首页提到其中任何一个策略，如果提到了，那么必须以首页为起点开始分析用户。

必应图像团队对使用必应图像搜索的用户运行实验。他们发现这些实验有时候会通过在搜索结果中插入图片结果影响正常的必应的网页搜索结果，这通常会造成 SRM。

- 验证实验变体的分配设置是正确的。数据管线源头的用户随机化是否合理？虽然大多数实验分流系统都是通过基于用户 ID 的哈希值的简单随机化机制实现的，但是当需要支持并行实验和孤立群组时，不同的实验要确保不能曝光给相同的用户，分流就变得复杂（Kohavi et al. 2013）。

例如，假设一个实验将字体颜色从黑色改为深蓝色，同时一个并行实验开始改变背景颜色。但是这个实验会过滤用户，只保留字体颜色设置为黑色的用户。因为代码执行的方式，第二个实验相当于从第一个实验"窃取"了用户，但是仅限于第一个实验中设置黑色字体的变体。当然，这会造成 SRM。

- 顺着数据处理管线排查是否有任何环节引发 SRM。例如，SRM 的一个很常见的来源是机器人过滤。一般使用启发式方法来剔除机器人，因为机器人往往会增加噪声并且降低分析的灵敏度。在必应，超过 50% 的美国流量被作为机器人过滤掉了，而 90% 的中国和俄罗斯的流量是机器人产生的！在一个 MSN 的极端例子中，实验组大大提升了用户使用率，以至于表现最佳的用户因为超过了启发式方法的阈值被作为机器人过滤掉了——一个漏洞。除了造成 SRM，因为实验组的最佳用户被排除了，结果实验组反而显著不如对照组（Kohavi 2016）。

- 去除起始阶段。两个实验变体是否有可能没有同时开始？对于一些系统，多个实验组会共用一个对照组。较晚开启实验组会引发很多问题，即使分析时间段的开始点设置在实验组开始之后也是如此。例如，缓存需要一些时间才发挥效力，手机应用程序需要一些时间才能发推送，手机可能处于离线状态而造成延迟。

- 查看用户细分群组的样本比率。
  - 分别查看每一天；是否某一天发生了异常的事件？例如，是否有人某天放量了实验组的百分比？或者另一个实验开始并且"窃取"了流量？
  - 是否有一个浏览器的群组明显不同，像情景 2 提到的那样？
  - 新用户和老用户是否比率不同？
- 查看与其他实验的交集。实验组和对照组与其他实验的变体之间应该有类似的交集百分比。

对于一些情况，如果理解了 SRM 的原因，那么可能可以在分析阶段修复这个问题（例如机器人）。但是对于另外一些情况，比如剔除流量（例如，因为一个浏览器的漏洞剔除了使用该浏览器的用户）意味着实验没有适当的曝光给一些用户细分群组，这时候最好重新运行实验。

其他与可信度相关的护栏指标

除了 SRM，一些其他指标可以表明实验哪些地方出错了（Dmitriev et al. 2017）。有时候这些是在深入调查后发现的和软件漏洞相关的指标，下面的例子将展示这一点。

- 遥测传输的保真度。点击追踪通常是通过网络信标实现的。众所周知，网络信标是有损的，也就是说，不是 100% 的真实点击量都会被合理地记录（Kohavi, Messner et al. 2010）。如果实验改动影响了损失率，那么结果会显得比真实的用户体验更好或更差。如果存在可以衡量该损失的指标，比如通过针对这个网站的内部参照工具或者通过双重上报日志的方法（广告点击有时会用到，因为广告点击要求高保真度），那么保真度的问题可以被发现。
- 缓存命中率。如第 3 章所述，共享资源可能会违反个体处理稳定性假设（SUTVA，Kohavi and Longbotham 2010）。添加关于共享资源的指标，比如缓存命中率，可以帮助明确影响实验可信赖度的预期之外的因素。
- Cookie 写入速率——实验变体写入永久（非会话）cookie 的速率。这个现象被称为 cookie 破坏（cookie clobbering）（Dmitriev et al. 2016），它会因为浏览器的漏洞而严重扭曲其他指标。必应的一个实验写入了一个没有在任何地方用到的 cookie，并且每个搜索结果页面将这个 cookie 设为一个随机数。结果显示这严重损害了用户的所有关键指标，包括人均会话数量、人均搜索词条量和人均营收。 224

- 快速搜索词条是同一个用户一秒之内搜索的两个及以上的搜索词。谷歌和必应都观测到了这种现象，但是截至目前仍然无法解释这种现象。我们知道的是一些实验变体会增加或减少快速搜索词条的比例，而这些实验结果会被认为是不可信赖的。 225

第 22 章

实验变体之间的泄露和干扰

你的理论有多么美妙并不重要，你有多聪明也不重要。只要和实验不相符，它就是错的。

——理查德·费曼

为何你需要重视：对于大多数的实验分析，我们假设实验中每一个实验单元的行为不受其他单元的变体分配的影响。对于大多数实际应用，这是一个合理的假设。但是，对于很多情况，这个假设是不成立的。

Rubin 因果模型是分析对照实验的一个标准框架，这本书的大多数讨论的是在这个假设框架下进行的（Imbens and Rubin 2015）。这一章将讨论这些假设、假设不成立的一些场景，以及解决这些问题的方法。

Rubin 因果模型的一个关键假设是个体处理稳定性假设（Stable Unit Treatment Value Assumption, SUTVA）。SUTVA 假定实验单元的行为不受其他单元的变体分配的影响（Rubin 1990, Cox 1958, Imbens and Rubin 2015），如公式 22.1 所示：

$$Y_i(z) = Y_i(z_i) \tag{22.1}$$

这里 $z = (z_1, z_2, \ldots, z_n)$ 代表 n 个实验单元的变体分配向量。

该假设在大多数实际应用中适用。例如，第 2 章描述的结账流程的实验，喜欢新结账流程的用户最终更有可能购买，这个行为与其他使用这个电商网站的用户是相互独立的。但是，如果 SUTVA 不成立（本章将讲到这类例子），那么基于此的分析可能导致不正确的结论。我们定义干扰（interference）为违反 SUTVA 的情况，有时也会叫作实验变体之间的溢出或泄露。

干扰可能以两种方式出现：通过直接的或间接的关联。例如，如果两个实验单元是社交网络的朋友或者它们同时访问了同一个物理地点，那么它们可以是直接关联的。而间接关联是指由于存在一些隐形变量或共享资源而形成的关联，例如实验组和对照组的实验单元共享同一营销活动的预算。这两种方式是类似的，因为都存在某种连接实验组和对照组的媒介，使得两组实验变体可以交互。这种媒介可以是社交网络上的有形的朋友关系连接，也可以是用户点击广告所共用的广告预算。很重要的一点是理解干扰是通过什么媒介发酵的，因为解决干扰问题的最佳方案因此而不同。

为了更具体的讨论这些问题，下面有一些示例和更细节的讨论。

22.1 示例

22.1.1 直接关联

如果两个实验单元是社交网络上的朋友或他们同一时间访问了同一个物理地点，那么他们是直接关联的。两个直接关联的单元可能会被拆分到实验组和对照组，因此造成两个实验变体之间的干扰。

脸书 / 领英。对于像脸书或领英这样的社交网络，用户行为可能会被他们的社交邻居干扰（Eckles, Karrer and Ugander 2017, Gui et al. 2015）。对于新的社交功能，越多的社交邻居开始使用这个功能，用户就越会觉得这个新功能有价值，他们自己也越有可能用到这个功能。例如，从用户的角度：

- 如果我的朋友们使用脸书视频聊天，我也更可能使用它。
- 如果我的朋友们在领英上私信我，我也更可能私信我的朋友们。
- 如果我在社交网络上的朋友们在领英上发表帖子，我也更可能发表帖子。

对于 A/B 实验，如果实验改动对用户有显著的影响，这种效果会渗透到他们的社交圈，不管这些社交邻居在实验组还是在对照组。例如，对于领英上的"您可能认识的人"（People You May Know）这个功能，实验组更好的推荐算法

促使用户发送更多的邀请。然而接收到这些邀请的用户可能在对照组，如果他们访问领英并接受这些邀请，那么他们可能会发现更多的可以建立连接的用户。如果主要感兴趣的指标是发出的总邀请量，那么实验组和对照组的邀请可能都 |227| 会增加，因此测出来的实验组和对照组的差别会偏小而不能完整的捕捉到新算法的收益。类似地，如果实验组促使用户发送更多的私信，那么对照组也会因回复这些私信而使得私信发送量增长。参见图 22.1。

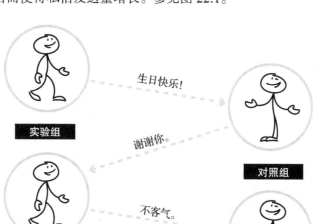

图 22.1　如果实验组用户在他们的社交网络中发送更多私信，对照组的用户也会因回复这些私信而发送更多的私信

Skype 电话。作为通信工具，Skype 的每一通电话至少有两方参与。很明显，如果一个用户决定用 Skype 打电话给朋友，那么这位朋友也会更多地使用 Skype，至少应答这通电话是这样。很可能这位朋友也将使用 Skype 呼叫他 / 她的朋友们。在这个 A/B 测试的设置中，假设 Skype 提升了实验组的通话质量，从而增加了实验组的通话数量。这些通话可以打给实验组或者对照组的用户。结果是，对照组的用户使用 Skype 打电话的频率也增加了，从而可能低估实验组和对照组之间的差别。

22.1.2　间接关联

两个单元可能会因为特定的隐性变量或共享资源而存在间接关联。和直接关联一样，这些间接关联也可能引发干扰和实验效果的估计偏差。

- **爱彼迎**。如果爱彼迎的租房网站的实验组提升了用户的转化率，从而带来了更多的预定，那么自然地导致可供对照组用户预订的库存减少。这意味着对照组的实际营收会比没有实验组干扰的情形要少。直接对比实验组和对照组会高估实验效应（Holtz 2018）。

- **优步/来福车**。假设优步想要测试一个不同的溢价算法，如果效果很好以至于实验组的乘客更愿意打车，那么在路上可供搭乘的司机数量减少了，对应的对照组的价格会升高，导致愿意打车的乘客减少了。对于这种情况，对比实验组和对照组的差别会高估实验效应（Chamandy 2016）。

- **易贝**。假设实验组鼓励用户出更高的竞标价格，比如通过返现或促销。因为实验组和对照组在竞争同样的商品，实验组的更高的价格肯定会导致对照组用户更不容易赢得拍卖。如果感兴趣的指标是总交易量，那么实验组和对照组之间的差别会被高估（Blake and Coey 2014, Kohavi, Longbotham et al. 2009）。

- **广告活动**。让我们考虑这样一个实验，不同组的用户将看到同样广告的不同排序。如果实验组的排序促使用户点击更多广告，那么实验组会更快地使用完广告预算。因为一个给定的广告活动的预算是实验组和对照组共享的，这会导致对照组能使用的预算变少。因此，实验组和对照组的差异被高估了。此外，因为预算的限制，影响广告营收的实验在月（或季度）初和月（或季度）末倾向于有不同的结果（Blake and Coey 2014, Kohavi, Longbotham et al. 2009）。

- **关联模型训练**。关联模型通常严重依赖于用户的互动数据去学习什么是相关的以及什么是不相关的。为了解释这个概念，想象搜索引擎使用简单的基于点击的关联模型进行排序。如果更多的用户搜索"鞋子"的时候点击了 target.com 这个网站，那么搜索引擎将会学习到这种关联，并在用户搜索"鞋子"时将 target.com 排得更靠前。这个学习的过程就是模型训练，而且这个过程随着新数据的流入而持续进行。考虑这样一个实验：实验组的关联模型可以更好地预测用户喜欢点击什么。如果我们使用从所有用户那里收集到的数据训练实验组和对照组的模型，那么这个实验运行的时间越长，实验组产生的"好的"点击也使对照组受益越多。

- CPU。当用户在网站上做出某种行为时，比如往购物车里添加了一个商品或点击了一个搜索结果，这种行为常常会向网站服务器发起一个请求。简单地说，这个请求被服务器处理后返还信息给用户。对于 A/B 测试，实验组和对照组的请求往往通过同一批服务器处理。我们经历过这样一些例子：实验组的漏洞异常地占用了服务器的 CPU 和内存，导致实验组和对照组的请求都需要花费更长的时间处理。如果用通常的方法对比实验组和对照组，那么我们会低估这个延迟造成的负面实验效应。 |229|

- **比用户颗粒度更精细的实验单元**。如我们在第 14 章中讨论的，虽然用户是一个更常用的实验单元，但是在一些情况下实验会按不同的单元进行随机分配，例如页面访问或会话。如果实验改动有较强的学习效应，使用诸如页面浏览这样的比用户颗粒度更精细的实验单元，则可能引起同属于同一个用户的实验单元之间的泄露。这个例子的"用户"是那个潜在的关联。假设一个实验改动大幅度地改进了延迟，而我们是按照页面访问随机分流的，那么同一个用户将时而在实验组时而在对照组浏览页面。更快的页面加载用时常常带来更多的点击和更多的营收（见第 5 章）。但是，由于用户有着混合的体验，他们在快速加载的页面的表现可能会受慢速加载的页面的表现所影响，反之亦然。如同之前的例子，这里的实验效应也会被低估。

22.2　一些实际的解决方案

虽然这些例子中的干扰可能是不同原因引起的，但是他们都可能导致有偏差的结果。例如，对于一个广告营销活动，我们可能会在实验中看到一个正向的营收增量，但是当实验改动放量发布给全部用户时，由于预算限制，可能导致影响是中性的。运行一个实验时，我们想要估计两个平行宇宙的差别：在一个平行宇宙中，所有的实验单元都在实验组；而在另一个平行宇宙中，所有的实验单元都在对照组。实验组和对照组之间的泄露会使估计产生偏差。我们怎么才能预防或修正这种偏差呢？

这里有几类实际方法可以解决对照实验中的干扰效应。关于其中一些方法，Gupta el al.（2019）也有一些很好的讨论。

22.2.1 经验法则：行为的生态价值

不是所有的用户行为都会从实验组向对照组产生溢出效应。我们可以界定一些可能会产生溢出的行为，只有当这些行为被实验影响时，才需要关注干扰这个问题。通常不仅是对一阶行为而言的，还包括那些对行为产生的可能反应。例如，考虑一个社交网络实验中的以下指标：

- 发送的消息总数，以及被回复的消息总数
- 创建的帖子总数，以及这些帖子收到的点赞/评论总数
- 点赞总数和评论总数，以及收到这些点赞和评论的创作者总数

这些指标可以显示对下游的影响。测量这些对行为的反应可以估计一阶行为可能产生的生态影响的深度和广度（Barrilleaux and Wang 2018）。如果实验只对一阶行为有正向的影响，而对下游指标没有影响，那么该实验很可能没有可测量的溢出效应。

确定了这些可以显示下游影响的指标时，你可以建立一个关于这些行为怎么转换成整个生态系统的价值或参与度的通用指南。例如，一个来自用户A的消息多大程度可以转化成A和A的社交邻居们的访问会话？一种建立起这个经验法则的方法是利用历史上具有下游影响的实验，将这个影响通过工具变量的方法外推为行为X/Y/Z的下游影响（Tutterow and Saint-Jacques 2019）。

这种经验法则相对容易实现。因为只需一次性建立起生态价值，然后可以将它应用到任何伯努利随机分流的实验。这个方法比其他方法更加灵敏，因为它基于伯努利随机分流测量下游指标的显著影响。但这个方法也有局限性。本质上，经验法则只是一种近似估计，它可能无法适用于所有的场景。例如，一个特定实验组产生的额外消息发送量可能会有一个比均值更大的生态影响。

22.2.2 隔离

干扰是通过连接实验组和对照组的媒介产生的。你可以通过定位媒介并把每一个实验变体隔离开来的方法移除潜在的干扰。上述的经验法则可以运用伯努利随机分流设计在实验分析中估计生态影响。为了创建隔离，你需要考虑其

他的实验设计，以保证实验组和对照组的单元得到很好的分隔。这里有一些实践中可用的隔离方法。

- **划分共享资源**。如果共享资源会造成干扰，那么将资源划分给实验组和对照组是显而易见的第一选择。例如，可以根据实验变体的流量划分广告预算，对一个占 20% 流量的变体，只允许使用 20% 的预算。类似地，对于训练关联算法的情景，你可以按照不同实验变体收集的数据划分训练数据集。

应用这个方法的时候，需要注意以下两点：

1）可以按照实验变体的流量配比精确地划分产生干扰的资源吗？虽然这对于预算或训练数据集容易实现，但对于很多场景这经常是不可能实现的。例如，如果共享资源是机器，那么这些机器之间常常存在差异，将不同的机器简单划分给实验组和对照组的流量会引入很多其他很难纠正的混杂因素。

2）流量分配（也是资源划分）会引入偏差吗？对于训练数据，如果模型得到更多的训练数据，那么模型表现会随着提升。如果实验组模型只得到 5% 的数据训练，而对照组模型得到 95% 的数据，那么这个划分会引入有利于对照组的偏差。这也是我们推荐按照 50/50 分配流量的原因之一。

- **基于地理位置的随机化**。对于很多例子，干扰会产生是因为两个实验单元在地理位置上离得很近，例如两个酒店竞争相同的游客或两个出租车竞争相同的乘客。一个合理的假设是来自不同地区的单元（酒店、出租车、乘客等）是彼此隔离的。基于这个假设，你可以在地区级别上随机化，进而隔离实验组和对照组的干扰（Vaver and Koehler 2011, 2012）。有一点需要注意：地域级别上随机化的样本量会受限于可供随机化的地域单元数量。这种 A/B 测试方法会有更大的方差以及更低的统计功效。第 18 章有关于缩减方差和提高统计功效的讨论。

- **基于时间的随机化**。可以利用时间制造隔离。在任意时间 t，可以抛一枚硬币决定给所有用户实施实验组策略，还是对照组策略（Bojinov and Shephard 2017, Hohnhold, O'Brien and Tang 2015）。当然，这个机制有效的一个前提是，假设同一个用户跨越时间的干扰不是一个问题（参见前面关于比用户更精细颗粒度的实验单元的讨论）。这里的时间单元可以很短（例如秒）也可以很长（例如周），这取决于什么单元是可实现的，以及需要多少样本。例如，如果"天"是单元，那么一周只能收集七个样本，按这种方式做实验可能不够快。值得注意的是，这里常有强烈的随时间的变化，就像周内效应或时刻效应。配对 t 检验或协变量校正中合理利用这个信息可以降低方差。更多细节见第 18 章。一个类似的方法是第 11 章讨论过的中断时间序列（Interrupted Time Series, ITS）。

- **网络群组随机化**。类似于基于地理位置的随机，对于社交网络，可以根据结点之间相互干扰的可能性定义哪些用户是相近的，从而建立"群组"。我们把每一个群组作为一个超级单元，然后把它们独立地随机分配到实验组和对照组（Gui et al. 2015, Backstrom and Kleinberg 2011, Cox 1958, Katzir, Liberty and Somekh 2012）。

这个方法有两个限制：

1）在实际情况中，完美的隔离是很稀少的。对于大多数社交网络，网络关联图谱中的连接通常是稠密的，以至于不能被切割成完美隔离的群组。例如，尝试为整个领英联系人图谱建立一万个相互隔离的均衡的群组时，还是会有超过 80% 的连接是群组间的（Saint-Jacques et al. 2018）。

2）像其他对超级实验单元进行随机分流的方法那样，有效的实验样本量（群组数量）常常会很小，这意味着建立群组时，我们需要做方差 – 偏差之间的权衡。创建更多的群组会有更小的方差，但也会因更少的隔离而给我们带来更大的偏差。

- **以网络焦点为中心的随机化**。 对于网络群组随机化的方法，群组是通过最小化群组之间的连接数量来组建的，且每一个群组不具备特定的结构。实验分配的时候，群组中的每一个单元会被统一对待。以焦点为中心的随机化可以解决类似的社交网络干扰问题，且局限性更少。这种方法创建的每个群组有一个"焦点"（ego，一个焦点个体）和它的"相邻点"（alters，它直接关联的个体）。通过这样的方式，你可以达到更好的隔离和更小的方差。这种方式允许你对焦点和相邻点单元分别决定实验变体的分配。例如，可以将所有的相邻点分配到实验组和只有半数的焦点分配到实验组。对比实验组的焦点和对照组的焦点时，可以衡量一阶影响和下游影响，Saint-Jacques et. al.（2018b）有很好的讨论。

不论何时，对于适用的场景，建议考虑联合使用不同的隔离方法来得到更大的样本量。例如，应用网络群组随机时，可以通过把时间 t 作为一个抽样维度来扩大样本量。如果大多数干扰只有很短的时间跨度，而实验效应本身对于不同时间块是可置换的，那么你可以通过抛硬币的方式决定每天对于每个群组的实验变体分发。有时你可以通过预测哪里可能发生干扰而创建更好的隔离。例如用户不会对每一个社交网络的邻居发消息。如果已知社交网络连接常常过于稠密而无法创建隔离群组，可以通过发现那些可能有消息交换的子网络而创建更好的群组。

22.2.3 边级别分析

一些溢出是通过两个用户之间的定义明确的交互发生的。这些交互（边）很容易定位。你可以用伯努利随机分流用户，然后基于实验对用户（结点）的分配将边标记为四种类型之一：实验组 – 实验组、实验组 – 对照组、对照组 – 对照组，以及对照组 – 实验组。通过对比不同类型的边级别发生的交互（例如消息、点赞），可以帮助理解重要的网络效应。例如，通过对比实验组 – 实验组和对照组 – 对照组的边，可以对实验效果产生的差别进行无偏估计，或衡量实验组的单元是否更倾向于给实验组其他单元发消息而不是给对照组（实验组亲和力，Treatment affinity），又或衡量实验组的新行为是否会得到更高的回复率。Saint-Jacques et. al.（2018b）有更多的关于边级别分析的内容。

22.3 检测和监控干扰

理解干扰的机制对于确定好的解决方案是很关键的。虽然精确的测量每一个实验是不实际的，但是拥有一个强大的监控和警报系统来检测干扰是很重要的。例如，如果一个实验的所有广告营收都来自有预算限制的而不是没有预算限制的广告商们，那么实验的结果可能不能很好地推演出发布后的效果。放量的阶段（例如首先放量到员工或一个小的数据中心）也可以很好地检测坏的干扰（如实验组占用了所有的 CPU 资源）。更多细节请参见第 15 章。

第 23 章

测量实验的长期效应

我们倾向于高估技术的短期效应，而低估其长期效应。

——罗伊·阿玛拉

为何你需要重视：要测量的效应有时可能需要花费数月甚至数年才能累积起来，这就是长期效应。对于线上世界，产品和服务以敏捷的方式快速迭代。因此，试图测量长期效应是有挑战的。为了解决此类问题，了解这个活跃的研究领域中的关键挑战和当前方法将非常有用。

23.1　什么是长期效应

对于本书讨论的大多数情况，我们建议运行实验一到两周。在如此短的时间内测得的实验效应称为短期效应。对于大多数实验，我们只需要了解这种短期效应，因为它是稳定的，并且可以推广到我们在乎的长期效应。但是，在某些情况下，长期效应与短期效应是不同的。例如，提价可能会增加短期营收，但是由于用户放弃产品或服务，长期营收会减少。在搜索引擎上显示糟糕的搜索结果会导致用户再次搜索（Kohavi et al. 2012）。搜索份额在短期内会增加，但是随着用户切换到更好的搜索引擎，搜索份额从长期来看会减少。同样，展示更多广告（包括更多质量较差的广告）可以在短期内增加广告点击和营收，但从长期来看却会因为广告点击甚至搜索的减少而造成营收的减少（Hohnhold, O'Brien and Tang 2015, Dmitriev, Frasca et al. 2016）。

[235]

长期效应被定义为实验的渐近效应，从理论上讲，它可以持续数年。实际上，通常将长期考虑为 3 个月以上，或者基于曝光次数（例如，对于使用新功能至少 10 次的用户的实验效应）。

我们不讨论那些短时效的产品更改，例如，你可以对时效只有几个小时的由编辑选择的新闻标题进行实验。但是，标题应该是"醒目"还是"有趣"的问题则是一个很好的关于长期效应的假设。因为短期内参与度可能会增加，但长期下来更多的用户放弃使用。除非你特别针对时效很短的产品改动进行实验，否则测试新的产品改动时，你会很想知道它的长期效应。

本章将介绍长期效应可能不同于短期效应的原因，并讨论测量方法。我们仅关注短期和长期实验效应不同的情况，没有考虑短期和长期之间的其他重要差异，例如，有可能会导致估计的实验效应和方差有所不同的样本量差异。

确定综合评估标准（见第 7 章）的一个关键挑战是它必须在短期内可测量，但同时也对长期效应有因果关系的影响。本章中讨论的对长期效应的测量可以提供洞察，以改进和设计那些可以影响长期效应的短期指标。

23.2　短期效应和长期效应可能不同的原因

造成短期和长期实验效应可能不同的原因有很多。第 3 章已经讨论了一些与可信赖度有关的原因。

- **用户的习得效应**。随着用户学习并适应变化，他们的行为也会发生变化。例如，产品崩溃是一种糟糕的用户体验，第一次发生时可能不会使用户放弃使用产品。但是，如果崩溃频繁发生，用户会意识到并且可能决定放弃产品。如果用户意识到广告的质量比较差，可能会调整其点击。行为更改也可能是由于可发现性引起的，也许一项新功能需要一段时间才能被用户注意到，但是一旦发现它有用，就会频繁使用。用户可能还需

[236]

要时间适应新功能，因为他们已经熟练掌握了旧功能，又或者他们会对一个首次发布的新改动投入更多探索（见第 3 章）。对于这种情况，长

期效应可能不同于短期效应，因为用户最终会达到一个平衡点（Huang, Reiley and Raibov 2018, Hohnhold, O'Brien and Tang 2015, Chen, Liu and Xu 2019, Kohavi, Longbotham et al. 2009）。

- **网络效应**。如果看到朋友在通信应用（例如脸书 Messenger、WhatsApp 或 Skype）中使用"实时视频"功能，那么用户很有可能也会使用它。用户行为往往会受到其网络中其他人的影响，尽管功能通过其网络传播可能需要一段时间才能完全发挥作用（见第 22 章，其中讨论了资源有限或共享的市场中的干涉效应，重点参考由于实验变体之间的互相影响而导致的短期效应的估计偏差）。衡量长期效应时，有限的资源会带来其他挑战。例如，对于双边市场（如爱彼迎、易贝和优步），新功能可以非常有效地推动对某物的需求，例如民宿、计算机键盘或网约车，而供应则需要一些时间才能赶上。因此，由于供应不足，对营收的影响可能需要更长的时间才被发现。其他领域也存在类似的例子，例如招聘市场（求职者和工作）、广告市场（广告商和出版商）、内容推荐系统（动态信息流）或人脉关系（领英的"您可能认识的人"）。由于一个人认识的人数量有限（"供应"），因此新算法一开始可能会表现更好，但由于供应限制，长期来看可能会达到较低的均衡（类似的效应可以在推荐算法中更普遍地看到，其中新算法最初可能会因多样性或只是因为显示新的推荐而表现更好）。

- **延迟的体验和评估**。用户可能会需要一段时间来体验到整个实验改动。例如，对于爱彼迎和缤客之类的公司来说，从用户的线上体验到用户实际到达目的地可能要花费数月的时间。诸如用户留存之类的重要指标可能会受到延迟的用户线下体验的影响。另一个例子是年度合同：注册用户在年度结束时有一个决策点，他们根据那一年累积下来的体验决定是否续约。

- **生态系统的变化**。随着时间的流逝，生态系统中的许多事物都会发生变化，并可能影响用户对实验的反应，包括：
  - **启动其他新功能**。例如，如果更多团队将实时视频功能嵌入其产品，那么实时视频功能将变得更加有价值。
  - **季节性**。例如，由于用户的购买意向不同，圣诞节期间表现良好的礼品卡的实验可能不会在非假期的时候具有相同的表现。

- ○ **竞争格局**。例如，如果你的竞争对手启动了相同的功能，则该功能的价值可能会下降。
- ○ **政府政策**。例如，欧盟通用数据保护条例（GDPR）改变了用户控制其线上数据的方式，从而改变了你可以用于线上广告定向投放的数据（European Commission 2016, Basin, Debois and Hildebrandt 2018, Google, Helping advertisers comply with the GDPR 2019）。
- ○ **概念漂移**。随着分布的变化，在未更新的数据上训练的机器学习模型的性能可能会随时间下降。
- ○ **软件性能下降**。功能发布后，除非对其进行维护，否则相对于周围的环境而言它们的性能往往会下降。例如，这可能是由于代码中的假设随时间而变得不成立。

23.3　为什么要测量长期效应

尽管出于各种原因，长期效应肯定与短期效应有所不同，但并非所有此类差异都值得测量。确定应该测量的内容及测量方法时，我们希望由长期效应达到的目标起着至关重要的作用。以下我们总结了几个测量长期效应的原因。

- **归因**。具有强大的数据驱动文化的公司使用实验结果来跟踪团队的目标和绩效，从而有可能将实验收益纳入长期财务预测。在这些情况下，需要对实验的长期效应进行正确的测量和归因。如果现在不引入新功能，从长远来看，产品的效果将会是什么样？这种归因非常具有挑战性，因为我们需要考虑用户习得效应之类的内在原因，以及竞争格局变化等外在原因。在实践中，由于将来的产品改动通常建立在过去的发布之上，因此可能很难归因这种复合效应。
- **机构经验**。短期和长期之间有什么区别？如果差异很大，是什么原因造成的？如果存在很强的新奇效应，则可能表示用户体验不是最佳的。例如，如果用户花费太长时间才能发现自己喜欢的新功能，则可以通过产品内的用户教育来加快领会速度。另一方面，如果许多用户被新功能吸引，但只尝试一次，则可能表明新功能质量不佳或属于诱导点击。了解差异可以为后续的改进和迭代提供洞察。

- **可推广性**。对于许多情况，我们测量某些实验的长期效应，并将结论推广到其他实验。类似的变化有多大的长期效应？是否可以针对某些产品领域推导出概括性原则（例如，Hohnhold et. al.（2015）中的搜索广告）？可以创建可预测长期效应的短期指标吗（见本章最后一节）？如果我们推广或预测长期效应，就可以在决策过程中考虑那些推广的结论。为此，我们可能希望将长期效应与外在因素分离，尤其是那些随时间的推移不太可能重复的重大影响。

23.4　长期运行的实验

测量长期效应的最简单且最流行的方法是长期运行的实验。可以在实验开始时（第一周）和实验结束时（最后一周）测量实验效应。请注意，此分析方法与典型的实验分析不同，后者将测量整个实验期间的平均效应。如图 23.1 所示，第一个百分比增量测量值 $p\Delta_1$ 被认为是短期效应，而最后一个测量值 $p\Delta_T$ 被认为是长期效应。

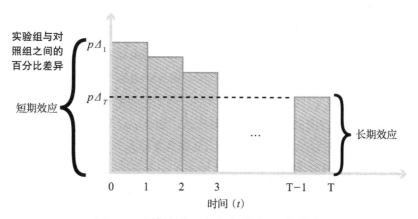

图 23.1　根据长期运行的实验测量长期效应

尽管这是一个可行的解决方案，但这种长期运行的实验设计存在一些挑战和局限性。接下来我们集中探讨以归因和积累机构的经验传承为目的而进行长期效应评估的几个挑战。

- **归因**：由于以下原因，长期实验最后一周的测量值（$p\Delta_T$）可能无法代表真正的实验的长期效应：

  ○ 实验效应稀释。

  ○ 用户可以使用多个设备或接入点（例如，网络和应用程序），而实验仅捕获其中的一个子集。实验时间越长，用户在实验期间使用多个设备的可能性就越大。对于在最后一周内访问的用户，实际上实验只包括了在整个时间段 T 中很少一部分的用户体验。因此，如果用户正在学习使用产品，则以 $p\Delta_T$ 衡量的结果不是用户在时间 T 曝光于实验的长期效应，而是稀释后的结果。请注意，这种稀释可能并不是对所有功能都重要，而只对曝光时间长短会影响结果的功能重要。

  ○ 如果根据 cookie 进行实验的随机化，则 cookie 可能会由于用户行为而流失，或者由于浏览器问题而变得混乱（Dmitriev et al. 2016）。实验组的用户可能因为使用新 cookie 而被随机分配到对照组。与前两个要点一样，实验运行的时间越长，用户在实验期间就越有可能时而存在于实验组时而存在于对照组。

  ○ 如果存在网络效应，那么除非实验变体之间完全隔离，否则实验效应可能会从实验组泄露到对照组（见第 22 章）。实验进行的时间越长，效应越可能广泛地通过网络扩展产生更大的实验效应泄露。

- **幸存者偏差**。并非实验开始时的所有用户都可以存在到实验结束。如果实验组和对照组之间的生存率不同，则 $p\Delta_T$ 会有幸存者偏差，这也将触发 SRM 警报（见第 3 章和第 21 章）。例如，如果那些不喜欢新功能的实验组用户随着时间的流逝而弃用产品，那么 $p\Delta_T$ 只包含了那些仍然存在的用户（以及新加入实验的用户）从而带来偏差。如果实验方法因为漏洞或副作用而导致不同的 cookie 流失率，则也可能存在类似的偏差。

- **与其他新功能的交互**。长期实验运行期间可能会启动许多其他功能，并且它们可能会与被测试的特定功能交互。随着时间的推移，这些新功能会侵蚀实验的成功。例如，第一个向用户发送推送的实验对提高会话数量可能非常有效，但是随着其他团队开始发送通知，第一个通知的效应将逐渐减弱。

- **在时间维度上外推实验效应**：如果没有进一步研究以及运行更多实验，

我们需要谨慎：不要将 $p\Delta_0$ 和 $p\Delta_T$ 之间的差异解释为实验本身引起的有意义的差异。除了上面讨论的归因挑战使 $p\Delta_T$ 本身的解释复杂化之外，差异可能完全是诸如季节之类的外在因素造成的。通常，如果两个时期之间的基本人群或外部环境发生了变化，那么我们无法直接比较短期和长期的实验效应。

当然，归因和在时间维度上外推实验效应会带来挑战，使得把特定的长期运行的实验结果推广到更可扩展的原理和技术变得很难。如何判断长期效应是否稳定以及何时停止实验也是有挑战性的。下一部分将探讨部分解决这些挑战的实验设计和分析方法。

23.5　长期运行实验的替代方法

不同的改善长期实验的测量的方法被提出来（Hohnhold, O'Brien and Tang 2015, Dmitriev, Frasca et al. 2016）。本节中讨论的每种方法都提供了一些改进，但是没有一种方法可以完全解决所有情况的局限性。我们强烈建议始终评估这些局限性是否适用。如果适用，它们会在多大程度上影响结果以及对结果的解释。

23.5.1　方法 1：群组分析

可以在实验开始之前构建稳定的用户群，并且仅分析对该用户群的短期效应和长期效应。一种方法是根据稳定的 ID（例如已登录用户的 ID）选择同类群组。此方法可有效解决稀释和幸存者偏差，特别是在能够以稳定的方式跟踪和测量同类群组时。要记住两个重要的注意事项：

- 需要评估同类群组的稳定性，因为这对于方法的有效性至关重要。例如，如果 ID 是基于 cookie 的，但 cookie 的流失率很高，则此方法不能很好地纠正偏差（Dmitriev et al. 2016）。 [241]

- 如果该同类群组不能代表总体人群，则可能存在外部有效性问题，因为分析结果可能无法推广到整个人群。例如，仅分析已登录的用户可能会引起偏差，因为他们与未登录的用户不同。可以使用其他方法来改进通用性，例如基于分层的加权调整（Park, Gelman and Bafumi 2004, Gelman

1997, Lax and Phillips 2009）。对于这种方法，首先需要将用户分层（例如，基于实验前的高 / 中 / 低参与度），然后计算每个子组的实验效应的加权平均值，其权重反映人口分布。这种方法的局限性与第 11 章广泛讨论的观测性研究类似。

23.5.2 方法 2：后期分析

对于这种方法，你可以在运行了一段时间（时间 T）后关闭实验（情况一），然后在时间 T 和 $T+1$ 期间测量实验用户和对照用户之间的差异，如图 23.2 所示。如果由于用户体验问题而无法关闭实验组，你仍然可以通过将实验组发布给所有用户来应用此方法（情况二）。该方法的一个关键是，实验组和对照组的用户在测量期间的产品体验完全相同。但是，两组之间的区别在于，对于情况一，实验组经历了对照组没有经历的产品功能；对于情况二，实验组经历这些功能的时间比对照组更长。

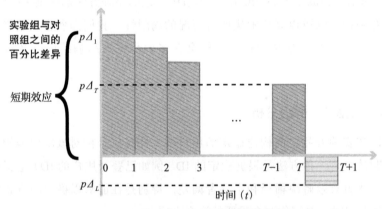

图 23.2　根据后期 A/A 实验测量长期效应

Hohnhold et al.（2015）将在后期测得的效应称为习得效应。为了正确解释它，我们需要了解实验中测试的特定改动。有两种习得效应：

1）**用户的习得效应**。用户已经随着实践了解并适应了产品改动。Hohnhold et al.（2015）研究了广告加载量增加对用户点击广告的影响。在他们的案例研究中，用户学习被认为是后期效应的关键原因。

2）**系统的习得效应**。系统可能"记住"了实验期间的信息。例如，实验可能会鼓励更多用户更新其个人资料，即使实验结束，更新的信息也仍保留在系统中。或者，如果更多的实验组用户在实验期间因电子邮件而烦恼并选择退出，则他们在后期将不会收到电子邮件。另一个常见的例子是通过机器学习模型进行个性化设置，例如向点击更多广告的用户展示更多广告。实验组里的用户点击更多广告后，使用足够长的时间进行个性化的系统可能会了解该用户，从而向他们显示更多广告，即使他们回归到了对照组。

给定足够多的实验，这种后期分析的方法可以根据系统参数测量习得效应，然后从新的短期实验中外推出预期的长期效应（Gupta et al. 2019）。如果系统的习得效应为零，即 A/A 测试之后实验组和对照组用户都曝光于完全相同的一组功能，这种外推是合理的。系统的习得效应非零的例子可能包括永久的用户状态更改，例如更持久的个性化设置、退出、取消订阅、达到展示次数限制等。

即便如此，这种方法有效地将效应与随时间变化的外在因素以及与其他新启动功能的潜在交互影响分隔开来。因为习得效应是单独测量的，所以它提供了关于为什么短期效应和长期效应不同的更多洞察。该方法存在潜在的稀释和幸存者偏差（Dmitriev et al. 2016）。但是，由于习得效应是在后期单独测量的，因此可以尝试对习得效应进行调整以解决稀释问题，或者尝试与前面讨论的同类群组分析方法结合使用。

243

23.5.3　方法 3：时间交错式实验

到目前为止讨论的方法仅要求实验者在进行长期测量之前等待"足够长"的时间。但是"足够长"是多长时间？一种低成本的方法是观察实验效应趋势线，并确定曲线稳定了足够长的时间。这在实践中效果不佳，因为随着时间的推移，实验效应很少能稳定下来。受重大事件或周内效应的影响，随着时间的推移，波动性往往会战胜长期趋势。

要确定测量的时间，可以在开始时间错开的情况下运行同一实验的两个版本。一个版本（T_0）在时间 $t=0$ 开始，而另一个版本（T_1）在时间 $t=1$ 开始。在任何给定时间，$t>1$，可以测量实验两个版本之间的差异。请注意，在时间 t，T_0 和 T_1 这两个开始时间不同的实验组实际上是一项 A/A 测试，唯一的区别是用户曝光于实验组的持续时间。我们可以进行双样本 t 检验，以检查 $T_1(t)$ 和 $T_0(t)$ 之间的差异是否统计显著，并得出结论：如果差异很小，则宣布这两个实验组的结果收敛了，如图 23.3 所示。请注意，很重要的一点是确定实际显著的增量
并确保这种比较具有足够的统计功效。在这一时间点上，我们可以应用后期分
析的方法来测量时间 t 之后的长期效应（Gupta, Kohavi et al. 2019）。测试两个
实验组之间的差异时，比较重要的是控制第二型错误使其比通常使用的 20% 更
低，即使以增加第一型错误至大于 5% 为代价。

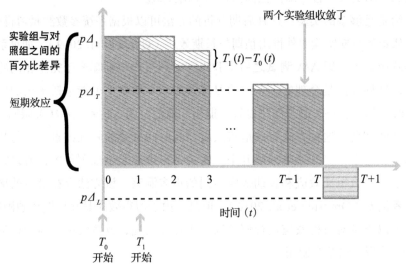

图 23.3　根据观测到的收敛的时间交错实验组来测量长期效应

　　该方法假定两个实验组的差异随着时间的推移而变小。换句话说，$T_1(t) - T_0(t)$ 是 t 的递减函数。尽管这是一个合理的假设，但实际上，还需要确保两个交错的实验组之间有足够的时间间隔。如果习得效应需要一段时间才能显现出来，两个实验组却一个紧接着另一个开始，则可能没有足够的时间使两个实验组在 T_1 开始时有所不同。

23.5.4　方法 4：留出和反转实验

　　如果迫于时间压力需要将实验的新功能发布给所有用户，长期运行的实验可能不现实。对照组是昂贵的：它们没有得到实验组的新功能，因此要付出一定的机会成本（Varian 2007）。一种替代方法是留出（holdback）：实验结果出来后，只将新功能发布给 90% 的用户，剩下的 10% 的用户留在原来的对照组数周

（或数月）（Xu, Duan and Huang 2018）。留出实验是长期运行的实验的一个典型类型。因为它们的对照组很小，所以它们的统计功效往往比最优统计功效要低。重要的是要确保降低的灵敏度不会影响你希望从留出实验中研究的目标。更多讨论见第 15 章。

　　还有一种替代方案，被称为反转实验。反转实验是将实验的新功能发布给 100% 的用户后数周（或数月），将 10% 的用户重新放回对照组。这种方法的好处是每个人都已经接受了一段时间的实验组变体的体验。如果新功能有网络效应影响用户采用率，或者市场中有供应受限的情况，那么反转实验有时间使网络效应或市场达到新的平衡。缺点是，如果实验组是明显的产品改动，则可能会使被重新放回到对照组的用户感到困惑。 245

参 考 文 献

Abadi, Martin, Andy Chu, Ian Goodfellow, H. Brendan Mironov, Ilya Mcmahan, Kunal Talwar, and Li Zhang. 2016. "Deep Learning with Differential Privacy." *Proceedings of the 2016 ACM SIGSAC Conference on Computer and Communications Security.*

Abrahamse, Peter. 2016. "How 8 Different A/B Testing Tools Affect Site Speed." *CXL: All Things Data-Driven Marketing.* May 16. https://conversionxl.com/blog/testing-tools-site-speed/.

ACM. 2018. *ACM Code of Ethics and Professional Conduct.* June 22. www.acm.org/code-of-ethics.

Alvarez, Cindy. 2017. *Lean Customer Development: Building Products Your Customers Will Buy.* O'Reilly.

Angrist, Joshua D., and Jörn-Steffen Pischke. 2014. *Mastering 'Metrics: The Path from Cause to Effect.* Princeton University Press.

Angrist, Joshua D., and Jörn-Steffen Pischke. 2009. *Mostly Harmless Econometrics: An Empiricist's Companion.* Princeton University Press.

Apple, Inc. 2017. "Phased Release for Automatic Updates Now Available." June 5. https://developer.apple.com/app-store-connect/whats-new/?id=31070842.

Apple, Inc. 2018. "Use Low Power Mode to Save Battery Life on Your iPhone." *Apple.* September 25. https://support.apple.com/en-us/HT205234.

Athey, Susan, and Guido Imbens. 2016. "Recursive Partitioning for Heterogeneous Causal Effects." *PNAS: Proceedings of the National Academy of Sciences.* 7353–7360. doi: https://doi.org/10.1073/pnas.1510489113.

Azevedo, Eduardo M., Alex Deng, Jose Montiel Olea, Justin M. Rao, and E. Glen Weyl. 2019. "A/B Testing with Fat Tails." February 26. Available at SSRN: https://ssrn.com/abstract=3171224 or http://dx.doi.org/10.2139/ssrn.3171224.

Backstrom, Lars, and Jon Kleinberg. 2011. "Network Bucket Testing." *WWW '11 Proceedings of the 20th International Conference on World Wide Web.* Hyderabad, India: ACM. 615–624.

Bailar, John C. 1983. "Introduction." In *Clinical Trials: Issues and Approaches*, by Stuart Shapiro and Thomas Louis. Marcel Dekker.

Bakshy, Eytan, Max Balandat, and Kostya Kashin. 2019. "Open-sourcing Ax and BoTorch: New AI tools for adaptive experimentation." Facebook Artificial Intelligence. May 1. https://ai.facebook.com/blog/open-sourcing-ax-and-botorch-new-ai-tools-for-adaptive-experimentation/.

Bakshy, Eytan, and Eitan Frachtenberg. 2015. "Design and Analysis of Benchmarking Experiments for Distributed Internet Services." *WWW '15: Proceedings of the 24th International Conference on World Wide Web*. Florence, Italy: ACM. 108–118. doi: https://doi.org/10.1145/2736277.2741082.

Bakshy, Eytan, Dean Eckles, and Michael Bernstein. 2014. "Designing and Deploying Online Field Experiments." *International World Wide Web Conference (WWW 2014)*. https://facebook.com//download/255785951270811/planout.pdf.

Barajas, Joel, Ram Akella, Marius Hotan, and Aaron Flores. 2016. "Experimental Designs and Estimation for Online Display Advertising Attribution in Market-places." *Marketing Science: the Marketing Journal of the Institute for Operations Research and the Management Sciences* 35: 465–483.

Barrilleaux, Bonnie, and Dylan Wang. 2018. "Spreading the Love in the LinkedIn Feed with Creator-Side Optimization." *LinkedIn Engineering*. October 16. https://engineering.linkedin.com/blog/2018/10/linkedin-feed-with-creator-side-optimization.

Basin, David, Soren Debois, and Thomas Hildebrandt. 2018. "On Purpose and by Necessity: Compliance under the GDPR." *Financial Cryptography and Data Security 2018*. IFCA. Preproceedings 21.

Benbunan-Fich, Raquel. 2017. "The Ethics of Online Research with Unsuspecting Users: From A/B Testing to C/D Experimentation." *Research Ethics* 13 (3–4): 200–218. doi: https://doi.org/10.1177/1747016116680664.

Benjamin, Daniel J., James O. Berger, Magnus Johannesson, Brian A. Nosek, E.-J. Wagenmakers, Richard Berk, Kenneth A. Bollen, et al. 2017. "Redefine Statistical Significance." *Nature Human Behaviour* 2 (1): 6–10. https://www.nature.com/articles/s41562-017-0189-z.

Beshears, John, James J. Choi, David Laibson, Brigitte C. Madrian, and Katherine L. Milkman. 2011. *The Effect of Providing Peer Information on Retirement Savings Decisions*. NBER Working Paper Series, National Bureau of Economic Research. www.nber.org/papers/w17345.

Billingsly, Patrick. 1995. *Probability and Measure*. Wiley.

Blake, Thomas, and Dominic Coey. 2014. "Why Marketplace Experimentation is Harder Than it Seems: The Role of Test-Control Interference." *EC '14 Proceedings of the Fifteenth ACM Conference on Economics and Computation*. Palo Alto, CA: ACM. 567–582.

Blank, Steven Gary. 2005. *The Four Steps to the Epiphany: Successful Strategies for Products that Win*. Cafepress.com.

Blocker, Craig, John Conway, Luc Demortier, Joel Heinrich, Tom Junk, Louis Lyons, and Giovanni Punzi. 2006. "Simple Facts about P-Values." *The Rockefeller University*. January 5. http://physics.rockefeller.edu/luc/technical_reports/cdf8023_facts_about_p_values.pdf.

Bodlewski, Mike. 2017. "When Slower UX is Better UX." *Web Designer Depot*. Sep 25. https://www.webdesignerdepot.com/2017/09/when-slower-ux-is-better-ux/.

Bojinov, Iavor, and Neil Shephard. 2017. "Time Series Experiments and Causal Estimands: Exact Randomization Tests and Trading." *arXiv of Cornell University*. July 18. arXiv:1706.07840.

Borden, Peter. 2014. "How Optimizely (Almost) Got Me Fired." *The SumAll Blog: Where E-commerce and Social Media Meet*. June 18. https://blog.sumall.com/journal/optimizely-got-me-fired.html.

Bowman, Douglas. 2009. "Goodbye, Google." *stopdesign.* March 20. https://stop design.com/archive/2009/03/20/goodbye-google.html.

Box, George E.P., J. Stuart Hunter, and William G. Hunter. 2005. *Statistics for Experimenters: Design, Innovation, and Discovery.* 2nd edition. John Wiley & Sons, Inc.

Brooks Bell. 2015. "Click Summit 2015 Keynote Presentation." *Brooks Bell.* www.brooksbell.com/wp-content/uploads/2015/05/BrooksBell_ClickSummit15_ Keynote1.pdf.

Brown, Morton B. 1975. "A Method for Combining Non-Independent, One-Sided Tests of Signficance." *Biometrics* 31 (4) 987–992. www.jstor.org/stable/2529826.

Brutlag, Jake, Zoe Abrams, and Pat Meenan. 2011. "Above the Fold Time: Measuring Web Page Performance Visually." *Velocity: Web Performance and Operations Conference.*

Buhrmester, Michael, Tracy Kwang, and Samuel Gosling. 2011. "Amazon's Mechanical Turk: A New Source of Inexpensive, Yet High-Quality Data?" *Perspectives on Psychological Science,* Feb 3.

Campbell, Donald T. 1979. "Assessing the Impact of Planned Social Change." *Evaluation and Program Planning* 2: 67–90. https://doi.org/10.1016/0149-7189(79) 90048-X.

Campbell's law. 2018. *Wikipedia.* https://en.wikipedia.org/wiki/Campbell%27s_law.

Card, David, and Alan B Krueger. 1994. "Minimum Wages and Employment: A Case Study of the Fast-Food Industry in New Jersey and Pennsylvania." *The American Economic Review* 84 (4): 772–793. https://www.jstor.org/stable/2118030.

Casella, George, and Roger L. Berger. 2001. *Statistical Inference.* 2nd edition. Cengage Learning.

CDC. 2015. *The Tuskegee Timeline.* December. https://www.cdc.gov/tuskegee/ timeline.htm.

Chamandy, Nicholas. 2016. "Experimentation in a Ridesharing Marketplace." *Lyft Engineering.* September 2. https:/eng.lyft.com/experimentation-in-a-risharing-mar ketplace-b39db027a66e.

Chan, David, Rong Ge, Ori Gershony, Tim Hesterberg, and Diane Lambert. 2010. "Evaluating Online Ad Campaigns in a Pipeline: Causal Models at Scale." *Proceedings of ACM SIGKDD.*

Chapelle, Olivier, Thorsten Joachims, Filip Radlinski, and Yisong Yue. 2012. "Large-Scale Validation and Analysis of Interleaved Search Evaluation." *ACM Transactions on Information Systems,* February.

Chaplin, Charlie. 1964. *My Autobiography.* Simon Schuster.

Charles, Reichardt S., and Mark M. Melvin. 2004. "Quasi Experimentation." In *Handbook of Practical Program Evaluation,* by Joseph S. Wholey, Harry P. Hatry and Kathryn E. Newcomer. Jossey-Bass.

Chatham, Bob, Bruce D. Temkin, and Michelle Amato. 2004. *A Primer on A/B Testing.* Forrester Research.

Chen, Nanyu, Min Liu, and Ya Xu. 2019. "How A/B Tests Could Go Wrong: Automatic Diagnosis of Invalid Online Experiments." *WSDM '19 Proceedings of the Twelfth ACM International Conference on Web Search and Data Mining.* Melbourne, VIC, Australia: ACM. 501–509. https://dl.acm.org/citation.cfm?id= 3291000.

Chrystal, K. Alec, and Paul D. Mizen. 2001. *Goodhart's Law: Its Origins, Meaning and Implications for Monetary Policy*. Prepared for the Festschrift in honor of Charles Goodhart held on 15–16 November 2001 at the Bank of England. http://cyberlibris.typepad.com/blog/files/Goodharts_Law.pdf.

Coey, Dominic, and Tom Cunningham. 2019. "Improving Treatment Effect Estimators Through Experiment Splitting." *WWW '19: The Web Conference*. San Francisco, CA, USA: ACM. 285–295. doi:https://dl.acm.org/citation.cfm?doid=3308558.3313452.

Collis, David. 2016. "Lean Strategy." *Harvard Business Review* 62–68. https://hbr.org/2016/03/lean-strategy.

Concato, John, Nirav Shah, and Ralph I Horwitz. 2000. "Randomized, Controlled Trials, Observational Studies, and the Hierarchy of Research Designs." *The New England Journal of Medicine* 342 (25): 1887–1892. doi:https://www.nejm.org/doi/10.1056/NEJM200006223422507.

Cox, David Roxbee. 1958. *Planning of Experiments*. New York: John Wiley.

Croll, Alistair, and Benjamin Yoskovitz. 2013. *Lean Analytics: Use Data to Build a Better Startup Faster*. O'Reilly Media.

Crook, Thomas, Brian Frasca, Ron Kohavi, and Roger Longbotham. 2009. "Seven Pitfalls to Avoid when Running Controlled Experiments on the Web." *KDD '09: Proceedings of the 15th ACM SIGKDD international conference on Knowledge discovery and data mining*, 1105–1114.

Cross, Robert G., and Ashutosh Dixit. 2005. "Customer-centric Pricing: The Surprising Secret for Profitability." *Business Horizons*, 488.

Deb, Anirban, Suman Bhattacharya, Jeremey Gu, Tianxia Zhuo, Eva Feng, and Mandie Liu. 2018. "Under the Hood of Uber's Experimentation Platform." *Uber Engineering*. August 28. https://eng.uber.com/xp.

Deng, Alex. 2015. "Objective Bayesian Two Sample Hypothesis Testing for Online Controlled Experiments." Florence, IT: ACM. 923–928.

Deng, Alex, and Victor Hu. 2015. "Diluted Treatment Effect Estimation for Trigger Analysis in Online Controlled Experiments." *WSDM '15: Proceedings of the Eighth ACM International Conference on Web Search and Data Mining*. Shanghai, China: ACM. 349–358. doi:https://doi.org/10.1145/2684822.2685307.

Deng, Alex, Jiannan Lu, and Shouyuan Chen. 2016. "Continuous Monitoring of A/B Tests without Pain: Optional Stopping in Bayesian Testing." *2016 IEEE International Conference on Data Science and Advanced Analytics (DSAA)*. Montreal, QC, Canada: IEEE. doi:https://doi.org/10.1109/DSAA.2016.33.

Deng, Alex, Ulf Knoblich, and Jiannan Lu. 2018. "Applying the Delta Method in Metric Analytics: A Practical Guide with Novel Ideas." *24th ACM SIGKDD Conference on Knowledge Discovery and Data Mining*.

Deng, Alex, Jiannan Lu, and Jonathan Litz. 2017. "Trustworthy Analysis of Online A/B Tests: Pitfalls, Challenges and Solutions." *WSDM: The Tenth International Conference on Web Search and Data Mining*. Cambridge, UK.

Deng, Alex, Ya Xu, Ron Kohavi, and Toby Walker. 2013. "Improving the Sensitivity of Online Controlled Experiments by Utilizing Pre-Experiment Data." *WSDM 2013: Sixth ACM International Conference on Web Search and Data Mining*.

Deng, Shaojie, Roger Longbotham, Toby Walker, and Ya Xu. 2011. "Choice of Randomization Unit in Online Controlled Experiments." *Joint Statistical Meetings Proceedings*. 4866–4877.

Denrell, Jerker. 2005. "Selection Bias and the Perils of Benchmarking." *(Harvard Business Review)* 83 (4): 114–119.

Dickhaus, Thorsten. 2014. *Simultaneous Statistical Inference: With Applications in the Life Sciences*. Springer. https://www.springer.com/cda/content/document/cda_downloaddocument/9783642451812-c2.pdf.

Dickson, Paul. 1999. *The Official Rules and Explanations: The Original Guide to Surviving the Electronic Age With Wit, Wisdom, and Laughter*. Federal Street Pr.

Djulbegovic, Benjamin, and Iztok Hozo. 2002. "At What Degree of Belief in a Research Hypothesis Is a Trial in Humans Justified?" *Journal of Evaluation in Clinical Practice*, June 13.

Dmitriev, Pavel, and Xian Wu. 2016. "Measuring Metrics." *CIKM: Conference on Information and Knowledge Management*. Indianapolis, In. http://bit.ly/measuringMetrics.

Dmitriev, Pavel, Somit Gupta, Dong Woo Kim, and Garnet Vaz. 2017. "A Dirty Dozen: Twelve Common Metric Interpretation Pitfalls in Online Controlled Experiments." *Proceedings of the 23rd ACM SIGKDD International Conference on Knowledge Discovery and Data Mining (KDD 2017)*. Halifax, NS, Canada: ACM. 1427–1436. http://doi.acm.org/10.1145/3097983.3098024.

Dmitriev, Pavel, Brian Frasca, Somit Gupta, Ron Kohavi, and Garnet Vaz. 2016. "Pitfalls of Long-Term Online Controlled Experiments." *2016 IEEE International Conference on Big Data (Big Data)*. Washington DC. 1367–1376. http://bit.ly/expLongTerm.

Doerr, John. 2018. *Measure What Matters: How Google, Bono, and the Gates Foundation Rock the World with OKRs*. Portfolio.

Doll, Richard. 1998. "Controlled Trials: the 1948 Watershed." *BMJ*. doi:https://doi.org/10.1136/bmj.317.7167.1217.

Dutta, Kaushik, and Debra Vadermeer. 2018. "Caching to Reduce Mobile App Energy Consumption." *ACM Transactions on the Web (TWEB)*, February 12(1): Article No. 5.

Dwork, Cynthia, and Aaron Roth. 2014. "The Algorithmic Foundations of Differential Privacy." *Foundations and Trends in Computer Science* 211–407.

Eckles, Dean, Brian Karrer, and Johan Ugander. 2017. "Design and Analysis of Experiments in Networks: Reducing Bias from Interference." *Journal of Causal Inference* 5(1). www.deaneckles.com/misc/Eckles_Karrer_Ugander_Reducing_Bias_from_Interference.pdf.

Edgington, Eugene S. 1972, "An Additive Method for Combining Probablilty Values from Independent Experiments." *The Journal of Psychology* 80 (2): 351–363.

Edmonds, Andy, Ryan W. White, Dan Morris, and Steven M. Drucker. 2007. "Instrumenting the Dynamic Web." *Journal of Web Engineering*. (3): 244–260. www.microsoft.com/en-us/research/wp-content/uploads/2016/02/edmondsjwe2007.pdf.

Efron, Bradley, and Robert J. Tibshriani. 1994. *An Introduction to the Bootstrap*. Chapman & Hall/CRC.

EGAP. 2018. "10 Things to Know About Heterogeneous Treatment Effects." *EGAP: Evidence in Government and Politics.* egap.org/methods-guides/10-things-hetero geneous-treatment-effects.

Ehrenberg, A.S.C. 1975. "The Teaching of Statistics: Corrections and Comments." *Journal of the Royal Statistical Society. Series A* 138 (4): 543–545. https://www. jstor.org/stable/2345216.

Eisenberg, Bryan 2005. "How to Improve A/B Testing." *ClickZ Network.* April 29. www.clickz.com/clickz/column/1717234/how-improve-a-b-testing.

Eisenberg, Bryan. 2004. *A/B Testing for the Mathematically Disinclined.* May 7. http:// www.clickz.com/showPage.html?page=3349901.

Eisenberg, Bryan, and John Quarto-vonTivadar. 2008. *Always Be Testing: The Complete Guide to Google Website Optimizer.* Sybex.

eMarketer. 2016. "Microsoft Ad Revenues Continue to Rebound." April 20. https:// www.emarketer.com/Article/Microsoft-Ad-Revenues-Continue-Rebound/1013854.

European Commission. 2018. https://ec.europa.eu/commission/priorities/justice-and-fundamental-rights/data-protection/2018-reform-eu-data-protection-rules_en.

European Commission. 2016. EU GDPR.ORG. https://eugdpr.org/.

Fabijan, Aleksander, Pavel Dmitriev, Helena Holmstrom Olsson, and Jan Bosch. 2018. "Online Controlled Experimentation at Scale: An Empirical Survey on the Current State of A/B Testing." *Euromicro Conference on Software Engineering and Advanced Applications (SEAA).* Prague, Czechia. doi:10.1109/SEAA.2018.00021.

Fabijan, Aleksander, Pavel Dmitriev, Helena Holmstrom Olsson, and Jan Bosch. 2017. "The Evolution of Continuous Experimentation in Software Product Development: from Data to a Data-Driven Organization at Scale." *ICSE '17 Proceedings of the 39th International Conference on Software Engineering.* Buenos Aires, Argentina: IEEE Press. 770–780. doi:https://doi.org/10.1109/ ICSE.2017.76.

Fabijan, Aleksander, Jayant Gupchup, Somit Gupta, Jeff Omhover, Wen Qin, Lukas Vermeer, and Pavel Dmitriev. 2019. "Diagnosing Sample Ratio Mismatch in Online Controlled Experiments: A Taxonomy and Rules of Thumb for Practitioners." *KDD '19: The 25th SIGKDD International Conference on Knowledge Discovery and Data Mining.* Anchorage, Alaska, USA: ACM.

Fabijan, Aleksander, Pavel Dmitriev, Colin McFarland, Lukas Vermeer, Helena Holmström Olsson, and Jan Bosch. 2018. "Experimentation Growth: Evolving Trustworthy A/B Testing Capabilities in Online Software Companies." *Journal of Software: Evolution and Process* 30 (12:e2113). doi:https://doi.org/10.1002/ smr.2113.

FAT/ML. 2019. *Fairness, Accountability, and Transparency in Machine Learning.* http://www.fatml.org/.

Fisher, Ronald Aylmer. 1925. *Statistical Methods for Research Workers.* Oliver and Boyd. http://psychclassics.yorku.ca/Fisher/Methods/.

Forte, Michael. 2019. "Misadventures in experiments for growth." The Unofficial Google Data Science Blog. April 16. www.unofficialgoogledatascience.com/ 2019/04/misadventures-in-experiments-for-growth.html.

Freedman, Benjamin. 1987. "Equipoise and the Ethics of Clinical Research." *The New England Journal of Medicine* 317 (3): 141–145. doi:https://www.nejm.org/doi/ full/10.1056/NEJM198707163170304.

Gelman, Andrew, and John Carlin. 2014. "Beyond Power Calculations: Assessing Type S (Sign) and Type M (Magnitude) Errors." *Perspectives on Psychological Science* 9 (6): 641–651. doi:10.1177/1745691614551642.

Gelman, Andrew, and Thomas C. Little. 1997. "Poststratification into Many Categories Using Hierarchical Logistic Regression." *Survey Methdology* 23 (2): 127–135. www150.statcan.gc.ca/n1/en/pub/12-001-x/1997002/article/3616-eng.pdf.

Georgiev, Georgi Zdravkov. 2019. Statistical Methods in Online A/B Testing: Statistics for Data-Driven Business Decisions and Risk Management in e-Commerce. Independently published. www.abtestingstats.com.

Georgiev, Georgi Zdravkov. 2018. "Analysis of 115 A/B Tests: Average Lift is 4%, Most Lack Statistical Power." *Analytics Toolkit.* June 26. http://blog.analytics-toolkit.com/2018/analysis-of-115-a-b-tests-average-lift-statistical-power/.

Gerber, Alan S., and Donald P. Green. 2012. *Field Experiments: Design, Analysis, and Interpretation.* W. W. Norton & Company. https://www.amazon.com/Field-Experiments-Design-Analysis-Interpretation/dp/0393979954.

Goldratt, Eliyahu M. 1990. *The Haystack Syndrome.* North River Press.

Goldstein, Noah J., Steve J. Martin, and Robert B. Cialdini. 2008. *Yes!: 50 Scientifically Proven Ways to Be Persuasive.* Free Press.

Goodhart, Charles A. E. 1975. *Problems of Monetary Management: The UK Experience.* Vol. 1, in *Papers in Monetary Economics*, by Reserve Bank of Australia.

Goodhart's law. 2018. *Wikipedia.* https://en.wikipedia.org/wiki/Goodhart%27s_law.

Google. 2019. *Processing Logs at Scale Using Cloud Dataflow.* March 19. https://cloud.google.com/solutions/processing-logs-at-scale-using-dataflow.

Google. 2018. *Google Surveys.* https://marketingplatform.google.com/about/surveys/.

Google. 2011. "Ads Quality Improvements Rolling Out Globally." *Google Inside AdWords.* October 3. https://adwords.googleblog.com/2011/10/ads-quality-improvements-rolling-out.html.

Google Console. 2019. "Release App Updates with Staged Rollouts." *Google Console Help.* https://support.google.com/googleplay/android-developer/answer/6346149?hl=en.

Google Developers. 2019. *Reduce Your App Size.* https://developer.andriod.com/topic/performance/reduce-apk-size.

Google, Helping Advertisers Comply with the GDPR. 2019. *Google Ads Help.* https://support.google.com/google-ads/answer/9028179?hl=en.

Google Website Optimizer. 2008. http://services.google.com/websiteoptimizer.

Gordon, Brett R., Florian Zettelmeyer, Neha Bhargava, and Dan Chapsky. 2018. "A Comparison of Approaches to Advertising Measurement: Evidence from Big Field Experiments at Facebook (forthcoming at Marketing Science)." https://papers.ssrn.com/sol3/papers.cfm?abstract_id=3033144.

Goward, Chris. 2015. "Delivering Profitable 'A-ha!' Moments Everyday." *Conversion Hotel.* Texel, The Netherlands. www.slideshare.net/webanalisten/chris-goward-strategy-conversion-hotel-2015.

Goward, Chris. 2012. *You Should Test That: Conversion Optimization for More Leads, Sales and Profit or The Art and Science of Optimized Marketing.* Sybex.

Greenhalgh, Trisha. 2014. *How to Read a Paper: The Basics of Evidence-Based Medicine.* BMJ Books. https://www.amazon.com/gp/product/B00IPG7GLC.

Greenhalgh, Trisha. 1997. "How to Read a Paper : Getting Your Bearings (deciding what the paper is about)." *BMJ* 315 (7102): 243–246. doi:10.1136/bmj.315.7102.243.

Greenland, Sander, Stephen J. Senn, Kenneth J. Rothman, John B. Carlin, Charles Poole, Steven N. Goodman, and Douglas G. Altman. 2016. "Statistical Tests, P Values, Confidence Intervals, and Power: a Guide to Misinterpretations." *European Journal of Epidemiology* 31 (4): 337–350. https://dx.doi.org/10.1007%2Fs10654-016-0149-3.

Grimes, Carrie, Diane Tang, and Daniel M. Russell. 2007. "Query Logs Alone are not Enough." *International Conference of the World Wide Web*, May.

Grove, Andrew S. 1995. *High Output Management*. 2nd edition. Vintage.

Groves, Robert M., Floyd J. Fowler Jr, Mick P. Couper, James M. Lepkowski, Singer Eleanor, and Roger Tourangeau. 2009. *Survey Methodology, 2nd edition*. Wiley.

Gui, Han, Ya Xu, Anmol Bhasin, and Jiawei Han. 2015. "Network A/B Testing From Sampling to Estimation." *WWW '15 Proceedings of the 24th International Conference on World Wide Web*. Florence, IT: ACM. 399–409.

Gupta, Somit, Lucy Ulanova, Sumit Bhardwaj, Pavel Dmitriev, Paul Raff, and Aleksander Fabijan. 2018. "The Anatomy of a Large-Scale Online Experimentation Platform." *IEEE International Conference on Software Architecture*.

Gupta, Somit, Ronny Kohavi, Diane Tang, Ya Xu, and etal. 2019. "Top Challenges from the first Practical Online Controlled Experiments Summit." Edited by Xin Luna Dong, Ankur Teredesai and Reza Zafarani. *SIGKDD Explorations* (ACM) 21 (1). https://bit.ly/OCESummit1.

Guyatt, Gordon H., David L. Sackett, John C. Sinclair, Robert Hayward, Deborah J. Cook, and Richard J. Cook. 1995. "Users' Guides to the Medical Literature: IX. A method for Grading Health Care Recommendations." *Journal of the American Medical Association (JAMA)* 274 (22): 1800–1804. doi:https://doi.org/10.1001%2Fjama.1995.03530220066035.

Harden, K. Paige, Jane Mendle, Jennifer E. Hill, Eric Turkheimer, and Robert E. Emery. 2008. "Rethinking Timing of First Sex and Delinquency." *Journal of Youth and Adolescence* 37 (4): 373–385. doi:https://doi.org/10.1007/s10964-007-9228-9.

Harford, Tim. 2014. *The Undercover Economist Strikes Back: How to Run – or Ruin – an Economy*. Riverhead Books.

Hauser, John R., and Gerry Katz. 1998. "Metrics: You Are What You Measure!" *European Management Journal* 16 (5): 516–528. http://www.mit.edu/~hauser/Papers/metrics%20you%20are%20what%20you%20measure.pdf.

Health and Human Services. 2018a. *Guidance Regarding Methods for De-identification of Protected Health Information in Accordance with the Health Insurance Portability and Accountability Act (HIPAA) Privacy Rule*. https://www.hhs.gov/hipaa/for-professionals/privacy/special-topics/de-identification/index.html.

Health and Human Services. 2018b. *Health Information Privacy*. https://www.hhs.gov/hipaa/index.html.

Health and Human Services. 2018c. *Summary of the HIPAA Privacy Rule*. https://www.hhs.gov/hipaa/for-professionals/privacy/laws-regulations/index.html.

Hedges, Larry, and Ingram Olkin. 2014. *Statistical Methods for Meta-Analysis*. Academic Press.

Hemkens, Lars, Despina Contopoulos-Ioannidis, and John Ioannidis. 2016. "Routinely Collected Data and Comparative Effectiveness Evidence: Promises and Limitations." *CMAJ*, May 17.

HIPAA Journal. 2018. *What is Considered Protected Health Information Under HIPAA.* April 2. https://www.hipaajournal.com/what-is-considered-protected-health-information-under-hipaa/.

Hochberg, Yosef, and Yoav Benjamini. 1995. "Controlling the False Discovery Rate: a Practical and Powerful Approach to Multiple Testing Series B." *Journal of the Royal Statistical Society* 57 (1): 289–300.

Hodge, Victoria, and Jim Austin. 2004. "A Survey of Outlier Detection Methodologies." *Journal of Artificial Intelligence Review.* 85–126.

Hohnhold, Henning, Deirdre O'Brien, and Diane Tang. 2015. "Focus on the Long-Term: It's better for Users and Business." *Proceedings 21st Conference on Knowledge Discovery and Data Mining (KDD 2015).* Sydney, Australia: ACM. http://dl.acm.org/citation.cfm?doid=2783258.2788583.

Holson, Laura M. 2009. "Putting a Bolder Face on Google." *NY Times.* February 28. https://www.nytimes.com/2009/03/01/business/01marissa.html.

Holtz, David Michael. 2018. "Limiting Bias from Test-Control Interference In Online Marketplace Experiments." *DSpace@MIT.* http://hdl.handle.net/1721.1/117999.

Hoover, Kevin D. 2008. "Phillips Curve." In R. David Henderson, *Concise Encyclopedia of Economics.* http://www.econlib.org/library/Enc/PhillipsCurve.html.

Huang, Jason, David Reiley, and Nickolai M. Raibov. 2018. "David Reiley, Jr." *Measuring Consumer Sensitivity to Audio Advertising: A Field Experiment on Pandora Internet Radio.* April 21. http://davidreiley.com/papers/PandoraListenerDemandCurve.pdf.

Huang, Jeff, Ryen W. White, and Susan Dumais. 2012. "No Clicks, No Problem: Using Cursor Movements to Understand and Improve Search." *Proceedings of SIGCHI.*

Huang, Yanping, Jane You, Iris Wang, Feng Cao, and Ian Gao. 2015. *Data Science Interviews Exposed.* CreateSpace.

Hubbard, Douglas W. 2014. *How to Measure Anything: Finding the Value of Intangibles in Business.* 3rd edition. Wiley.

Huffman, Scott. 2008. *Search Evaluation at Google.* September 15. https://googleblog.blogspot.com/2008/09/search-evaluation-at-google.html.

Imbens, Guido W., and Donald B. Rubin. 2015. *Causal Inference for Statistics, Social, and Biomedical Sciences: An Introduction.* Cambridge University Press.

Ioannidis, John P. 2005. "Contradicted and Initially Stronger Effects in Highly Cited Clinical Research." (*The Journal of the American Medical Association*) 294 (2).

Jackson, Simon. 2018. "How Booking.com increases the power of online experiments with CUPED." *Booking.ai.* January 22. https://booking.ai/how-booking-com-increases-the-power-of-online-experiments-with-cuped-995d186fff1d.

Joachims, Thorsten, Laura Granka, Bing Pan, Helene Hembrooke, and Geri Gay. 2005. "Accurately Interpreting Clickthrough Data as Implicit Feedback." *SIGIR*, August.

Johari, Ramesh, Leonid Pekelis, Pete Koomen, and David Walsh. 2017. "Peeking at A/B Tests." *KDD '17: Proceedings of the 23rd ACM SIGKDD International Conference on Knowledge Discovery and Data Mining.* Halifax, NS, Canada: ACM. 1517–1525. doi:https://doi.org/10.1145/3097983.3097992.

Kaplan, Robert S., and David P. Norton. 1996. *The Balanced Scorecard: Translating Strategy into Action*. Harvard Business School Press.

Katzir, Liran, Edo Liberty, and Oren Somekh. 2012. "Framework and Algorithms for Network Bucket Testing." *Proceedings of the 21st International Conference on World Wide Web* 1029–1036.

Kaushik, Avinash. 2006. "Experimentation and Testing: A Primer." *Occam's Razor*. May 22. www.kaushik.net/avinash/2006/05/experimentation-and-testing-a-primer.html.

Keppel, Geoffrey, William H. Saufley, and Howard Tokunaga. 1992. *Introduction to Design and Analysis*. 2nd edition. W.H. Freeman and Company.

Kesar, Alhan. 2018. *11 Ways to Stop FOOC'ing up your A/B tests*. August 9. www.widerfunnel.com/stop-fooc-ab-tests/.

King, Gary, and Richard Nielsen. 2018. *Why Propensity Scores Should Not Be Used for Matching*. Working paper. https://gking.harvard.edu/publications/why-propensity-scores-should-not-be-used-formatching.

King, Rochelle, Elizabeth F. Churchill, and Caitlin Tan. 2017. *Designing with Data: Improving the User Experience with A/B Testing*. O'Reilly Media.

Kingston, Robert. 2015. *Does Optimizely Slow Down a Site's Performance*. January 18. https://www.quora.com/Does-Optimizely-slow-down-a-sites-performance/answer/Robert-Kingston.

Knapp, Michael S., Juli A. Swinnerton, Michael A. Copland, and Jack Monpas-Huber. 2006. *Data-Informed Leadership in Education*. Center for the Study of Teaching and Policy, University of Washington, Seattle, WA: Wallace Foundation. https://www.wallacefoundation.org/knowledge-center/Documents/1-Data-Informed-Leadership.pdf.

Kohavi, Ron. 2019. "HiPPO FAQ." *ExP Experimentation Platform*. http://bitly.com/HIPPOExplained.

Kohavi, Ron. 2016. "Pitfalls in Online Controlled Experiments." *CODE '16: Conference on Digital Experimentation*. MIT. https://bit.ly/Code2016Kohavi.

Kohavi, Ron. 2014. "Customer Review of A/B Testing: The Most Powerful Way to Turn Clicks Into Customers." *Amazon.com*. May 27. www.amazon.com/gp/customer-reviews/R44BH2HO30T18.

Kohavi, Ron. 2010. "Online Controlled Experiments: Listening to the Customers, not to the HiPPO." *Keynote at EC10: the 11th ACM Conference on Electronic Commerce*. www.exp-platform.com/Documents/2010-06%20EC10.pptx.

Kohavi, Ron. 2003. *Real-world Insights from Mining Retail E-Commerce Data*. Stanford, CA, May 22. http://ai.stanford.edu/~ronnyk/realInsights.ppt.

Kohavi, Ron, and Roger Longbotham. 2017. "Online Controlled Experiments and A/B Tests." In *Encyclopedia of Machine Learning and Data Mining*, by Claude Sammut and Geoffrey I Webb. Springer. www.springer.com/us/book/9781489976857.

Kohavi, Ron, and Roger Longbotham. 2010. "Unexpected Results in Online Controlled Experiments." *SIGKDD Explorations*, December. http://bit.ly/expUnexpected.

Kohavi, Ron and Parekh, Rajesh. 2003. "Ten Supplementary Analyses to Improve E-commerce Web Sites." *WebKDD*. http://ai.stanford.edu/~ronnyk/supplementaryAnalyses.pdf.

Kohavi, Ron, and Stefan Thomke. 2017. "The Surprising Power of Online Experiments." *Harvard Business Review* (September–October): 74–92. http://exp-platform.com/hbr-the-surprising-power-of-online-experiments/.

Kohavi, Ron, Thomas Crook, and Roger Longbotham. 2009. "Online Experimentation at Microsoft." *Third Workshop on Data Mining Case Studies and Practice Prize.* http://bit.ly/expMicrosoft.

Kohavi, Ron, Roger Longbotham, and Toby Walker. 2010. "Online Experiments: Practical Lessons." *IEEE Computer*, September: 82–85. http://bit.ly/expPracticalLessons.

Kohavi, Ron, Diane Tang, and Ya Xu. 2019. "History of Controlled Experiments." *Practical Guide to Trustworthy Online Controlled Experiments.* https://bit.ly/experimentGuideHistory.

Kohavi, Ron, Alex Deng, Roger Longbotham, and Ya Xu. 2014. "Seven Rules of Thumb for Web Site." *Proceedings of the 20th ACM SIGKDD International Conference on Knowledge Discovery and Data Mining (KDD '14).* http://bit.ly/expRulesOfThumb.

Kohavi, Ron, Roger Longbotham, Dan Sommerfield, and Randal M. Henne. 2009. "Controlled Experiments on the Web: Survey and Practical Guide." *Data Mining and Knowledge Discovery* 18: 140–181. http://bit.ly/expSurvey.

Kohavi, Ron, Alex Deng, Brian Frasca, Roger Longbotham, Toby Walker, and Ya Xu. 2012. "Trustworthy Online Controlled Experiments: Five Puzzling Outcomes Explained." *Proceedings of the 18th Conference on Knowledge Discovery and Data Mining.* http://bit.ly/expPuzzling.

Kohavi, Ron, Alex Deng, Brian Frasca, Toby Walker, Ya Xu, and Nils Pohlmann. 2013. "Online Controlled Experiments at Large Scale." *KDD 2013: Proceedings of the 19th ACM SIGKDD International Conference on Knowledge Discovery and Data Mining.*

Kohavi, Ron, David Messner, Seth Eliot, Juan Lavista Ferres, Randy Henne, Vignesh Kannappan, and Justin Wang. 2010. "Tracking Users' Clicks and Submits: Trade-offs between User Experience and Data Loss." *Experimentation Platform.* September 28. www.exp-platform.com/Documents/TrackingUserClicksSubmits.pdf.

Kramer, Adam, Jamie Guillory, and Jeffrey Hancock. 2014. "Experimental evidence of massive-scale emotional contagion through social networks." *PNAS*, June 17.

Kuhn, Thomas. 1996. *The Structure of Scientific Revolutions.* 3rd edition. University of Chicago Press.

Laja, Peep. 2019. "How to Avoid a Website Redesign FAIL." *CXL.* March 8. https://conversionxl.com/show/avoid-redesign-fail/.

Lax, Jeffrey R., and Justin H. Phillips. 2009. "How Should We Estimate Public Opinion in The States?" *American Journal of Political Science* 53 (1): 107–121. www.columbia.edu/~jhp2121/publications/HowShouldWeEstimateOpinion.pdf.

Lee, Jess. 2013. *Fake Door.* April 10. www.jessyoko.com/blog/2013/04/10/fake-doors/.

Lee, Minyong R, and Milan Shen. 2018. "Winner's Curse: Bias Estimation for Total Effects of Features in Online Controlled Experiments." *KDD 2018: The 24th ACM Conference on Knowledge Discovery and Data Mining.* London: ACM.

Lehmann, Erich, L., and Joseph P. Romano. 2005. *Testing Statistical Hypothesis.* Springer.

Levy, Steven. 2014. "Why The New Obamacare Website is Going to Work This Time." www.wired.com/2014/06/healthcare-gov-revamp/.

Lewis, Randall A., Justin M. Rao, and David Reiley. 2011. "Proceedings of the 20th ACM International World Wide Web Conference (WWW20)." 157–166. https://ssrn.com/abstract=2080235.

Li, Lihong, Wei Chu, John Langford, and Robert E. Schapire. 2010. "A Contextual-Bandit Approach to Personalized News Article Recommendation." *WWW 2010: Proceedings of the 19th International Conference on World Wide Web*. Raleigh, North Carolina. https://arxiv.org/pdf/1003.0146.pdf.

Linden, Greg. 2006. *Early Amazon: Shopping Cart Recommendations.* April 25. http://glinden.blogspot.com/2006/04/early-amazon-shopping-cart.html.

Linden, Greg. 2006. "Make Data Useful." *December.* http://sites.google.com/site/glinden/Home/StanfordDataMining.2006-11-28.ppt.

Linden, Greg. 2006. "Marissa Mayer at Web 2.0 ." *Geeking with Greg* . November 9. http://glinden.blogspot.com/2006/11/marissa-mayer-at-web-20.html.

Linowski, Jakub. 2018a. *Good UI: Learn from What We Try and Test.* https://goodui.org/.

Linowski, Jakub. 2018b. *No Coupon.* https://goodui.org/patterns/1/.

Liu, Min, Xiaohui Sun, Maneesh Varshney, and Ya Xu. 2018. "Large-Scale Online Experimentation with Quantile Metrics." *Joint Statistical Meeting, Statistical Consulting Section*. Alexandria, VA: American Statistical Association. 2849–2860.

Loukides, Michael, Hilary Mason, and D.J. Patil. 2018. *Ethics and Data Science.* O'Reilly Media.

Lu, Luo, and Chuang Liu. 2014. "Separation Strategies for Three Pitfalls in A/B Testing." *KDD User Engagement Optimization Workshop*. New York. www.ueo-workshop.com/wp-content/uploads/2014/04/Scparation-strategies-for-three-pitfalls-in-AB-testing_withacknowledgments.pdf.

Lucas critique. 2018. *Wikipedia.* https://en.wikipedia.org/wiki/Lucas_critique.

Lucas, Robert E. 1976. *Econometric Policy Evaluation: A Critique.* Vol. 1. In *The Phillips Curve and Labor Markets*, by K. Brunner and A. Meltzer, 19–46. Carnegie-Rochester Conference on Public Policy.

Malinas, Gary, and John Bigelow. 2004. "Simpson's Paradox." *Stanford Encyclopedia of Philosophy.* February 2. http://plato.stanford.edu/entries/paradox-simpson/.

Manzi, Jim. 2012. *Uncontrolled: The Surprising Payoff of Trial-and-Error for Business, Politics, and Society.* Basic Books.

Marks, Harry M. 1997. *The Progress of Experiment: Science and Therapeutic Reform in the United States, 1900–1990.* Cambridge University Press.

Marsden, Peter V., and James D. Wright. 2010. *Handbook of Survey Research*, 2nd Edition. Emerald Publishing Group Limited.

Marsh, Catherine, and Jane Elliott. 2009. *Exploring Data: An Introduction to Data Analysis for Social Scientists.* 2nd edition. Polity.

Martin, Robert C. 2008. *Clean Code: A Handbook of Agile Software Craftsmanship.* Prentice Hall.

Mason, Robert L., Richard F. Gunst, and James L. Hess. 1989. *Statistical Design and Analysis of Experiments With Applications to Engineering and Science.* John Wiley & Sons.

McChesney, Chris, Sean Covey, and Jim Huling. 2012. *The 4 Disciplines of Execution: Achieving Your Wildly Important Goals*. Free Press.

McClure, Dave. 2007. *Startup Metrics for Pirates: AARRR!!!* August 8. www.slide share.net/dmc500hats/startup-metrics-for-pirates-long-version.

McClure, Dave. 2007. *Startup Metrics for Pirates: AARRR!!!* August 8. www.slide share.net/dmc500hats/startup-metrics-for-pirates-long-version.

McCrary, Justin. 2008. "Manipulation of the Running Variable in the Regression Discontinuity Design: A Density Test." *Journal of Econometrics* (142): 698–714.

McCullagh, Declan. 2006. *AOL's Disturbing Glimpse into Users' Lives.* August 9. www.cnet.com/news/aols-disturbing-glimpse-into-users-lives/.

McFarland, Colin. 2012. *Experiment!: Website Conversion Rate Optimization with A/B and Multivariate Testing.* New Riders.

McGue, Matt. 2014. *Introduction to Human Behavioral Genetics, Unit 2: Twins: A Natural Experiment* . Coursera. https://www.coursera.org/learn/behavioralge-netics/lecture/u8Zgt/2a-twins-a-natural-experiment.

McKinley, Dan. 2013. *Testing to Cull the Living Flower.* January. http://mcfunley.com/testing-to-cull-the-living-flower.

McKinley, Dan. 2012. *Design for Continuous Experimentation: Talk and Slides.* December 22. http://mcfunley.com/design-for-continuous-experimentation.

Mechanical Turk. 2019. *Amazon Mechanical Turk.* http://www.mturk.com.

Meenan, Patrick. 2012. "Speed Index." *WebPagetest.* April. https://sites.google.com/a/webpagetest.org/docs/using-webpagetest/metrics/speed-index.

Meenan, Patrick, Chao (Ray) Feng, and Mike Petrovich. 2013. "Going Beyond Onload – How Fast Does It Feel?" *Velocity: Web Performance and Operations* conference, October 14–16. http://velocityconf.com/velocityny2013/public/sched-ule/detail/31344.

Meyer, Michelle N. 2018. "Ethical Considerations When Companies Study – and Fail to Study – Their Customers." In *The Cambridge Handbook of Consumer Privacy*, by Evan Selinger, Jules Polonetsky and Omer Tene. Cambridge University Press.

Meyer, Michelle N. 2015. "Two Cheers for Corporate Experimentation: The A/B Illusion and the Virtues of Data-Driven Innovation." *13 Colo. Tech. L.J. 273.* https://ssrn.com/abstract=2605132.

Meyer, Michelle N. 2012. *Regulating the Production of Knowledge: Research Risk– Benefit Analysis and the Heterogeneity Problem.* 65 *Administrative Law Review* 237; Harvard Public Law Working Paper. doi:http://dx.doi.org/10.2139/ssrn.2138624.

Meyer, Michelle N., Patrick R. Heck, Geoffrey S. Holtzman, Stephen M. Anderson, William Cai, Duncan J. Watts, and Christopher F. Chabris. 2019. "Objecting to Experiments that Compare Two Unobjectionable Policies or Treatments." *PNAS: Proceedings of the National Academy of Sciences* (National Academy of Sci-ences). doi:https://doi.org/10.1073/pnas.1820701116.

Milgram, Stanley. 2009. *Obedience to Authority: An Experimental View.* Harper Perennial Modern Thought.

Mitchell, Carl, Jonathan Litz, Garnet Vaz, and Andy Drake. 2018. "Metrics Health Detection and AA Simulator." *Microsoft ExP (internal).* August 13. https://aka.ms/exp/wiki/AASimulator.

Moran, Mike. 2008. *Multivariate Testing in Action: Quicken Loan's Regis Hadiaris on multivariate testing.* December. www.biznology.com/2008/12/multivariate_testing_in_action/.

Moran, Mike. 2007. *Do It Wrong Quickly: How the Web Changes the Old Marketing Rules* . IBM Press.

Mosavat, Fareed. 2019. *Twitter.* Jan 29. https://twitter.com/far33d/status/1090400421842018304.

Mosteller, Frederick, John P. Gilbert, and Bucknam McPeek. 1983. "Controversies in Design and Analysis of Clinical Trials." In *Clinical Trials*, by Stanley H. Shapiro and Thomas A. Louis. New York, NY: Marcel Dekker, Inc.

MR Web. 2014. "Obituary: Audience Measurement Veteran Tony Twyman." *Daily Research News Online.* November 12. www.mrweb.com/drno/news20011.htm.

Mudholkar, Govind S., and E. Olusegun George. 1979. "The Logit Method for Combining Probablilities." Edited by J. Rustagi. Symposium on Optimizing Methods in Statistics." Academic Press. 345–366. https://apps.dtic.mil/dtic/tr/fulltext/u2/a049993.pdf.

Mueller, Hendrik, and Aaron Sedley. 2014. "HaTS: Large-Scale In-Product Measurement of User Attitudes & Experiences with Happiness Tracking Surveys." *OZCHI*, December.

Neumann, Chris. 2017. *Does Optimizely Slow Down a Site's Performance?* October 18. https://www.quora.com/Does-Optimizely-slow-down-a-sites-performance.

Newcomer, Kathryn E., Harry P. Hatry, and Joseph S. Wholey. 2015. *Handbook of Practical Program Evaluation (Essential Tests for Nonprofit and Publish Leadership and Management).* Wiley.

Neyman, J. 1923. "On the Application of Probability Theory of Agricultural Experiments." *Statistical Science* 465–472.

NSF. 2018. *Frequently Asked Questions and Vignettes: Interpreting the Common Rule for the Protection of Human Subjects for Behavioral and Social Science Research.* www.nsf.gov/bfa/dias/policy/hsfaqs.jsp.

Office for Human Research Protections. 1991. *Federal Policy for the Protection of Human Subjects ('Common Rule').* www.hhs.gov/ohrp/regulations-and-policy/regulations/common-rule/index.html.

Optimizely. 2018. "A/A Testing." *Optimizely.* www.optimizely.com/optimization-glossary/aa-testing/.

Optimizely. 2018. "Implement the One-Line Snippet for Optimizely X." *Optimizely.* February 28. https://help.optimizely.com/Set_Up_Optimizely/Implement_the_one-line_snippet_for_Optimizely_X.

Optimizely. 2018. *Optimizely Maturity Model.* www.optimizely.com/maturity-model/.

Orlin, Ben. 2016. *Why Not to Trust Statistics.* July 13. https://mathwithbaddrawings.com/2016/07/13/why-not-to-trust-statistics/.

Owen, Art, and Hal Varian. 2018. *Optimizing the Tie-Breaker Regression Discontinuity Design.* August. http://statweb.stanford.edu/~owen/reports/tiebreaker.pdf.

Owen, Art, and Hal Varian. 2009. *Oxford Centre for Evidence-based Medicine – Levels of Evidence.* March. www.cebm.net/oxford-centre-evidence-based-medicine-levels-evidence-march-2009/.

Park, David K., Andrew Gelman, and Joseph Bafumi. 2004. "Bayesian Multilevel Estimation with Poststratification: State-Level Estimates from National Polls." *Political Analysis* 375–385.

Parmenter, David. 2015. *Key Performance Indicators: Developing, Implementing, and Using Winning KPIs*. 3rd edition. John Wiley & Sons, Inc.

Pearl, Judea. 2009. *Causality: Models, Reasoning and Inference*. 2nd edition. Cambridge University Press.

Pekelis, Leonid. 2015. "Statistics for the Internet Age: The Story behind Optimizely's New Stats Engine." *Optimizely*. January 20. https://blog.optimizely.com/2015/01/20/statistics-for-the-internet-age-the-story-behind-optimizelys-new-stats-engine/.

Pekelis, Leonid, David Walsh, and Ramesh Johari. 2015. "The New Stats Engine." *Optimizely*. www.optimizely.com/resources/stats-engine-whitepaper/.

Pekelis, Leonid, David Walsh, and Ramesh Johari. 2005. *Web Site Measurement Hacks*. O'Reilly Media.

Peterson, Eric T. 2005. *Web Site Measurement Hacks*. O'Reilly Media.

Peterson, Eric T. 2004. *Web Analytics Demystified: A Marketer's Guide to Understanding How Your Web Site Affects Your Business*. Celilo Group Media and CafePress.

Pfeffer, Jeffrey, and Robert I Sutton. 1999. *The Knowing-Doing Gap: How Smart Companies Turn Knowledge into Action*. Harvard Business Review Press.

Phillips, A. W. 1958. "The Relation between Unemployment and the Rate of Change of Money Wage Rates in the United Kingdom, 1861–1957." *Economica, New Series* 25 (100): 283–299. www.jstor.org/stable/2550759.

Porter, Michael E. 1998. *Competitive Strategy: Techniques for Analyzing Industries and Competitors*. Free Press.

Porter, Michael E. 1996. "What is Strategy." *Harvard Business Review* 61–78.

Quarto-vonTivadar, John. 2006. "AB Testing: Too Little, Too Soon." *Future Now*. www.futurenowinc.com/abtesting.pdf.

Radlinski, Filip, and Nick Craswell. 2013. "Optimized Interleaving For Online Retrieval Evaluation." *International Conference on Web Search and Data Mining*. Rome, IT: ASM. 245–254.

Rae, Barclay. 2014. "Watermelon SLAs – Making Sense of Green and Red Alerts." *Computer Weekly*. September. https://www.computerweekly.com/opinion/Watermelon-SLAs-making-sense-of-green-and-red-alerts.

RAND. 1955. *A Million Random Digits with 100,000 Normal Deviates*. Glencoe, Ill: Free Press. www.rand.org/pubs/monograph_reports/MR1418.html.

Rawat, Girish. 2018. "Why Most Redesigns fail." *freeCodeCamp*. December 4. https://medium.freecodecamp.org/why-most-redesigns-fail-6ecaaf1b584e.

Razali, Nornadiah Mohd, and Yap Bee Wah. 2011. "Power comparisons of Shapiro-Wilk, Kolmogorov-Smirnov, Lillefors and Anderson-Darling tests." *Journal of Statistical Modeling and Analytics, January* 1: 21–33.

Reinhardt, Peter. 2016. *Effect of Mobile App Size on Downloads*. October 5. https://segment.com/blog/mobile-app-size-effect-on-downloads/.

Resnick, David. 2015. *What is Ethics in Research & Why is it Important?* December 1. www.niehs.nih.gov/research/resources/bioethics/whatis/index.cfm.

Ries, Eric. 2011. *The Lean Startup: How Today's Entrepreneurs Use Continuous Innovation to Create Radically Successful Businesses*. Crown Business.

Rodden, Kerry, Hilary Hutchinson, and Xin Fu. 2010. "Measuring the User Experience on a Large Scale: User-Centered Metrics for Web Applications." *Proceedings of CHI*, April. https://ai.google/research/pubs/pub36299.

Romano, Joseph, Azeem M. Shaikh, and Michael Wolf. 2016. "Multiple Testing." In *The New Palgrave Dictionary of Economics*. Palgram Macmillan.

Rosenbaum, Paul R, and Donald B Rubin. 1983. "The Central Role of the Propensity Score in Observational Studies for Causal Effects." *Biometrika* 70 (1): 41–55. doi:http://dx.doi.org/10.1093/biomet/70.1.41.

Rossi, Peter H., Mark W. Lipsey, and Howard E. Freeman. 2004. *Evaluation: A Systematic Approach*. 7th edition. Sage Publications, Inc.

Roy, Ranjit K. 2001. *Design of Experiments using the Taguchi Approach : 16 Steps to Product and Process Improvement*. John Wiley & Sons, Inc.

Rubin, Donald B. 1990. "Formal Mode of Statistical Inference for Causal Effects." *Journal of Statistical Planning and Inference* 25, (3) 279–292.

Rubin, Donald 1974. "Estimating Causal Effects of Treatment in Randomized and Nonrandomized Studies." *Journal of Educational Psychology* 66 (5): 688–701.

Rubin, Kenneth S. 2012. *Essential Scrum: A Practical Guide to the Most Popular Agile Process*. Addison-Wesley Professional.

Russell, Daniel M., and Carrie Grimes. 2007. "Assigned Tasks Are Not the Same as Self-Chosen Web Searches." HICSS'07: 40th Annual Hawaii International Conference on System Sciences, January. https://doi.org/10.1109/HICSS.2007.91.

Saint-Jacques, Guillaume B., Sinan Aral, Edoardo Airoldi, Erik Brynjolfsson, and Ya Xu. 2018. "The Strength of Weak Ties: Causal Evidence using People-You-May-Know Randomizations." 141–152.

Saint-Jacques, Guillaume, Maneesh: Simpson, Jeremy Varshney, and Ya Xu. 2018. "Using Ego-Clusters to Measure Network Effects at LinkedIn." *Workshop on Information Systems and Exonomics*. San Francisco, CA.

Samarati, Pierangela, and Latanya Sweeney. 1998. "Protecting Privacy When Disclosing Information: k-anonymity and its Enforcement through Generalization and Suppression." *Proceedings of the IEEE Symposium on Research in Security and Privacy*.

Schrage, Michael. 2014. *The Innovator's Hypothesis: How Cheap Experiments Are Worth More than Good Ideas*. MIT Press.

Schrijvers, Ard. 2017. "Mobile Website Too Slow? Your Personalization Tools May Be to Blame." *Bloomreach*. February 2. www.bloomreach.com/en/blog/2017/01/server-side-personalization-for-fast-mobile-pagespeed.html.

Schurman, Eric, and Jake Brutlag. 2009. "Performance Related Changes and their User Impact." Velocity 09: Velocity Web Performance and Operations Conference. www.youtube.com/watch?v=bQSE51-gr2s and www.slideshare.net/dyninc/the-user-and-business-impact-of-server-delays-additional-bytes-and-http-chunking-in-web-search-presentation.

Scott, Steven L. 2010. "A modern Bayesian look at the multi-armed bandit." *Applied Stochastic Models in Business and Industry* 26 (6): 639–658. doi:https://doi.org/10.1002/asmb.874.

Segall, Ken. 2012. *Insanely Simple: The Obsession That Drives Apple's Success*. Portfolio Hardcover.

Senn, Stephen. 2012. "Seven myths of randomisation in clinical trials." *Statistics in Medicine.* doi:10.1002/sim.5713.

Shadish, William R., Thomas D. Cook, and Donald T. Campbell. 2001. *Experimental and Quasi-Experimental Designs for Generalized Causal Inference.* 2nd edition. Cengage Learning.

Simpson, Edward H. 1951. "The Interpretation of Interaction in Contingency Tables." *Journal of the Royal Statistical Society, Ser. B,* 238–241.

Sinofsky, Steven, and Marco Iansiti. 2009. *One Strategy: Organization, Planning, and Decision Making.* Wiley.

Siroker, Dan, and Pete Koomen. 2013. *A/B Testing: The Most Powerful Way to Turn Clicks Into Customers.* Wiley.

Soriano, Jacopo. 2017. "Percent Change Estimation in Large Scale Online Experiments." *arXiv.org.* November 3. https://arciv.org/pdf/1711.00562.pdf.

Souders, Steve. 2013. "Moving Beyond window.onload()." *High Performance Web Sites Blog.* May 13. www.stevesouders.com/blog/2013/05/13/moving-beyond-window-onload/.

Souders, Steve. 2009. *Even Faster Web Sites: Performance Best Practices for Web Developers.* O'Reilly Media.

Souders, Steve. 2007. *High Performance Web Sites: Essential Knowledge for Front-End Engineers.* O'Reilly Media.

Spitzer, Dean R. 2007. *Transforming Performance Measurement: Rethinking the Way We Measure and Drive Organizational Success.* AMACOM.

Stephens-Davidowitz, Seth, Hal Varian, and Michael D. Smith. 2017. "Super Returns to Super Bowl Ads?" *Quantitative Marketing and Economics,* March 1: 1–28.

Sterne, Jim. 2002. *Web Metrics: Proven Methods for Measuring Web Site Success.* John Wiley & Sons, Inc.

Strathern, Marilyn. 1997. "'Improving ratings': Audit in the British University System." *European Review* 5 (3): 305–321. doi:10.1002/(SICI)1234-981X (199707)5:33.0.CO;2-4.

Student. 1908. "The Probable Error of a Mean." *Biometrika* 6 (1): 1–25. https://www.jstor.org/stable/2331554.

Sullivan, Nicole. 2008. "Design Fast Websites." *Slideshare.* October 14. www.slideshare.net/stubbornella/designing-fast-websites-presentation.

Tang, Diane, Ashish Agarwal, Deirdre O'Brien, and Mike Meyer. 2010. "Overlapping Experiment Infrastructure: More, Better, Faster Experimentation." *Proceedings 16th Conference on Knowledge Discovery and Data Mining.*

The Guardian. 2014. *OKCupid: We Experiment on Users. Everyone does.* July 29. www.theguardian.com/technology/2014/jul/29/okcupid-experiment-human-beings-dating.

The National Commission for the Protection of Human Subjects of Biomedical and Behavioral Research. 1979. *The Belmont Report.* April 18. www.hhs.gov/ohrp/regulations-and-policy/belmont-report/index.html.

Thistlewaite, Donald L., and Donald T. Campbell. 1960. "Regression-Discontinuity Analysis: An Alternative to the Ex-Post Facto Experiment." *Journal of Educational Psychology* 51 (6): 309–317. doi:https://doi.org/10.1037%2Fh0044319.

Thomke, Stefan H. 2003. "Experimentation Matters: Unlocking the Potential of New Technologies for Innovation."

Tiffany, Kaitlyn. 2017. "This Instagram Story Ad with a Fake Hair in It is Sort of Disturbing." *The Verge*. December 11. www.theverge.com/tldr/2017/12/11/16763664/sneaker-ad-instagram-stories-swipe-up-trick.

Tolomei, Sam. 2017. *Shrinking APKs, growing installs*. November 20. https://medium.com/googleplaydev/shrinking-apks-growing-installs-5d3fcba23ce2.

Tutterow, Craig, and Guillaume Saint-Jacques. 2019. *Estimating Network Effects Using Naturally Occurring Peer Notification Queue Counterfactuals*. February 19. https://arxiv.org/abs/1902.07133.

Tyler, Mary E., and Jerri Ledford. 2006. *Google Analytics*. Wiley Publishing, Inc.

Tyurin, I.S. 2009. "On the Accuracy of the Gaussian Approximation." *Doklady Mathematics* 429 (3): 312–316.

Ugander, Johan, Brian Karrer, Lars Backstrom, and Jon Kleinberg. 2013. "Graph Cluster Randomization: Network Exposure to Multiple Universes." *Proceedings of the 19th ACM SIGKDD International Conference on Knowledge Discovery and Data Mining* 329–337.

van Belle, Gerald. 2008. *Statistical Rules of Thumb*. 2nd edition. Wiley-Interscience.

Vann, Michael G. 2003. "Of Rats, Rice, and Race: The Great Hanoi Rat Massacre, an Episode in French Colonial History." *French Colonial History* 4: 191–203. https://muse.jhu.edu/article/42110.

Varian, Hal. 2016. "Causal inference in economics and marketing." *Proceedings of the National Academy of Sciences of the United States of America* 7310–7315.

Varian, Hal R. 2007. "Kaizen, That Continuous Improvement Strategy, Finds Its Ideal Environment." *The New York Times*. February 8. www.nytimes.com/2007/02/08/business/08scene.html.

Vaver, Jon, and Jim Koehler. 2012. *Periodic Measuement of Advertising Effectiveness Using Multiple-Test Period Geo Experiments*. Google Inc.

Vaver, Jon, and Jim Koehler. 2011. *Measuring Ad Effectiveness Using Geo Experiments*. Google, Inc.

Vickers, Andrew J. 2009. *What Is a p-value Anyway? 34 Stories to Help You Actually Understand Statistics*. Pearson. www.amazon.com/p-value-Stories-Actually-Understand-Statistics/dp/0321629302.

Vigen, Tyler. 2018. *Spurious Correlations*. http://tylervigen.com/spurious-correlations.

Wager, Stefan, and Susan Athey. 2018. "Estimation and Inference of Heterogeneous Treatment Effects using Random Forests." *Journal of the American Statistical Association* 13 (523): 1228–1242. doi:https://doi.org/10.1080/01621459.2017.1319839.

Wagner, Jeremy. 2019. "Why Performance Matters." *Web Fundamentals. May*. https://developers.google.com/web/fundamentals/performance/why-performance-matters/#performance_is_about_improving_conversions.

Wasserman, Larry. 2004. *All of Statistics: A Concise Course in Statistical Inference*. Springer.

Weiss, Carol H. 1997. *Evaluation: Methods for Studying Programs and Policies*. 2nd edition. Prentice Hall.

Wider Funnel. 2018. "The State of Experimentation Maturity 2018." *Wider Funnel*. www.widerfunnel.com/wp-content/uploads/2018/04/State-of-Experimentation-2018-Original-Research-Report.pdf.

Wikipedia contributors, Above the Fold. 2014. *Wikipedia, The Free Encyclopedia*. Jan. http://en.wikipedia.org/wiki/Above_the_fold.

Wikipedia contributors, Cobra Effect. 2019. *Wikipedia, The Free Encyclopedia*. https:// en.wikipedia.org/wiki/Cobra_effect.

Wikipedia contributors, Data Dredging. 2019. *Data dredging*. https://en.wikipedia.org/ wiki/Data_dredging.

Wikipedia contributors, Eastern Air Lines Flight 401. 2019. *Wikipedia, The Free Encyclopedia*. https://en.wikipedia.org/wiki/Eastern_Air_Lines_Flight_401.

Wikipedia contributors, List of .NET libraries and frameworks. 2019. https://en.wikipedia. org/wiki/List_of_.NET_libraries_and_frameworks#Logging_Frameworks.

Wikipedia contributors, Logging as a Service. 2019. *Logging as a Service*. https:// en.wikipedia.org/wiki/Logging_as_a_service.

Wikipedia contributors, Multiple Comparisons Problem. 2019. *Wikipedia, The Free Encyclopedia*. https://en.wikipedia.org/wiki/Multiple_comparisons_problem.

Wikipedia contributors, Perverse Incentive. 2019. https://en.wikipedia.org/wiki/Per-verse_incentive.

Wikipedia contributors, Privacy by Design. 2019. *Wikipedia, The Free Encyclopedia*. https://en.wikipedia.org/wiki/Privacy_by_design.

Wikipedia contributors, Semmelweis Reflex. 2019. *Wikipedia, The Free Encyclopedia*. https://en.wikipedia.org/wiki/Semmelweis_reflex.

Wikipedia contributors, Simpson's Paradox. 2019. *Wikipedia, The Free Encyclopedia*. Accessed February 28, 2008. http://en.wikipedia.org/wiki/Simpson%27s_paradox.

Wolf, Talia. 2018. "Why Most Redesigns Fail (and How to Make Sure Yours Doesn't)." *GetUplift*. https://getuplift.co/why-most-redesigns-fail.

Xia, Tong, Sumit Bhardwaj, Pavel Dmitriev, and Aleksander Fabijan. 2019. "Safe Velocity: A Practical Guide to Software Deployment at Scale using Controlled Rollout." *ICSE: 41st ACM/IEEE International Conference on Software Engineering*. Montreal, Canada. www.researchgate.net/publication/333614382_Safe_Velocity_A_Practical_Guide_to_Software_Deployment_at_Scale_using_Controlled_Rollout.

Xie, Huizhi, and Juliette Aurisset. 2016. "Improving the Sensitivity of Online Controlled Experiments: Case Studies at Netflix." *KDD '16: Proceedings of the 22nd ACM SIGKDD International Conference on Knowledge Discovery and Data Mining*. New York, NY: ACM. 645–654. http://doi.acm.org/10.1145/2939672.2939733.

Xu, Ya, and Nanyu Chen. 2016. "Evaluating Mobile Apps with A/B and Quasi A/B Tests." *KDD '16: Proceedings of the 22nd ACM SIGKDD International Conference on Knowledge Discovery and Data Mining*. San Francisco, California, USA: ACM. 313–322. http://doi.acm.org/10.1145/2939672.2939703.

Xu, Ya, Weitao Duan, and Shaochen Huang. 2018. "SQR: Balancing Speed, Quality and Risk in Online Experiments." *24th ACM SIGKDD Conference on Knowledge Discovery and Data Mining*. London: Association for Computing Machinery. 895–904.

Xu, Ya, Nanyu Chen, Adrian Fernandez, Omar Sinno, and Anmol Bhasin. 2015. "From Infrastructure to Culture: A/B Testing Challenges in Large Scale Social Networks." *KDD '15: Proceedings of the 21th ACM SIGKDD International*

Conference on Knowledge Discovery and Data Mining. Sydney, NSW, Australia: ACM. 2227–2236. http://doi.acm.org/10.1145/2783258.2788602.

Yoon, Sangho. 2018. *Designing A/B Tests in a Collaboration Network.* www.unof ficialgoogledatascience.com/2018/01/designing-ab-tests-in-collaboration.html.

Young, S. Stanley, and Allan Karr. 2011. "Deming, data and observational studies: A process out of control and needing fixing." *Significance* 8 (3).

Zhang, Fan, Joshy Joseph, and Alexander James, Zhuang, Peng Rickabaugh. 2018. Client-Side Activity Monitoring. *US Patent US 10,165,071 B2.* December 25.

Zhao, Zhenyu, Miao Chen, Don Matheson, and Maria Stone. 2016. "Online Experimentation Diagnosis and Troubleshooting Beyond AA Validation." *DSAA 2016: IEEE International Conference on Data Science and Advanced Analytics.* IEEE. 498–507. doi:https://ieeexplore.ieee.org/document/7796936.

索　引

索引中的页码为英文原书页码，与书中页边标注的页码一致。

EDGE：价值驱动的数字化转型

作者：[美] 吉姆·海史密斯 琳达·刘 大卫·罗宾逊 著　译者：万学凡 钱冰沁 笪磊

ISBN：978-7-111-66306-5

世界级敏捷大师、敏捷宣言签署者Jim Highsmith领衔撰写，Martin Fowler等大师倾力推荐，ThoughtWorks中国公司资深团队翻译

涵盖一整套简单、实用的指导原则，帮助企业厘清转型愿景、目标、投注与举措，实现数字化转型

数字化转型：企业破局的34个锦囊

作者：[美] 加里·奥布莱恩 [中] 郭晓 [美] 迈克·梅森 著　译者：刘传湘 张岳 曹志强

ISBN：978-7-111-66962-3

基于ThoughtWorks多年数字化咨询和自我实践经验，从面向客户成效、数据驱动决策、技术重构业务三个维度，全方位阐释企业数字化转型的实用工具、技术和方法

34个实用指南，助力企业跨越转型期

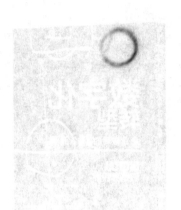